高效能家庭的
7个习惯

【美】史蒂芬·柯维 著

Stephen R. Covey

THE 7 HABITS *of* HIGHLY EFFECTIVE FAMILIES

中国青年出版社
CHINA YOUTH PRESS

图书在版编目(CIP)数据

高效能家庭的7个习惯 /(美)柯维著;葛雪蕾等译.
—北京:中国青年出版社,2003
书名原文:The 7 Habits of Highly Effective Families
ISBN 978-7-5006-5294-6

Ⅰ.①高… Ⅱ.①柯… ②葛… Ⅲ.①家庭管理学 Ⅳ.①TS976

中国版本图书馆 CIP 数据核字(2003)第076490号

高效能家庭的7个习惯

作　　者:[美]史蒂芬·柯维
译　　者:葛雪蕾　王建华　杨　真　曹丽君
责任编辑:肖妩嫔
文字编辑:周楠楠　朱　佳
美术编辑:杜雨萃
出　　版:中国青年出版社
发　　行:北京中青文文化传媒有限公司
电　　话:010-65511272 / 65516873
公司网址:www.cyb.com.cn
购书网址:zqwts.tmall.com
印　　刷:大厂回族自治县益利印刷有限公司
版　　次:2003年9月第1版
印　　次:2025年1月第17次印刷
开　　本:880mm × 1230mm　1 / 32
字　　数:350千字
印　　张:14
京权图字:01-2003-6159
书　　号:ISBN 978-7-5006-5294-6
定　　价:59.00元

CONTENTS

目 录

ACKNOWLEDGMENTS

致读者

亲爱的读者：

在我的一生中，从未像撰写这本书时那样，感受到强烈的热情，因为家庭是我最在乎的，诸位读者想必也是如此。

将七个习惯应用于家庭是极为自然的，因为适用。事实上，在真正领悟七个习惯后便会发现其无处不在。当你们在书中读到各个家庭如何应用七个习惯的经历以及取得美好成果的故事时，就会感受到这一点。

我要把我和我们家庭的很多故事和经验拿出来与大家共享，告诉读者我们是如何努力应用七个习惯，也告诉大家我们是如何总结出这些经验的。每一个家庭的处境都是独一无二的，但在许多方面又是类似的。我们要解决许多同样的问题和应对同样的日复一日的挑战。

我在写这本书时曾有过许多困难的选择，其中之一就是权衡要把我们这个家庭中的事例、错误和成就拿出多少与人共勉。一方面，我不想让人感觉我们自认为拥有一切答案。但另一方面，我不希望隐瞒我真心的感受或领会，我想毫无保留地和大家分享七个习惯的非凡力量。

我请求我的妻子桑德拉和孩子们也参与进来，与读者共同分享他们的故事，无论是好的还是坏的。他们勇敢地在故事中使用了真名。也许有关我们的故事仅占五分之一，但原则是放之四海而皆准的。你们可能与这些故事无关，但是我相信，你们将与这些原则有关。我希望这些故事能带给你们新的认识，并对你们的处境有所帮助。

最重要的是，我希望这些故事和经验能逐渐给你们带来希望，让这种思考方式真正对你们有帮助，真正能起作用。我知道你们希望把家庭摆在第一位，而我则希望同你们一起分享做到这一点的最好方法，帮助你们在这个喧嚣、动荡，很多时候不利于家庭的世界里，顺利达成目标。

最后一点，我坚信家庭是社会的基石，我们最伟大的任务就在于此。我还坚信，人生最重要的事业是家庭。美国前第一夫人芭芭拉·布什曾向韦尔斯利女子学院的毕业生对家庭做过完美的解释："你们将成为医生、律师或商业精英，然而，与你们所肩负的责任同样重要的是，你们首先应学会做人，人与人之间的关系——与配偶、子女和朋友之间的关系是你们要进行的最为重要的投资。因为，在走到生命的尽头时，你们不会后悔没能再多通过一次考试，不会后悔没能再多打赢一场官司，不会后悔没能再多签一份合同。你们会后悔没有把时间用来同丈夫、子女、朋友以及父母一起度过……美好的社会仰赖的不是白宫，而是你们的家庭。"

我深信，人们如果只在生活的其他方面不懈努力，却忽略了家庭，那跟在即将沉没的泰坦尼克号上拼命修理甲板上的躺椅没有什么两样。

史蒂芬·柯维

FOREWORD

序言

在我们的儿子参加的篮球赛结束后，我遇到了一位母亲。她说："我很惊讶，只要有乔舒亚参加的比赛，你丈夫几乎场场必到。我知道他很忙，要写书，做咨询，还要旅行。他是如何做到的？"我脑中最先想到的就是他有一个好妻子兼全职助手。不过我把它放到了一边，我回答："他把这件事放在首要位置。"他是这样做的。

史蒂芬曾向一些事业有成的企业家说过："如果你们的公司出了问题，你们都知道如何去拯救。无论如何你们都能想出办法来。同样的推理也适用于你们的家庭。"我们大多数人都知道自己需要做些什么，但是我们希望去做吗？

史蒂芬和我都有幸福快乐的童年，我们希望自己的孩子同样如此。那时的生活要比现在简单得多。我还记得，在夏天漫长的夜晚，一个小孩和一群邻里少年快乐地玩着夜晚的游戏：踢罐头盒、捉迷藏、打海盗……我们的父母坐在草坪的椅子或者走廊上看着我们玩儿，闲聊，互访。我的父母经常手牵着手走到附近的食品店买一个双层夹心三明治。孩提时代的我们常常躺在凉爽的绿草坪上，望着天空上的云彩不断变幻。夏夜，我们好奇地看着银河里数不清的星星，有时候就睡在屋外。这幅画面一直在我的心中，是一个幸福可靠的家庭的理想。

史蒂芬和我常常讨论我们想要建立的家和家庭生活。随着家庭的扩大，生活越来越紧张忙碌，也越来越复杂。我们意识到，成功的家庭不是凭空出现的，而是要花费所能积聚起来的每一滴心血，将所有的精力、才智、愿望、观念以及决心结合在一起。真正关注在意的事情需要花费时间思考、计划和排列优先次序。你必须在这方面下功夫并做出牺牲，你一定要有这样的渴望并为其付出代价。

抚养一个大家庭是一项艰难的工作。我曾希望生活简单一些，就像我记忆中自己童年的生活那样，但是史蒂芬不断提醒我，我们在一起的生活绝不会和那时的生活相同。生活会更加复杂，会有更大的压力。世界已经变了，过去的日子已经一去不复返，尽管很多事情仍在我们的记忆中珍藏着。

作为咨询专家、演讲家和作家，史蒂芬已颇有名气，难免要四处旅行。这意味着要提前做好计划，以免错过孩子们的足球赛、学校演出和大学舞会。每次外出，他都会在晚上打电话回来和每一个孩子说话。

当他回到家后，就会全身心地投入家庭。他深深地融入孩子们的生活，我想，没有任何一个孩子记得他曾不在家。史蒂芬始终是一个好的倾听者，一个不懈的学习者，一个永远的学生。他总是提出问题，拼命汲取他人的知识，好像在吞吃感恩节火鸡，他能听到与自己的观点不同的意见，他非常看重不同意见。我欣赏他那种身体力行的做法。他真的是按照他所教授和相信的所有原则在努力生活。这样做很不容易。他是一个不会耍诈的人。他有一种非同寻常的谦虚感，这种感觉触动、改变并软化了他的心，让我也希望能照样去做。

当我们试图按照我们所信仰的那样生活，努力奋斗并朝着正确的方向前进时，我们的孩子们通常会接受我们的价值观。我们的心和意图是好的——我们有愿景和欲望，但是我们经常把事情搞砸了。我们的情绪可能会把我们置于一种尴尬的境地，而我们的骄傲可能让我们深陷其中无法自拔。我们常常偏离正确的路线，但我们最终总是会回到原来的路线上。

我还记得我们的大女儿辛西娅三岁时发生的一件事。那时我们刚刚搬进我们的第一个家，一座新建的有三个卧室的屋村住宅，虽然不大但是我们非常喜欢。我喜欢自己动手做装饰工作，希望让这个家充满魅力和吸引力。

我的文学俱乐部要在我们的家里聚会，所以我花了几个小时打扫，让每个房间看起来都完美无瑕。我急切地想向朋友们展示我的家，希望能给他们留下好印象。那个晚上，我把辛西娅独自留在屋里，心想当朋友们悄悄进来看她时她会在睡觉——当然也会注意到她美丽的房间，看到亮黄色的被子以及与之相配的窗帘，还有我自己制作并挂在墙上的那些可爱的、五彩缤纷的装饰品。但是当我推开女儿的房门炫耀我的女儿和她的房间时，却惊慌地发现辛西娅爬下了床，把所有的玩具都从她的玩具箱中拉出来，铺了满地。她把自己的衣服全部从衣橱抽屉里翻出来，也丢在地板上。她的拼插玩具、拼图和蜡笔混在一起，她还在上面踩来踩去！她的房间简直就是一场灾难，看上去好像龙卷风刮过，而辛西娅就在这一团混乱中间，脸上带着天真的微笑，甜甜地叫道：“嗨，妈咪！”

我发狂了，因为她不听我的话从床上爬下来；我心烦意乱，因为她的房间乱七八糟，谁也看不出它曾经被装饰得有多么可爱；我气坏了，因为她让我在朋友面前尴尬万分。

我厉声责备她，不由自主地打她的小屁股，把她放回床上，警告她不准再起来。她的下嘴唇开始颤抖，看上去被我的反应吓坏了，眼睛里充满了泪水。她开始哭泣，不明白犯了什么错。

我关上了门，立即为自己的反应过度感到害怕。我对自己的行为感到羞愧，意识到是我的骄傲让我失控发火，而不是她的行为。我为自己如此不成熟的反应和浅薄而生气，我担心会就此毁了她的生活。多年以后我问她是否还记得这件事，直到她说不记得了我才松了一口气。

今天如果再面对同样的场面，我想我的反应会是大笑。“你说得倒容易！”这是我的女儿们在对付她们蹒跚学步的孩子们时的反应。但是一度对我似乎非常重要的东西已经改变了，而我也成熟了。

我们全都经历过那个阶段。注重外表，希望给人留下好印象，讨好逢迎，拿自己和别人相比，毫不掩饰自己的野心，想要挣大钱，渴望被承认、被注意，试图证明自己……随着责任感和人格力量的不断增强，所有这一切都变得云淡风轻了。

生活的考验会锤炼你，真正的友谊会支持你。如果你保持自然和真诚、拥有正义感和公平地面对问题，那么，在你试图伸出援手、施加影响、触摸生活、树立榜样和做正当的事情时，这些美好的品质就会帮助你。你将变得动力十足，因为你努力要成为更好的人。

经历了所有这一切，我懂得了为人父母基本上是一种牺牲奉献的生活。我在厨房贴了一张警言提醒自己：“懦弱的人当不了母亲。”和孩子们一路走来，你要经历的事情太多了，有教训，有实践，有恼怒，有创伤，有难过的流泪，也有成功的喜悦，你要关注孩子们的家庭作业、餐桌礼仪、青春期、粉刺、早恋、驾驶执照、打架和讽刺嘲笑。

但是到了最后（就像分娩一样），你不会记得那种疼痛。你记得的只有成为父母的喜悦，以及为了那个你全心爱着的儿子或女儿担忧和牺牲的喜悦。无论过去多少年，你都会记得孩子们脸上的表情以及他们身穿某件特殊的礼服或套装的样子，你会记得他们取得成功时你的骄傲和他们挣扎时你的忧虑。你会记得，当你凝视着你要照料的小婴儿，心中对成为父母和抚养一个家庭的新工作以及如何完成这项工作充满了敬畏和迷惑时，你曾经拥有的美好时光、开心之处以及为人父母的责任与成就。

你们每一个人都会有非常不同、各具特性的家庭生活。你们可能已经像我一样发现生活一点儿都不简单。社会不支持那种旧式的家庭，生活变得更有技巧、更快捷、更复杂，也更令人惶恐。

本书提出的理论和原则不是史蒂芬发明的，他注意到这些理论和原则，观察它们，并把它们汇集在一起，以便运用和操作。这些都是普遍的原则，你们已经在心中笃信的原则，这就是为什么这些原则看起来有点似曾相识。你们看到这些原则在你们自己的生活中发挥着作用，你们甚至经常使用这些原则。

然而，本书的有益之处在于为你提供了一种思考问题的框架和一种方式，让你认真观察自己所处的特殊环境，找到因应的方式。它是一个起点，是检验你现在身处何地和你要去向何方的方法，将有助于你到达目的地。

几年前，我最好的朋友卡萝得了癌症。经过数月的放疗、化疗和手术，她清楚地认识到自己未来的命运。她从来不问："为什么是我？"从她身上丝毫看不出绝望的痛苦或感觉，她对生活的看法发生了巨大的变化。她对我说："我没时间耗费在无关紧要的事情上，我知道什么事是重要的，知道如何区分轻重缓急。"她的勇气打动了我，我看着她改善与丈夫、孩子和所爱的人之间的关系，她最后的愿望是服务、贡献并以某种方式显示出自己的与众不同。她的逝世让我们所有爱她的人都希望变得更好、更强，更愿意去爱、去关照、去服务。在某种意义上说，她是在临终时写下了她的生活使命宣言。你可以从现在开始写下你的使命宣言。

没有任何人能真正了解你的处境和你的独特性——你背负的负担或者你追求的理想。你可以从这本书中选择你觉得是对的、愿意尝试的内容。有些故事或者事例可能切中要害，你可能会退后一步，拉开一定距离，审视自己的生活，从而得到顿悟或客观地看待问题。

许多人认为自己犯了不少的错误、办砸了事情，或者没能把家庭作为优先要事，并因此受到了不好的影响；甚至还有人可能在前行的路上与自己的孩子渐行渐远，我们希望这本书能给他们带来希望。我们希望你可以重拾与孩子的关系，这永远不会为时过晚。你绝不应该放弃或停止尝试。

我相信这本书将帮助你成为变革的先锋——能给家庭带来不同气氛的过渡者。

衷心希望你的努力得到回报。

桑德拉·梅里尔·柯维

你在90%的时间里都会“偏离正确路线”，那又怎么样

和睦的家庭——甚至典范式的家庭——在90%的时间里都会偏离正确路线！但关键在于他们知道目标何在，他们知道“正确路线”是怎样的，他们能够一次又一次地回到这一路线上来。

这就像一架飞机在飞行。飞机起飞之前，飞行员制订了飞行计划。他们清楚地知道自己将前往哪里，并且按照计划启程。但是，在飞行的过程中，风、雨、气流、空中交通、人为错误和其他因素都会对飞机产生影响。这些原因使得飞机略微向其他方向发生了偏移，所以在大部分时间里，飞机甚至没有按照计划的线路飞行！在整个旅途中，总会出现稍稍违背飞行计划的情况。天气系统或者异常繁忙的空中交通甚至可能会导致重大偏差。但是，除非出现太过严重的问题，否则飞机还是会抵达目的地。

那么，原因何在？那是因为在飞行过程中，飞行员经常得到反馈。他们通过标示环境的仪表来获取信息，通过指挥塔台、其他飞机，有时甚至是星象来获取信息。他们根据这些反馈加以调整，所以他们能一次次重新执行应遵循的飞行计划。

我认为，这架飞机的飞行过程就是对家庭生活的贴切比喻。在涉及我们的家庭时，我们偏离目标亦或搞得一团糟都没有关系。关键在于我们具有构想、计划和一次次重新走上正确路线的勇气和希望。

肖恩（我们的儿子）：

总的来说，我觉得在我们成长的过程中，我们家的争吵不比其他家庭少。我们也有自己的问题，但我深信，由于我们能重新开始、认错并从头来过，所以我们的家庭关系非常稳固。

例如，当我们全家外出旅行时，老爸会为我们制订周密计划——早晨5点起床，吃早饭，8点准备好上路。问题在于，当那一天到来时，我们都赖着不起床，谁也不愿帮忙。老爸大发脾气。当我们最终启程时，已经比预定时间迟了大约12个小时。谁都不愿跟老爸说话，因为他气得发疯。

但是，我记得最清楚的是，老爸总是会道歉，总是会。看着他为自己发脾气而认错真是令人感到羞愧——尤其是你在内心深知，你是惹他恼火的人之一。

回想往事，我觉得我们家的不同之处在于：老妈和老爸总是会回到正确路线上来，总是不断尝试——即使我们偷懒闲荡，即使他们为家庭聚会、家庭目标和家务劳动拟定的所有新计划和新制度都丝毫不奏效也不例外。

正如你看到的那样，我们家并非例外，我也并非例外。我想从一开始就申明，无论你的处境如何——即使你面临着诸多困难、问题和挫折，向目标迈进的巨大希望都依然存在。**关键是要有目的地、飞行计划和罗盘。**

本书将不断运用这个关于飞机的比喻，以表达建立美好家庭文化的概念引发的满怀希望和兴奋的感觉。

本书的三个目的

我写这本书是为了帮助你把这种满怀希望的感觉放在心目中的首要位置，帮助你获取有助于你和你的家庭坚持正确路线的三个要素——目的地、飞行计划和罗盘。

1. 关于目的地的明确构想。我意识到，阅读本书的你有着独特的家庭处境和独特的需求，你也许在努力维系自己的婚姻，也许在重建它。再或者，你已经拥有幸福的婚姻生活，但希望能锦上添花——达到极为美满的境界。你也许是位单身母亲（父亲），你所要面对的没完没了的苛刻要求和沉重压力令你不知所措。你也许在艰难地抚养一个倔强的孩子或者一个受到流氓团伙、毒品或其他社会消极力量控制的反叛少年。你也许在竭力把两个“漠不关心的”家庭融为一体。

也许，你希望孩子不必别人提醒就愉快地完成自己的任务和家庭作业。也许，你因试图在家庭生活中扮演多个（显然是相互矛盾的）角色——比如家长、法官、陪审员、狱卒和朋友而大为头痛。也许，你在严厉和放任之间动摇不定，不知道应该怎样管教孩子。

你也许只是在为了糊口而挣扎，你也许在“拆东墙补西墙”。你的经济困扰也许几乎令你难以承受，耗尽了你所有的时间和感情，以致你没有多少精力去关注人际关系。你也许在从事两份以上的工作，你和你所爱的人就像黑夜里航行的船只一样彼此擦肩而过，建立美好家庭文化的想法也许看似遥不可及。

也许你的家庭中存在着争吵不休的气氛和环境，家庭成员争吵、打架、提出苛刻要求、大吼大叫、恶语相向、嘲笑讥讽、相互指责、挑剔批评、出走、摔门、彼此忽视、拒人于千里之外，等等。也许有些年龄比较大的孩子甚至不回家，与生俱来的亲情似乎荡然无存。也许你婚姻生活中的感情已经不复存在，或者正日渐消失，你感到空虚而孤独。或者，你竭尽全力让一切完美，但局面全然没有改观。你精疲力竭，觉得徒劳无为，想着“这有什么用”？

或者，你是一位极为关心子女的祖父（祖母），却不知道怎样做才能有所帮助，而又不至于使局面变得更糟。也许你与儿子或儿媳的关系很不和睦，仅剩下表面的礼貌和内心的冷战，而这种冷战有时会爆发为激烈的冲突。也许你多年来（在成长过程中或婚姻生活中）一直受到虐待，你热切地下定决心要终止这一循环，但你似乎找不到可以遵循的榜样，总是会恢复自己所厌恶的那种倾向和行为。或者，你们是一对迫切想要生儿育女，却无法如愿以偿的夫妇，你们觉得婚姻生活中的柔情蜜意开始消失了。

你也许甚至承受着以上多种压力，你感觉不到任何希望。无论你的处境如何，最重要的就是不要把自己的家庭与其他任何家庭加以对比。任何人都绝对不可能了解你的处境当中的所有实际情况，除非你觉得他们能无所不知，否则他们的建议就一文不值。同样，你绝对不可能了解其他人或其他人的家庭处境的所有实际情况。我们的共同倾向就是把我们自身的处境安在别人身上，试图为他们提供正确的妙方。但是，我们在表面上看到的通常只是冰山一角。许多人认为，别人的家庭近乎完美无缺，而自己的家庭却行将破裂。然而，每个家庭都面临着自己的挑战，都存在着自己的问题。

妙的是，愿景比负担的力量大得多。也就是说，相对过去积聚的所有痛苦经历或目前面对的所有处境而言，你对未来的愿景（更好的处境，更好的生存状态）具有更大的威力。

因此，我想向你讲述，通过拟定“家庭使命宣言”，世界各地的家庭以怎样的方式形成了共同的愿景和价值观。我会告诉你，你怎样才能拟定这样一份宣言，以及宣言怎样才能团结并巩固你的家庭。家庭使命宣言会成为你们全家的独特“目的地”。它所包含的价值观将成为你们的指导原则。

如果要构想一个更美好、更高效能的家庭，也许要从你开始。但是，为了让愿景充分发挥作用，家庭中的其他成员也必须具有参与意识。他们必须帮助形成愿景——或者至少要理解并接受这个愿景。理由很简单。你是否玩过拼图或者看别人玩过拼图？你在脑子里想着拼好的画面有多重要？玩拼图的所有人在脑子里想着相同的完成画面有多重要？如果没有共同的愿景，人们就会借助不同的标准做出决定，其结果就是彻头彻尾的混乱。

关键是要创造所有家庭成员都能接受的愿景。如果你的目的地很明确，你就会一次次恢复执行飞行计划。事实上，旅途确实是目的地的一部分，它们之间有着不可分割的联系。你的旅行过程与你到达的地点同样重要。

2. 飞行计划。同样重要的是，你要根据能帮助你到达目的地的原则制订一份飞行计划。让我给你讲个故事来说明这一点。

我有个要好的朋友曾经向我吐露他对儿子的深切忧虑，他说这个儿子“反叛成性”“惹人烦”“忘恩负义”。

他说：“史蒂芬，我真不知该如何是好。事情已经到了这个地步——如果我走进屋里和儿子一起看电视，他就会关掉电视走出屋子。我竭尽全力与他改善关系，但根本无济于事。”

当时我正在讲授一些关于七个习惯的大学课程，我说："你现在干吗不和我一起去上课呢？我们要讲的是第五个习惯——知彼解己，即怎样以充满同理心的态度倾听别人的谈话，然后再尝试解释你自己的意思，我猜你的儿子也许觉得自己得不到理解。"

他答道："我已经理解他了，如果他不听我的话，我知道他将会遇到什么样的麻烦。"

"让我提个建议，假设你对儿子一无所知，这样你只需从零开始，听他谈话，不做出任何道德上的评估或判断。来听课吧，学学怎样做到这一点，怎样按照他的参照标准来倾听。"

听了一节课后，他就觉得自己已经明白了，于是找到自己的儿子说："我需要听你谈一谈，我也许不理解你，但我想理解你。"

他的儿子答道："你从来都没有理解过我——从来没有！"说完，他就出去了。

第二天，我的朋友说："史蒂芬，这没用。我这么努力，他却如此对待我！我真想说，'你这个白痴！你难道意识不到我做了些什么，我现在正努力做些什么吗'？我真不知道还有没有希望。"

我说："他在考验你是否真诚，他有了什么发现呢？他发现你并不真想理解他，你只是想让他像个样子。"

他答道："他应该像个样子，这个不知天高地厚的小家伙！他很清楚，他的所作所为是在把一切搅个乱七八糟。"

我回答说："你现在审视一下自己的内心。你很愤怒，很沮丧，满脑子都是评判之词。你是不是觉得，你只需在儿子身上运用一些表面化的倾听技巧，他就会对你敞开心扉？你是不是觉得，你能够在不流露内心感受到的所有消极情绪的情况下与他交谈，甚至注视他？你要付出更多的努力去改变自己的内心状态。你最终将学会怎样无条件地爱他的本来面目，而不是等到他像个样子之后才付出你的爱。在这个过程中，你将学会按照他的参照标准来倾听，如果必要的话，你还要为自己的评判和过去的错误道歉，或者采取所有必要的行动。”

我的朋友明白了我的意思。他意识到，他试图在表面上运用这种技巧，却没有抓住真正的精髓。这种精髓产生的力量会让他真诚而坚持不懈地运用这种技巧，而不计较结果将会如何。

于是，他又回到课堂上学习更多的东西，并且开始在自己的感情和动机方面下功夫。他很快就开始感到自己内心产生了一种新的态度。他对儿子的感情变得比较温柔、敏锐、开明了。

他最后说：“我准备好了。我要再试一次。”

我说：“他会再次考验你是否真诚。”

他答道：“没关系，史蒂芬。我觉得他眼下可能会对我的所有友好姿态嗤之以鼻。这没关系。我会不断做出表示，因为这样才是对的。他值得我这样做。”

那天晚上，他坐在儿子身边说：“我知道，你觉得我从来不曾试着理解你，但我想让你知道，我正在努力，而且还会继续努力。”

孩子再次冷冰冰地回答说：“你从来就不理解我。”他站起身，向门外走去。但是，当他走到门口时，我的朋友对他说：“在你离开之前，我想告诉你，那天晚上，我让你在你的朋友面前很难堪，我对此真的很抱歉。”

他的儿子猛然转过身说：“你根本不知道我有多难堪！”他的眼里开始涌出了泪水。

他后来告诉我：“史蒂芬，当我看到儿子开始眼泪汪汪的时候，你对我的所有训练和鼓励才开始产生效果。我根本没想到他会在意在朋友面前的情面，他会如此脆弱。我头一次真正想要听他说话了。”

他的确做到了认真倾听，孩子也逐渐开始倾吐心声。他们一直谈到午夜，直到他的妻子来提醒他们该睡觉了。可他的儿子飞快地答道：“我们想谈谈，是吧，老爸？”接下来他们一直谈到凌晨。

第二天，在我办公楼的大厅里，我的朋友眼含热泪地说：“史蒂芬，我重新找回了自己的儿子。”

正如我的朋友发现的那样，某些基本原则指导着所有的人际互动。就高质量的家庭生活而言，奉行这些原则或自然法则是绝对必要的。例如，在这个实例中，我的朋友违反了尊重的基本原则，他的儿子也违反了这项原则。但是，这位父亲选择奉行这项原则——努力真诚并以充满同理心的态度倾听和理解自己的儿子，从而使局面发生了显著变化。这就像一旦你改变化学构成当中的一个元素，一切就会发生变化。

奉行尊重的原则，真诚并以充满同理心的态度倾听别人的谈话——这是生活当中各个阶层的高效能人士的习惯。你能否想象，一位真正高效能的人士会不尊重和不礼待别人？或者不专心倾听和理解别人？顺便说一句，根据这个标准，你可以判断自己是否发现了一个真正普遍（处处适用）、永恒（时时适用）、不证自明（提出相反论调是相当愚蠢的，比如认为你可以在不尊重他人的情况下建立牢固而持久的关系）的原则。想象一下，试图奉行相反的原则会是多么荒谬。

七个习惯的基础是普遍、永恒、不证自明的原则。在人际关系领域，这些原则就像万有引力定律在物理学领域一样正确无误。这些原则最终指导着生活中的所有方面。它们是自古以来成功的个人、家庭、组织和文明的秘诀。这些习惯不是花样或技巧，不是权宜之计，不是若干常规做法或“当务之急”的清单，而是所有成功家庭共有的习惯——是思维和行为的既定模式。

如果违反这些原则，就几乎肯定会在家庭或其他相互依赖的问题上遭遇失败。正如列夫·托尔斯泰在史诗级巨著《安娜·卡列尼娜》中阐述的那样：“所有幸福的家庭彼此相似；所有不幸的家庭各有各的不幸。”无论是双亲家庭还是单亲家庭，无论有10个孩子还是没有孩子，无论具有忽视和虐待的历史还是爱和信任的传统，事实是——幸福的家庭有某些不变的特点。这些特点都包含在七个习惯当中。

我的朋友从这件事情当中了解到的其他重要原则之一涉及变化本身的固有特点——所有切实和持久的变化都是由内而外发生的。换言之，他没有试图改变局面或改变自己的儿子，而是着手改变了自己。正是他自己深切的内在努力最终促使家庭局面和儿子发生了变化。

这种由内而外的态度是七个习惯的核心本质。如果坚持实践这些习惯中包含的原则，你就能带动所有关系或局面发生积极变化，你可以成为变革的先锋。除此之外，与一味关注行为相比，集中关注原则的效果要好得多。原因在于，这些原则是人们已经凭直觉知晓或者深藏在心中的；如果谋求理解这些原则，就能帮助人们更清楚地了解自己的真实天性和潜质，并且充分发挥自己的潜力。

这种由内而外的态度在当前之所以至关重要，原因之一是时代已经发生了显著变化。过去，“由外而内”地成功持家比较容易，因为社会是一个盟友，是一种资源。人们身边随处是榜样、楷模、媒体督导、有利于家庭的法律，以及维系婚姻和有助于建立稳固

> 某些基本原则指导着所有的人际互动。就高质量的家庭生活而言，奉行这些原则或自然法则是绝对必要的。

家庭的支持体系。即使家庭中出现问题，成功婚姻和家庭生活的整体概念仍然能发挥有力的督导作用。因此，你基本上可以“由外而内”地持家。成功不过就是“随潮流而动”。

但是，**潮流已经发生改变——而且是急剧的改变。今天，“随潮流而动”就意味着家庭的灾难！**

尽管回归“家庭价值观”的工作可能会令我们欢欣鼓舞，但现实是，在过去的30至50年里，社会的潮流基本上已经从支持家庭变成了反对家庭。我们试图在动荡、不利于家庭的环境中行进，猛烈的逆风很可能会吹得许多家庭偏离正确路线。

在过去的30年里，家庭面临的形势已经发生了急剧而显著的变化。看看以下这些事实：

• 非婚生子女的出生率已经增加了400%以上。

• 单亲家庭的百分比是原来的三倍以上。

• 离婚率增加了一倍以上。许多人估计，有大约一半的新婚夫妇最终将离异。

• 青少年自杀率增加了将近300%。

• 所有学生的学业能力倾向测验得分下降了73分。

• 当今美国女性的头号健康问题就是家庭暴力。每年有400万女性遭到伴侣的殴打。

• 有1/4的青少年在中学毕业之前感染了通过性行为传播的疾病。

自1940年以来，公立学校的首要违纪问题已经从嚼口香糖和在大厅里跑来跑去变成了青少年怀孕、强奸和暴力攻击。

公立学校教师眼中的首要违纪问题

1940年	1990年
说话冒失	吸毒
嚼口香糖	酗酒
乱喊乱叫	怀孕
在大厅里跑来跑去	自杀
插队	强奸
违反着装规定	抢劫
乱扔垃圾	暴力攻击

除此之外，白天有一位家长能在家里陪伴孩子的家庭比例已经从66.7%下降到了16.9%。孩子平均每天有7个小时的时间在看电视——每天只有5分钟和父亲在一起！

伟大的历史学家阿诺德·汤因比（Arnold Toynbee）说，我们可以把所有历史归纳成一个简单的理念：如果回应与挑战相当，那就会成功；但是，如果挑战发生了变化，原有的回应就会失去作用。

挑战已经发生了变化，所以我们必须形成与挑战相当的回应。仅有建立稳固家庭的热切愿望是不够的，即使是好的愿望也远远不够。我们需要新的思维定式和新的技巧定式。

七个习惯的框架就体现了这样一种思维定式和技巧定式。我将在本书中向你展现，许多家庭是怎样利用七个习惯框架中的原则走上并保持了正确路线，即使在动荡的环境中也不例外。

我尤其要鼓励你每周留出专门的“家庭时间”，除非出现紧急情况或意外干扰，否则你就应该奉行不悖。这段家庭时间就是规划、交流、讲授价值观、一起享受乐趣的时间。它能有效地帮助你和你的家庭保持正确路线。我还要建议你留出与每位家庭成员一对一培养亲情的固定时间——这些时间里的议程通常要由对方来确定。如果你做到这两点，我几乎就可以保证，你的家庭生活质量将得到显著提高。

但是，为什么要拟定家庭使命宣言？为什么要留出专门的家庭时间？为什么要有一对一培养亲情的时间？很简单，因为世界发生了深刻变化，变化的速度本身也在改变——在不断加快。如果没有新的基本模式或机制，家庭就会偏离正确路线。

正如阿尔弗雷德·诺思·怀特黑德（Alfred North Whitehead）说过的那样：“积极实践广为人知的原则，这种习惯会使你一劳永逸地获取智慧。”你不必学习无数种新做法，也不必频频寻找更新更好的技巧。你所需要的就是在任何形势下都可以运用的基础原则的根本框架。

七个习惯就形成了这样一个框架。七个习惯的最大魔力并不在于单个习惯，而在于所有习惯结合起来的整体和它们之间的关系。凭借这个框架，你可以分析或摸清所有能想到的家庭情境中的所有问题。你能意识到，如果要加以解决或改善这些问题，首先应该采取哪些步骤。这些习惯并不是要告诉你具体如何行事，而是要教给你一种思考方式，以期你最终能知道该如何行事以及何时采取行动。行事需要技巧，而技巧需要练习。

正如某个家庭所说：“我们有时觉得很难实践这些原则。但是，不实践这些原则更是难上加难！”所有行动都会产生一定后果，如果不基于这些原则采取行动，就会导致令人不快的后果。

因此，我写这本书的第二个目的就是告诉你，无论形势如何，七个习惯框架都会是一种极为有用的工具，能帮助你分析自己的处境，并且由内而外地带动积极变化。

3. 罗盘。七个习惯框架坚决地申明，你是自身生活的创造性力量，通过你的示范和引领，你会成为家庭生活中的创造性力量——变革的先锋。因此，本书的第三个目的就是帮助你发现并发挥你所具备的四种独特天赋，这些天赋将帮助你成为家庭变革的先锋。这些天赋就是罗盘或者内在的引导系统，帮助你的家庭在向目的地迈进的过程中保持正确路线。它们使得你能够认识一些普遍原则，并且根据这些原则调整你的生活——即使在动荡的社会氛围下也不例外。它们赋予你权力，让你确定并采取所有在自身处境中最合适、最有效的行动。

如果本书能让你不受我或其他任何作者、顾问或者所谓忠告者的左右，赋予你自行判断形势、使用你认为合适的其他资源的权力，那么本书将对你和你的家庭做出巨大的贡献——你难道不这样想吗？

而且，谁也不像你这样了解自己的家庭处境。你才是坐在驾驶舱里的人。你才是那个要对付气流、天气变化和种种会把你和家人吹离正确路线的力量的人。只有你才充分了解自己家里需要实行哪些变革，以及如何实行这些变革。

你所需要的远不仅是在其他处境中可能会奏效的技巧和做法，你需要的是一种赋予你能力甚至权力，让你能够在自身处境中运用这些原则的手段。

远东有这样一句哲言：“授人以鱼只救一时之急；授人以渔则解一生之需。”本书不是要给你一条鱼。尽管各种环境中的各种人提供了无数说明和示范，讲述他们怎样在自身的处境中运用了七个习惯，但本书的重点是教你怎样钓鱼。我的做法是：向你讲述排成序列的一整套原则。这些原则将帮助你形成优化自身独特处境的能力。因此，你要把眼光放到实例以外，探寻其中的原则。这些实例也许并不适用于你的处境，但我绝对可以保证，这些原则和框架是适用的。

美好的家庭文化

本书的主题是高效能家庭的七个习惯。那么，什么是家庭中的“效能”？我认为可以用七个字来概括：美好的家庭文化。

我所说的文化是指家庭的精神——家庭的情绪、气氛、感情关系、环境气氛或氛围。它是指家庭的特性——深度、质量和关系的成熟程度。它是指家庭成员相处的方式以及他们对彼此的情感。它是指由作为家庭互动特征的共同行为模式中产生的精神或情绪。这些内容就像是冰山的一角，源自潜藏的、无形的共同愿景和价值观。

当我讲到美好的家庭文化时，我意识到，“美好”这个词对不同的人可能有着不同的意味。但是，我用这个词来描述一种充满关怀呵护的文化。在这种文化当中，家庭成员深切地、实实在在地、真诚地乐于聚在一起。在这种文化当中，他们有着共同的愿景和价值观。在这种文化当中，他们根据指导生活当中所有方面的原则，采取切实有效的行为和互动方式。我说的是一种从“我”推及“我们”的文化。

家庭本身是一种“我们”的经历，是一种“我们”的思维。诚然，从“我”推及“我们”——从独立到相互依赖，这也许是家庭生活中最具挑战性和最困难的层面。但是，如同美国诗人罗伯特·弗罗斯特（Robert Frost）在诗中讲到的“少有人走的路”一样，是这条道路使得此后的一切相差千里。尽管美国文化明确地把个人自由、即刻的快意、效率和控制放在首要位置，但是，其实没有任何道路能比丰富、相互依赖的家庭生活带来更多的乐趣和满足感。

如果你的快乐首先源自别人的快乐，你就知道自己已经从“我”推及“我们”。整个解决问题和抓住机遇的过程发生了变化。但是，除非家庭真正成为首要重点，否则通常就不会发生这一变化。由于没有发生从独立到相互依赖的变化，所以婚姻经常会变成两个结为夫妻的个人生活在一起，仅此而已。

美好的家庭文化是一种“我们”的文化，它反映了这种变化。这种文化使得你们能够并肩协作，选择“共同”的目标，向这一目标迈进，贡献自己的力量，促使整个社会或者某些家庭发生改观。这种文化使得你能够应对导致你偏离正确路线的强大力量——包括机舱外面的狂暴天气（我们所处的文化环境，以及经济混乱、突然患病等你所无法控制的问题）和驾驶舱里动荡的社会氛围（争吵、缺乏交流、批评、抱怨、比较和竞争的倾向）。

马上让全家参与进来

我还建议，如果可能的话，你要马上采取行动，从一开始就让你的全家参与进来。我可以向你保证，如果你们能共同探索并讨论，学习会更加深入，亲情会更加浓厚，了解会更加透彻，快乐会更加显著。此外，如果能共同参与，你就不会使自己领先于配偶或青少年子女，他们也就不会觉得你的新知识或者你实行变革的愿望对他们构成了威胁。我注意到，许多人阅读了关于家庭问题的自助书籍，然后就开始对他们的配偶品头论足，并且把事态搞得非常严重，以至于他们一年之后就“理所当然”地离了婚。

共同学习将形成一股强大的力量，帮助你们形成“我们”的文化。

因此，如果可能的话，你们要一起阅读本书——也许甚至要互相高声朗读，共同讨论实例，共同探讨各种理念。作为开端，你也许只想在晚餐桌上讲述一些实例。或者，你也许想要更加深入地参与讨论和应用。围绕全家（甚至学习小组）针对每章的内容展开学习和参与的方式，我在每章的结尾处附上了一些初步建议。你也许还想参考关于七个习惯的图表和定义。要耐心，慢慢来。要尊重每个人的理解水平，不要贪多嚼不烂。**要牢记，如果你与全家共同学习，“慢”即为“快”，“快”即为“慢”。**

不过，我也要承认，你才是关于自身家庭问题的专家。考虑到你家里的形势，你目前也许不愿让其他人参与进来，因为你可能在处理敏感问题，所以让全家一起学习是不明智的。或者，你也许只是想看看本书对你是否有用，然后再让别人参与进来。或者，你也许只是想先和你的配偶以及年龄较大的青少年子女一起学习。

没关系，你最了解自己的处境。我只想说，在诸多不同环境当中与七个习惯打了多年交道之后，我已经认识到，如果人们一起学习（他们一起阅读，一起讨论，反复交谈，共同获取新的见解、知识和理解），就会启动一个培养亲情的过程，而这个过程真是令人兴奋，会让大家产生建立了平等关系的感觉：“我不完美，你也不完美，我们共同学习并成长。”如果你能谦逊地探讨正在学习的内容，而不是意图“管教”别人，别人给你起的绰号和对你下的评判就会烟消云散，你也就能“安全”、从容、合理地继续成长和变化了。

我还要说，如果你最初的努力遭遇抵触，不要灰心丧气。你要记住，每当你尝试新东西的时候，总会受到一些指责：

“我们有什么不对劲吗？”

“干吗要大费周折地加以改变呢？”

“我们为何不能像正常的家庭一样？”

“我饿了，咱们先吃饭吧。”

“我只有10分钟，就这样，我要出去了。”

“我能带个朋友来吗？”

“我倒更想看看电视。”

你只需微笑一下，然后坚持下去。我向你保证：这是值得的！

竹子的奇迹

最后，我想提个建议：无论你在自己家里做些什么，都要记住竹子的奇迹。将这种神奇植物的种子播入泥土之后，在四年的时间里，除了能看到球茎中长出一株嫩芽外，其余什么也看不到。然而，在这四年里，所有的生长活动都是在地下进行的。大规模的纤维状根系在泥土中伸展得深而广。但是，到了第五年，竹子能长到80英尺高！

家庭生活中的许多东西就像竹子。你努力，你投入时间和精力，你竭尽所能地鼓励成长，有时你一连数周、数月甚至数年都看不到效果。但是，如果你保持耐心，不断努力并鼓励，“第五年”终将到来，你所目睹的成长和变化会令你惊讶。

耐心就是付诸行动的信念，耐心就是情感上的坚持不懈，耐心就是情愿为了别人的成长而忍受内心的煎熬。它揭示了爱，催生了理解。即使我们注意到自己在爱中受到了折磨，我们也会更加了解我们自己，了解我们的弱点和动机。

所以，变换一下温斯顿·丘吉尔的原话，我们“绝对、绝对、绝对不要放弃”！

我们每个人的心中都有这种深切的渴望——渴求家庭，渴求高质量家庭生活中的丰富和令人满意的关系和互动。我们绝对不能放弃。无论我们觉得自己已经偏离正确路线多远，我们总能采取措施加以纠正。我热切地鼓励你：无论儿子或女儿看起来和你多么疏远，你都要坚持，绝对不能放弃。从生理（你给了他们生命）和情感（你的家庭责任感的约束）角度说，你的孩子毕竟是你的骨肉。最终，如同浪子一样，他们终将回头。你将重新得到他们。

如同飞机的比喻所提醒我们的那样，目的地是能够到达的。旅途可能会是丰富多彩的、充实的、令人愉快的。事实上，旅途确实是目的地的一部分，因为在家庭当中如同在生活当中一样，你的旅行方式就像你所到达的地点一样重要。

正如莎士比亚所写道的：

人间大小事，有其潮汐，

把握涨潮，则万事无阻；

错过了，一生的航程

就困于浅滩与苦楚。

我们正漂浮在满潮的海上；

我们必须顺流前进，

否则将要一败涂地。

我们必须现在就抓住这次潮汐，因为尽管社会趋势对家庭不利，但我们都深知家庭是最重要的。事实上，当我向世界各地的听众发问，问他们生活中最重要的三种东西是什么时，有95%的人提到了“家庭”或者“家庭关系”，有75%的人把家庭放在了首位。

我抱有同样的想法，我想你也会这样认为。我们最大的欢乐和我们最深的痛苦都是围绕家庭生活产生的。有人说：“母亲的快乐程度不会超过她最不快乐的孩子。”我们希望一切顺利，我们希望得到快乐。我们在内心深知，这种快乐在家庭生活中是可能存在的，是自然而然的，也是理所当然的。但是，如果我们发现，我们构想中的这种丰富美好的家庭生活与现实中的日常家庭生活存在差距，我们就会感到偏离了正确路线。我们很容易泄气，感到有点绝望——感到我们永远都不可能拥有我们真心企盼的那种家庭生活。

但是，希望是存在的，并且巨大！关键是要记住不断由内而外地努力，不断在出现偏差之后回到正确路线上来。

我祝愿你幸福。我意识到，你的家庭与我们的家庭不同。由于离异或者配偶的去世，你也许在尝试独自抚养孩子。你也许是祖父（祖母），你的子女都已经长大成人。你也许刚刚结婚，还没有孩子。你也许是姨妈、叔叔、兄弟、姐妹或者表亲。但是，无论你是谁，你都是家庭的一部分，家庭的爱有自己的所属。如果家庭关系美满，生活本身就会美满。我希望并相信这七个习惯将帮助你形成美好的家庭文化。在这种文化当中，生活确实妙不可言。

与成年人和青少年探讨本章的内容

家庭生活就像飞机的飞行过程

• 重新阅读关于飞机的比喻。问问家庭成员：你认为从哪些角度看，家庭生活就像是飞机的飞行过程？

• 问一问：你在什么情况下会觉得我们的家庭“偏离了正确路线”？回答也许包括：在承受压力时，在出现打斗、叫嚷、指责和批评等冲突的时候，在孤独和缺乏安全感的痛苦时刻。

• 问一问：你在什么情况下会觉得我们的家庭“遵循着正确路线”？回答可能包括：当我们散步时，一起讨论问题时，休息时，逛公园时，一起旅行时，吃具有特别意义的晚餐时，“筹办”晚会时，全家野餐时，举办烤肉宴时。

• 鼓励家庭成员回想他们曾在什么时候知道自己偏离了正确路线以及原因何在。你还能想起哪些对你产生了消极影响的经历？

• 再次阅读“我重新找回了自己的儿子”的实例。问问家庭成员：我们怎样回到正确路线上来？其中可能包括这些想法：留出一对一的时间，寻求并获得反馈，倾听，原谅，道歉，把骄傲放在一边，采取谦恭态度，承担责任，审视你自己的思维，与重要的东西产生关联，彼此尊重，考虑后果。

• 再次阅读肖恩的回忆“老妈和老爸总会回到正确路线上来”。讨论一下，家庭成员怎样才能更有效地纠正路线。

共同学习

•问问家庭成员：作为一个家庭，我们应该怎样共同学习和交流？回答可能包括：一起看书，一起听音乐，一起旅行，一起体验新事物，收集家庭照片，讲述家庭故事。问一问：这对我们的家庭有多重要？

•讨论一下，你们怎样才能把一起阅读、讨论本书变成一种责任。

永远不会为时过晚

•思考前面所讲述的关于竹子奇迹的故事。问问家庭成员：这会怎样影响我们看待家庭和我们所面临斗争的态度？我们需要在哪些具体领域和关系当中留出成长的时间？

与儿童探讨本章的内容

玩游戏

•给一位家庭成员蒙上眼睛。带着他/她来到家里、院子里或者附近公园里的某个地方——在这些地方，摸黑返回出发地点有一定困难。确保回来的路线是安全的，途中没有台阶或其他障碍物。

•让这个人转几个圈，要他/她自己找到返回出发地点的路。

•让这个人尝试返回。过一会儿，问问他/她是否需要帮助或线索。

• 让家庭成员指引此人返回，使用“向左拐，直着走，向右拐”等指示。

• 在安全返回后，问问此人，在看不见东西又得不到指引的情况下，找路是否很困难。给每个孩子一次蒙上眼睛找路返回的机会。

对游戏加以总结

• 帮助孩子们认识到，他们要共同在生活中闯荡，但任何人都无法预见未来。为了到达目的地，一个人经常会需要来自家庭的指点、线索或某些协助。

• 讨论一下，有个家庭可以依靠是多么美妙。

• 帮助孩子们认识到，他们蒙上双眼、试图返回出发地点的时候能得到帮助是非常重要的，一个稳固幸福家庭的“飞行计划”也会因为得到这种帮助而变得非常强大。

行动

• 决定全家每周碰头，讨论家庭飞行计划。讨论你们可以采取哪些措施来相互帮助、相互支持、共同享受乐趣、终生保持亲密关系。

• 在一周内，在家里随处贴上纸条，提醒下一次全家碰头的事。

• 筹划培养亲情的趣味活动，比如拜访另居他处的家庭成员，一起去冰激凌店，筹划体育活动日，或者相互讲述意义重大的经验教训或故事，从而清楚地表明你是多么重视家庭，你作为家长是多么一心一意地把家庭作为首要重点。

HABIT 1

习惯一 | 积极主动

成为改变家庭的动力

多年以前，我在夏威夷休假时，曾经信步走在一所大学图书馆的书堆之间，一本书引起了我的兴趣。翻阅过程中，我的目光落在了其中一个段落上——这个段落是如此发人深省，如此令人难忘，如此使人警醒，对我的余生产生了深远影响。

这个段落中的两句话包含了一个强有力的理念：

刺激与回应之间存在一段距离，

成长和幸福的关键就在于我们如何利用这段距离。

这个理念在我头脑中产生的影响是难以言喻的，它使我心悦诚服，让我感到一股新的、令人难以置信的力量。我再三反思，并把这种力量引申到自己身上。我的一切际遇和我为之采取的回应之间有一段距离，在这段距离里我可以观察源自外界的刺激，可以选择甚至改变回应的方式，还可以选择接受或者至少影响这种刺激。这种内在的自由感令我狂喜。

我越是思考，就越是意识到，我可以选择做出能够影响外界刺激本身的回应，我可以当之无愧地成为一股自然力量。

这段经历不由得令我再次想起，那天傍晚，我正在进行拍摄工作的时候接到了一张字条，字条上说，桑德拉打来了电话，要跟我通话。

她很不耐烦地问道："你在干什么？你知道的，今晚有客人到我们家吃饭。你在哪儿？”

我听得出她很烦，但我碰巧一整天都在一处山区拍摄。当我们拍到最后一场时，导演坚持要以夕阳西下为背景，所以我们不得不等了将近一个小时才拍到这种特殊效果。

一连串的拖延本来就令我心中郁积了不少怨气，所以我不客气地答道：“桑德拉，你安排了晚餐不是我的错。这里的活动拖延了，我也没办法。我走不开，所以你得想想怎么解决家里的问题。咱们现在聊得越久，我回家就越晚。我有工作要做，能回家的时候，我肯定会回家的。”

当我挂断电话走回拍摄现场时，我骤然意识到，我对桑德拉的回应完全是一种消极被动反应。她的问题合情合理，因为她陷于棘手的社交处境中。她有所期望，而我没有露面帮助满足这些期望。我不但没有表示理解，还一心只想着自己的事，以致做出了鲁莽的回应——这个回应无疑会使情况变得更糟。

我越琢磨这件事，就越意识到，我的所作所为实在是离谱。我不想以这种态度对待妻子。我不希望我们的关系中存在这种糟糕的情绪。如果我能采取不同的行动，如果我能更耐心、更善解人意、更细致周到——如果我是出于对她的爱而行事，而不是对当时的压力做出消极被动反应，结果就会完全不同。

然而，问题在于我当时没有想到这一点。我没有根据能产生积极后果的原则行事，而是基于当时的情绪做出了消极被动反应。一时的情感吞噬了我，这种情感似乎过于强烈、过于占据心神，以致完全蒙住了我的双眼，让我看不到自己内心的真实感受和真正想要采取的行动。

所幸我们很快就完成了拍摄工作。当我开车回家时，脑子里想的全都是桑德拉——而不是拍摄情况。我的怒火已经烟消云散。我的心中充满了对她的理解和爱。我准备道歉，而她后来也向我道了歉。问题圆满解决，我们的关系恢复热烈与亲密。

设置“暂停键”

我们太容易对外界刺激做出消极被动反应了！你在生活中难道不是这样吗？你一时间忘乎所以，你说出了违背本心的话，你做出了日后悔恨的事。你想：“哦，如果我当时停下来思考一下，我就绝对不会做出那样的反应！”

很显然，如果人们根据自己内心最深处的价值观采取行动，而不是基于一时的情感或处境做出消极被动反应，家庭生活会美满得多。我们需要的就是一个“暂停键”——它能够把我们的际遇和我们对此做出的回应阻断开来，使我们得以选择自己的回应。

作为个体，我们可能形成这种“暂停”的能力。我们也有可能在家庭文化的中心形成一种习惯，学会暂停一下，做出比较明智的回应。怎样在家庭中设置这样一个暂停键——怎样培养一种精神，让我们根据以原则为基础的价值观行事，而不是基于情绪或处境做出消极被动反应，这就是习惯一、习惯二、习惯三的核心。

你的四种独特人性天赋

习惯一：积极主动——就是基于原则和价值观行事，而不是根据情感或处境做出消极被动反应。这种能力源自对四种独特人性天赋的拓展和运用。这些天赋是动物所不具备的。

为了帮助你了解这些天赋，我来给你讲一讲，一位单身母亲是怎样运用这些天赋成为家庭变革的先锋的。她说：

多年来，我与我的孩子们冲突不断，他们之间也是冲突不断。我经常会评判、批评和训斥他们。我们家总是吵个不停。我知道，我经常的唠叨指责伤了孩子们的自尊。

我一次次下决心要加以改变，但每一次都会恢复消极的习惯模式。这使得我更加厌憎自己，然后把怒气发泄在孩子身上，而这越发使我产生了负罪感。我觉得自己陷入了恶性循环。这种循环是从我小时候开始的，我对此无能为力。我知道自己必须采取措施，但我不知道如何是好。

最后，我决定围绕自己的问题不断展开思索、冥想和具体诚恳的祈祷。我逐渐对自己的消极挑剔行为的真正动机有了两点认识。

首先，我更加清楚地注意到了童年经历对我的态度和行为的影响。我开始看到自己的童年生活给我留下的心理创伤。从各个角度看，我童年时生活的家庭都是不可救药的。我记得自己从未见过父母讨论他们的问题和分歧。他们要么争论，要么动手，要么愤怒地各行其是，采取冷战的方式。有时候，这种冷战会持续数天。最后我父母的婚姻以离异告终。

因此，当我不得不在自己的家里处理同样的问题时，我不知道该怎样做。我没有榜样可以学习，没有范例可以遵循。我没有寻找榜样或者改变自己，而是把自己的沮丧和困惑情绪发泄到了孩子们身上。尽管我很不喜欢这样，但我对待孩子的态度与我父母对待我的方式如出一辙。

我认识到的第二点是，我试图通过孩子们的行为赢得社会对我本人的肯定，我希望别人由于他们的良好行为而喜欢我。我经常担心孩子们的行为不但无法赢得认可，反而会给我丢脸。由于对他们缺乏信心，所以我说教、我威胁、我用好处拉拢、我控制，目的就是让孩子们以我希望的方式行事。我开始意识到，我渴望得到肯定，而这种渴望妨碍了孩子们的成长和责任感的形成。我的行动其实恰恰培养了他们我最惧怕的东西：不负责任的行为。

这两点认识帮助我意识到，我应该解决自己的问题，而不是试图通过改变别人来找到解决办法。我那不快乐而混乱的童年生活使我具有了消极待事的倾向，但并没有迫使我必须如此。我可以选择做出不同的回应。由于我的痛苦处境而指责我的父母或我的境遇是徒劳的。

我费了好大的劲儿才让自己正视这个问题。我不得不与自己积累多年形成的骄傲情绪展开斗争。但是，当我逐渐吞下这粒苦药时，我体验到了一种绝妙的自由感受。我把控着局面，我可以选择更好的方式，我对自己负责。

如今，当我身处令人沮丧的处境时，我就暂停下来，审视自己的种种倾向。我把这些倾向与我的愿景加以比较，我不会冲动地开口或出击，我经常要费很大气力来客观地看待问题并控制自己。

由于斗争在继续，所以我经常独自一人陷入宁静的深思，以期重新坚定赢得战斗的决心，明晰自己的动机。

这位女士能够在她的际遇与她对此做出的回应之间设置一个暂停键（或者是一个距离）。在这个距离里，她是积极主动的，而不是消极被动的。那么，她是怎样做到这一点的？

看看她是怎样后退了一步并自我反省的——注意自己的行为。这是第一种独特人性天赋：自我意识。作为人类，我们可以与自己的生活拉开距离并对其进行观察。我们甚至可以观察自己的思想。然后，我们可以开始参与，实行变革和改进。这位母亲就做到了。这让她拥有了深刻的洞察力。

她所运用的第二种天赋就是她的良知。注意她的良知（她的道德或伦理意识或“内在的良心”）是怎样让她从内心深处了解到，她对待孩子的态度是有害的，这会使她的孩子重蹈她童年的覆辙。良知是另一种独特的人性天赋。它使得你能够评估对自身生活的感悟。以电脑来比喻，我们可以说，这种辨别是非的道德意识嵌在我们的“硬盘”里。但是，由于我们使用了大量的社会文化“软件”，由于我们错误运用、无视或忽视了良知这种特殊天赋，所以我们可能会脱离内心的这种道德天性。良知不仅给了我们道德意识，还给了我们道德力量。它是一种力量来源，让我们根据最高天性当中包含的最深刻、最优秀的原则加以调整。

再看看她运用的第三种天赋：想象力。这是指她构想某种与以往经历迥然相异的东西的能力。她能构想或想象出一种更加出色的回应，一种从短期和长远来看都会奏效的回应。她说：“我把控着局面，我可以选择更好的方式。”当她这样说的时候，她就意识到了这种能力。由于她的自我意识，她可以审视自己的回应倾向，并且把这些倾向与她对更佳方式的愿景加以比较。

第四种天赋是什么？是独立意志——采取行动的力量。再听听她的说法：“我不会冲动地开口或出击，我经常要费很大气力来客观地看待问题并控制自己。”还有：“由于斗争在继续，所以我经常独自一人陷入宁静的深思，以期重新坚定赢得战斗的决心，明晰自己的动机。”看看她的强烈意念和她运用的意志力！她是在逆流而上——甚至在抗拒根深蒂固的消极倾向。她在把控自己的生活。她下决心要这样做。她在着手把这一切变成现实。这当然是艰难的。但是，这才是真正快乐的本质：把我们眼下的愿望放在次要位置，把我们最终的愿望放在首要位置。借助她的意识、良知和想象力赋予她的智慧，她把报复、辩解、获胜和自我满足的冲动摆在了次要位置，因为她最终追求的家庭精神比她过去希求的短暂的自我满足崇高得多，也强烈得多。

这四种天赋——自我意识、良知、想象力、独立意志——存在于我们人类的际遇与我们对此做出的回应之间的那一段距离中。

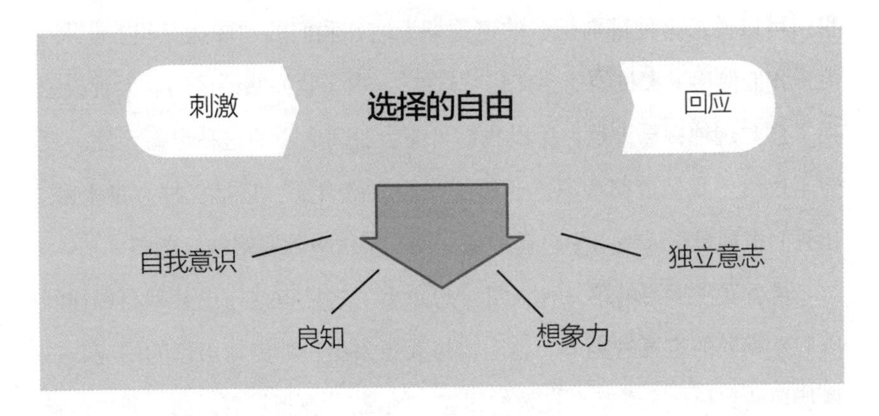

动物在刺激和回应之间则不存在这样的距离，它们完全是自然本能和训练的产物。尽管它们也具有我们不具备的独特天赋，但它们基本上是为了生存和繁衍而活的。

但是，由于人类具有这种距离，所以生活的目的更多——无限多。这个“更多”就是生命力，是使我们变得越来越适于生存的习性。事实上，“不成长就死亡”是世间万物所必须遵循的道德准则。

自从一头名叫“多莉”的绵羊在苏格兰克隆成功之后，人们重新对克隆人的可能性以及这种行为的道德与否产生了兴趣。迄今为止，许多讨论基于这样一个假设，即人类只是比较高级的动物——外界刺激与回应之间没有距离，我们从根本上是自然（我们的基因）和培养（我们的训练、教育、文化和现有环境）的产物。

但是，这种假设未能解释甘地、纳尔逊·曼德拉或特里萨嬷嬷达到的崇高境界，也未能解释本书实例当中讲述的诸多成功父母取得的杰出成就，原因是DNA（我们身体当中每个细胞的细胞核的染色体构成）中深深埋藏着这样一种可能性：由于能够拓展并运用这些独特的人性天赋，所以我们有可能进一步发展、成长、达到更高的成就和贡献。

这位女士学会设置并使用自己的暂停键之后，就逐渐开始积极主动行事了。她还逐渐成为了家庭中的“过渡人物”——也就是说，她逐渐停止把种种消极行动的倾向传到下一代。她从自己做起——把这些倾向从自己的身上消除。可以想见，她承受着一定程度的痛苦，而这有助于消除存在于各代人之间的糟粕——这种继承而来的倾向，这种报复、扳平、坚持认为自己正确的固有习惯。对每个陷入这种睚眦必报、争吵不休、相互较量的局面的人而言，她的例子就像是家庭文化的温床上的一把野火。

你可以想象这位女士发挥的积极作用、带动的变革、树立的榜样、创立的典范。慢慢地，微妙地，也许几乎是不知不觉地，她使家庭文化发生了深刻变化，她谱写了新的篇章，她成为了变革的先锋。

我们都有能力做到这一点，没有什么比这更令人兴奋的了。没有什么比发现这四种天赋、把它们结合在一起、促成根本性的个人和家庭变革更使人崇高、更催人上进、更给人鼓励、更予人力量了。在本书的所有章节中，我们将了解到那些拓展并运用了这些天赋的人士的经历，从而对它们进行深入探索。

我们拥有这四种独特天赋——这一事实意味着没有人必定要沦为受害者。即使你来自一个机能不良或者存在虐待行为的家庭，你也可以选择传递善与爱的传统。即使你只想比自己生活中的某些榜样更和善、更耐心、更尊重他人，培养这四种天赋也能激励这种愿望并使之得以实现，从而让你得以成为你真心希望成为的那种人、那种家庭成员。

“第五种”人性天赋

当我和桑德拉回顾我们多年来的家庭生活时，我们得出结论认为，从某种意义上讲，我们可以说，还存在第五种人性天赋：幽默感。我们可以轻而易举地把幽默感和自我意识、良知、想象力和独立意志排列在一起，但它其实是一种次要的人性天赋，因为它是其他四种天赋结合的产物。如果要具备幽默的态度，就需要自我意识——看到事物当中具有讽刺意味和似是而非的一面，同时再三坚持真正重要的东西。幽默感是借助了创造性的想象力——以真正新颖有趣的方式把事物结合在一起的能力。真正的幽默还要凭借良知，以期能真正振奋人们的精神，而不会沦为变相的愤世嫉俗或使别人窘迫。表达幽默时还需要意志力——幽默不是消极被动反应，不会令人不知所措。

尽管这是次要的人性天赋，但它对于形成美好的家庭文化至关重要。事实上，我要说，在我们自己的家庭中，让家庭文化保持理性、趣味、团结、亲密和吸引力的核心因素就是笑声——讲笑话，发现生活中“有趣”的一面，给妄自尊大者挑错，或者干脆一起享受乐趣。

我记得在我们的儿子史蒂芬年幼的时候，有一天，我们在一家乳制品店买冰激凌。一位女士冲了进来，匆匆忙忙地从我们身边跑过。她抓起两瓶牛奶，跑到收银员面前。慌乱之间，冲力使得沉重的瓶子撞在了一起。瓶子碎了，玻璃和牛奶溅了一地。整个商店里变得鸦雀无声。所有人的目光都注视着她，看着她湿淋淋、窘迫不堪的样子，谁都不知道该怎么做或怎么说。

突然之间，小史蒂芬尖声说：“笑一笑，女士！笑一笑！”她和其他所有人马上爆发了一阵大笑，整个事故圆满收场。后来，每当我们中有人对某个小问题反应过激时，就会有人说："笑一笑。"

笑声是缓解紧张气氛的有效手段。它能促使大脑分泌出内啡肽和其他调节情绪的化学物质，而这些物质会使人感到愉悦并减轻疼痛。幽默感也是人际关系中促进人性化和平等化的因素。它发挥着所有这些作用——但它的作用还有很多！幽默感恰恰反映了"我们偏离了正确路线，可那又怎么样"的本质。它让我们从正确的角度看待问题，以保证我们不会"小题大做"。它使得我们能够意识到，从某种意义上讲，所有的问题都没什么大不了。它使我们避免太把自己当回事儿，或者经常紧张、压抑、苛刻、过分挑剔、生活比例失调、失去平衡和过于追求完美。它使我们避免过度沉溺于道德价值观或者受到道德成规的过分束缚，以致无视自己的人性和所处的现实。

与总是感到内疚的完美主义者相比，能够嘲笑自己的错误、愚蠢之处和不当言语的人回到正确路线上的速度要快得多。除了难以摆脱负罪感的完美主义期望，以及难以控制且十分愚蠢的"怎么都行"的生活方式，还有第三种选择——幽默感。

如同其他一切事物一样，幽默感也可能会过头。它可能会导致讥讽和伤人的嘲弄文化，甚至可能会造成对待一切的轻率态度。

但是，真正的幽默不是轻率，而是一种轻松的心态，是美好家庭文化的基本要素之一。人们之所以愿意与他人相伴，就是因为他们希望身边的人快乐而活跃、积极向上、知道各种有趣的故事、富有幽默感。这也是积极主动这一习惯的关键，因为它让你以一种积极、乐观、不消极被动的态度面对日常生活中的波折起伏。

爱是一个动词

在一次研讨会上，我正在讲述积极主动的概念，一位男子走上前来说："你讲得很有道理，可是每个人的情况不同。我的婚姻真是让我忧心忡忡，我和太太已经失去了往日的感觉，我猜我们都已经不再爱对方了。该怎么办呢？"

"爱她。"我回答。

"我告诉过你，我已经没有那种感觉了。"

"那就去爱她。"

"你还没理解，我是说我已经没有了爱的感觉。"

"就是因为你已经没有了爱的感觉，所以才要去爱她。"

"可是没有爱，你让我怎么去爱呢？"

"老兄，爱是一个动词，爱的感觉是爱的行动所带来的成果，所以请你爱她，为她服务，为她牺牲，聆听她心里的话，设身处地为她着想，欣赏她，肯定她。你愿意吗？"

好莱坞电影使我们相信爱是一种感觉，关系是可以随意处置的，婚姻和家庭只是协议和权宜，而不是责任和诚意。但是，这些信息严重扭曲了现实。如果我们重新运用关于飞机飞行的比喻，那么这些信息就像是静电干扰。它们使无线电指挥塔台发出的明确指令发生了混乱，使得许多人偏离了正确路线。

看看你的周围——也许甚至是在你自己家里。所有经历过离异的人，或者疏离朋友、孩子、父母的人，或者体验过任何关系破裂的人都会告诉你，这些经历真是令人痛彻心扉，为他们的生活留下深深的疤痕。好莱坞电影通常不会向你讲述这些影响深远的后果。因此，尽管从短期来看，中断关系似乎比修复关系要“容易一些”，但从长期来看，这往往要困难得多，在涉及子女时尤其如此。

> 我们不是被迫去爱，而是选择去爱。

正如斯科特·派克（Scott Peck）所说的那样：

爱的欲望本身并不是爱……爱是一种出于意志的行动——也就是一种意愿和一种行动，这意味着我们可以选择。我们不是被迫去爱，而是选择去爱。无论我们认为自己多么富有爱心，如果我们并没有爱别人，那是因为我们选择不去爱。因此，尽管我们怀有良好的意愿，但还是没有去爱。另一方面，如果我们确实为精神的成长而付出全部努力，那是因为我们选择这样做。我们做出了爱的选择。

我有一个朋友每天都在运用自己的天赋做出积极主动的选择。下班回家后，他把汽车停在车道上，坐在车里给自己按下“暂停键”。他其实是让自己的生活处于暂停状态。他要摆正位置。他想到所有家庭成员，想象他们正在家里做些什么。他考虑自己希望在走进家门的时候帮助营造什么样的氛围和情绪。他对自己说：“我的家庭是我生活中最令人愉快、最怡人、最重要的一部分。我要走进自己的家门，感受并表达我对他们的爱。”

当他走进家门时，他不会挑错，不会吹毛求疵，也不会独自躲起来放松一下或者只关注于满足自己的需求，而是戏剧性地大喊：“我回来了！请控制一下自己，不要亲吻和拥抱我！”然后，他可能会转遍整所房子，用积极的方式与每个家庭成员展开互动——亲吻妻子，和孩子们在地上打滚，或者采取所有能带来快乐和幸福的举动，比如扔垃圾，帮着干活，或者只是倾听他们的谈话。在做这些事情的时候，他克服了自己的疲劳感，克服了工作中遇到的挑战或挫败感，避免了挑错或者对家里的情况感到失望的倾向。他成为了家庭文化中的一股有意识的、积极的创造性力量。

想想这位男子做出的积极主动的选择，以及这种选择对他的家庭产生的影响！想想他所建立的良好关系以及这些关系将对其今后数年甚至是数代的家庭生活所产生的影响！

所有成功的婚姻、所有成功的家庭都需要花费心血。这不是偶然，而是一种成就。这需要付出努力和牺牲。你需要知道——“无论顺境还是逆境，无论疾病还是健康，在你的一生中”——爱就是个动词。

拓展你的独特人性天赋

我们谈到的四种独特天赋是所有人都具有的，也许只有一些精神严重残疾、缺乏自我意识的人例外。但是，拓展这些天赋需要付出有意识的努力。

这就像是锻炼一块肌肉。如果你曾经锻炼过肌肉，你就会知道，关键是要拉伸纤维直至其断裂。然后，身体会在修复断裂纤维的时候予以过度补偿，纤维会在48小时之内变得更加坚韧。你也许还知道，调整锻炼方式、活动比较软弱的肌肉比采取阻力最小的训练，只保持那些原本强壮和业已形成的肌肉更为重要。

生活中也是如此。我们倾向于发挥长处，对弱点置之不理。有时可以这样，我们可以加以组织，通过借助别人的长处来使自己的弱点变得无关紧要，但在大多数情况下，这样不行，因为如果要充分利用我们的能力，就必须克服这些弱点。

我们独特的人性天赋也是如此。当我们在生活中与外部环境、与他人、与自身的天性展开互动时，会不断遇到需要面对自身弱点的机会。我们可以选择忽视，或者选择冲破阻力实现突破，得到新的能力和长处。

当你完成以下这份问卷时，请想想你应该怎样拓展自己的天赋。

要求：在遇到左边的问题时，你通常会有怎样的行为或态度，请选择最符合你实际情况的数字。

0（N）=从不，2（S）=有时，4（A）=总是，1介于N和S之间，3介于S和A之间。

自我意识：

问题	N		S		A
1. 我是否能独立于自己的想法或感受之外，并且对它们加以审视和改变？	X—	X—	X—	X—	X
	0	1	2	3	4
2. 我是否能注意到自己思考问题的方式，以及这种方式对我的态度、行为和在生活中得到的结果的影响？	X—	X—	X—	X—	X
	0	1	2	3	4
3. 我是否能注意到自己的生理、遗传、心理以及社会描述与我自己内心深处的想法有所不同？	X—	X—	X—	X—	X
	0	1	2	3	4
4. 如果别人对我（或我的所作所为）的回应与我对自己的看法相矛盾，我是否能抛开内心深处的自我了解，对这种反馈加以评估并从中吸取教训？	X—	X—	X—	X—	X
	0	1	2	3	4

良知：

1. 我是否有时会感受到一种内在的动力，感到自己应该做某件事或者不应该做自己正打算要做的某件事？	N S A X—X—X—X—X 0 1 2 3 4
2. 我是否能意识到“社会良知”（社会要求我重视的东西）和我本身的内在指令之间的不同？	N S A X—X—X—X—X 0 1 2 3 4
3. 我在内心里是否意识到了诸如正直和诚信等普遍原则的现实性？	N S A X—X—X—X—X 0 1 2 3 4
4. 我是否从人类经验（大于我所生活的社会）当中看出了体现这些原则的现实模式？	N S A X—X—X—X—X 0 1 2 3 4

想象力：

1. 我是否会未雨绸缪？	N S A X—X—X—X—X 0 1 2 3 4
2. 我是否能设想超出目前现实的生活？	N S A X—X—X—X—X 0 1 2 3 4
3. 我是否借助设想来重新确认并实现我的目标？	N S A X—X—X—X—X 0 1 2 3 4

4. 我是否会探寻富有创意的新方法，在不同处境中解决问题并且重视别人的不同观点？	N　　S　　A X—X—X—X—X 0　1　2　3　4

独立意志：

1. 我是否能对自己和他人做出承诺并信守诺言？	N　　S　　A X—X—X—X—X 0　1　2　3　4
2. 我是否有能力按照自己内心的需要行事，即使逆水行舟也不例外？	N　　S　　A X—X—X—X—X 0　1　2　3　4
3. 我是否形成了在生活中确立并实现有意义的目标的能力？	N　　S　　A X—X—X—X—X 0　1　2　3　4
4. 我是否能让自己的情绪服从于自己的责任？	N　　S　　A X—X—X—X—X 0　1　2　3　4

现在，把你每种天赋的得分加起来，按照下列答案来衡量你在各部分的得分：

0~7：天赋不活跃

8~12：天赋活跃

13~16：具有高度发展的天赋

我曾在各种不同的环境中多次开展过这一问卷调查，调查对象多达数千人。压倒性的调查结果是：最受忽视的天赋是自我意识。你也许听说过这样一种表达方法——“拆掉阻碍你思考的围墙”，也就是摆脱我们的常规思维方式、常规假设以及摆脱我们行事的常规模式。这是运用自我意识的另一种表达法。除非发掘出自我意识的天赋，否则对良知、想象力和独立意志的运用就始终“在围墙里面”——也就是说，无法超出我们的个人生活经历或现有的思维方式和模式。

因此，从某种意义上讲，四种人性天赋的唯一杠杆就是自我意识，因为如果你能拆掉思维围墙——独立于自己的头脑之外审视自己的假设和自己的思维方式，考虑自己的想法、感受甚至精神状态，你就打下了以全新方式运用想象力、良知和独立意志的基础。你几乎变得超然。你超越了自己，超越了自己的背景、历史和心理负担。

我们所有人如果要焕发生命力，这种超然都是必不可少的。它有助于释放变化、成长和发展的习性。在我们与他人的关系方面，在建立美好的家庭文化的过程中，它也是至关重要的。家庭越是具有共同的自我意识，就越能审视并改善自己：改变，选择超越传统的目标，为实现这些超越社会规约和根深蒂固的习惯模式的目标而确立机制和其他计划。

古老的希腊谚语“知汝自身”极为重要，因为这里体现的理念是：自我了解是其他所有知识的基础。如果我们不了解自己，那么我们所做的就只是把自己投射给生活或者其他人。然后，我们以自身动机评判自己——以他人的行为评判他人。除非我们了解自己，把自己作为独立于他人和环境之外的个体来看待，除非我们甚至能从我们自身当中脱离出来——以便观察自己的倾向、思想和愿望，否则我们就缺乏了解和尊重他人的基础，遑论由内而外地改变自己了。

拓展所有这四种天赋是养成积极主动习惯的关键。你不能忽视其中的任何一种，因为重要的就是它们之间的统合综效。例如，希特勒具有极强的自我意识、想象力和独立意志，但没有良知。这不仅导致了他的毁灭，还从诸多可悲的方面改变了世界发展的进程。有些人非常有原则，有良知，但他们缺乏想象力，没有远见。他们是好人——但适合做什么？能实现什么目标？还有些人有极强的独立意志，但没有远见。他们经常会反复做相同的事情，头脑中却缺少重大目标。

这也适用于整个家庭。如果家庭对这四种天赋（这些天赋之间的关系以及家庭当中所有成员之间的关系）抱有共同意识，就能向更高层次的成就、重要意义和贡献迈进。关键在于个人和家庭文化应该对这四种天赋都进行适当培养，这样才能产生浓厚的个人和家庭意识、高度发达而敏锐的个人和集体良知，把富有创造性和想象力的直觉发展成为共同的愿景，才能形成并运用强烈的个人和社会意志，尽己所能完成任务、实现愿景、发挥作用。

关注圈与影响圈

积极主动这一习惯和运用四种独特天赋的关键是负起责任，关注我们在生活当中确实可以施加影响的事物。正如《宁静祷文》中所说的那样："上帝，求赐我宁静以接受我所不能改变的事情，赐我勇气以改变我所能改变的，赐我智慧以分辨这两者之间的分别。"

如果想让我们的头脑做出更加明确的区分，方法之一就是从我所说的关注圈和影响圈的角度审视我们的生活。关注圈是一个大圆圈，包括了你在生活中可能会关注的一切。影响圈是关注圈中的一个比较小的圆圈，包括了你可以实际施加影响的事情。

消极被动的人倾向于把注意力集中在关注圈里，但这只会导致里面的影响圈的缩小。倾注在外层关注圈里的精力是消极的。如果你既投入了这种消极精力又忽视了影响圈，影响圈就会不可避免地变得更小。

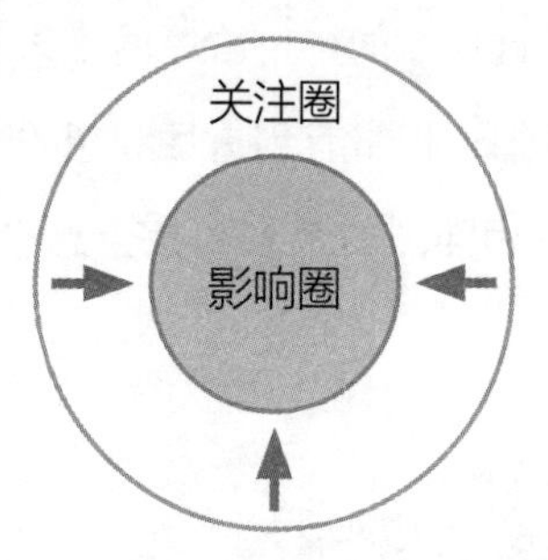

但是，积极主动的人把注意力集中在影响圈里。所以，这个圆圈就会变大。

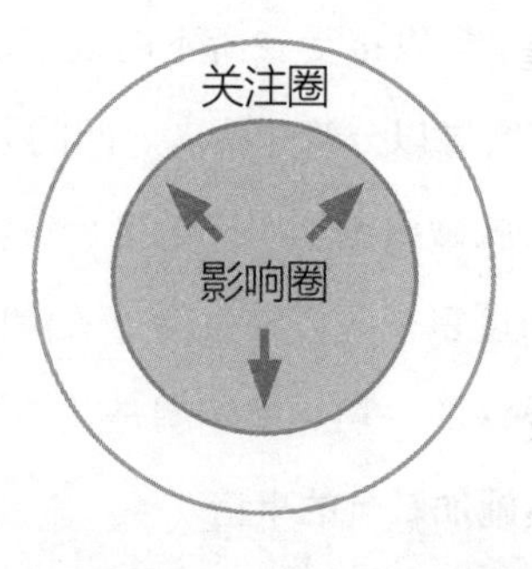

看看一位男子决定集中关注影响圈之后出现的结果：

在我快要年满20岁的时候，我注意到母亲和父亲变得对彼此越发挑剔，他们争吵，哭泣，还说一些伤人的话——他们精于此道。然后是和好，显得“一切恢复正常”。但是，随着时间的推移，争吵越来越频繁，伤害也越来越深。

在我大概21岁的时候，他们终于分居了。我记得自己当时产生了很强烈的责任感，渴望帮助“解决问题”。我想，这是作为孩子的一种自然回应，你爱自己的父母，你想竭尽所能。

我对父亲说：“你干吗不去找妈妈，说一声‘我很抱歉。我知道自己做了许多伤害你的事情，但请你原谅我。咱们一起来解决问题，我会投入其中的’。”他则说：“我办不到，我不会这样袒露自己的内心，然后再次受到伤害。”

我对母亲说：“看看你们共同经历的一切，难道那不值得你努力去挽回吗？”她则说：“我办不到，我就是对付不了这个人。”

双方都非常不快、痛苦、愤怒。母亲和父亲都不遗余力地想让我们这些孩子认为自己是对的，对方是错的。

当我最终意识到他们要离婚时，我感到难以置信，我的内心感到空虚而悲伤。有时我泪流满面，因为我生活中最确凿无疑的一样东西消失了。我开始把矛头对准自己。为什么偏偏是我？我为什么不能做点什么来加以补救？

我的一个非常要好的朋友后来对我说：“你知道你该做些什么吗？你不能再自怨自艾了。看看你自己现在的样子。这不是你的问题，虽然你与此有关，但这是你父母的问题。你不该再为自己感到难过，你应该想想怎样去支持和关爱你的父母，因为他们比以往任何时候都更需要你。”

当我的朋友对我说这番话的时候，我的内心发生了变化。我骤然认识到，我在这个问题上并不是受害者。我的内心说：“作为儿子，你最大的责任就是爱你的父母，走自己的路。你需要就目前发生的一切勇敢地选择做出自己的回应。”

这在我的生活中是一个具有重大意义的时刻，这是一个选择的时刻。我意识到自己并不是受害者，我可以有所作为。

于是，我一门心思去爱并支持我的父母双方，我拒绝偏袒任何一方。我的父母对此很不满，他们指责我骑墙，懦弱，不愿意表明立场。但是，随着时间的推移，他们都开始尊重我的态度了。

当我思考自己的生活时，就好像突然独立于自己之外，独立于我的家庭经历和他们的婚姻之外，成为了一个学习者。我知道，有朝一日，我会结婚成家。因此，我问自己：“布伦特，这对你意味着什么？你会从中吸取什么教训？你想建立一种什么样的婚姻关系？你要改掉哪些恰好与父母相同的弱点？”

我认为，我真正需要的是稳固、健康、不断成长的婚姻。我发现，只要下定决心，就会得到支撑自己的力量，在困难的时候克制自己——不要说出伤害感情的话，要道歉，要从头来过，因为你确信对你而言某种东西比一时的情绪更重要。

我还决定要永远记住，“齐心协力”比谁对谁错或自行其是更为重要。在争论中获取的小小胜利只会导致更严重的关系疏远，而这其实会妨碍你在婚姻关系中获得更深层次的满足感。我把这看作我汲取的最重要的人生经验之一。我由此下定决心，当我面对这样一种处境——与我妻子的意见不一致时，当我做下蠢事使我们之间产生隔阂时（即使在那时，我也意识到自己会不时地这样做），我不会一忍了事，也不会听任它恶化，而是一定会道歉。我一定会说：“我很抱歉。”然后重申我对她的爱和承诺，把问题解决好。我决心要始终竭尽所能，不是为了做到十全十美——因为我知道这是不可能的——而是为了不断努力，不断尝试。

这很不容易。有时如果出现了深层的问题，要花费不少气力。但我认为，我的决心体现了一种首要重点，如果我没有经历过父母离婚的痛苦，我就永远达不到这样的层次。

想想这位男子的经历。这是世上他最爱的两个人——多年来，他从他们身上获得了诸多认同感和安全感，他们的婚姻却行将破裂，他觉得自己遭到了背叛。他的安全感、他对婚姻的构想和感觉都受到了威胁，他陷入了深切的痛苦。他后来说，这是他一生中最艰难、最具挑战性的时期。

他在朋友的帮助下意识到，父母的婚姻处在他的关注圈里，但不属于他的影响圈。他决定采取积极主动的态度。他意识到，他无法挽救父母的婚姻，但有些事情是他可以做到的。他内心的罗盘告诉了他这些事情是什么。于是，他开始集中关注自己的影响圈。他竭力去爱和支持父母双方——即使在艰难的时候，即使在他们做出消极被动反应的时候也不例外。他得到了基于原则采取行动的勇气，他不再对父亲的情感回应做出消极被动的反应。

他还开始考虑自己的未来和婚姻。他开始意识到自己希望在与未来妻子的关系中所树立的价值观。因此，他在婚姻初始就牢记着关于这种关系的构想。构想的力量使他圆满应对了这种关系遭遇的挑战，赋予了他道歉和回归正确路线的力量。

你知道集中关注影响圈会发挥什么样的作用吗？

再看一个例子。我认识一对父母。他们认为自家女儿的行为已经恶劣至极，再让她住在家里就会毁掉整个家庭。父亲决定，等她当晚回家的时候，他会要求她采取某些行动做出改变，否则第二天就搬出去。于是，他坐下来等她。等待的时候，他拿出一张3英寸×5英寸的卡片，列出女儿为了留在家里应做出的改变。完成清单之后，他产生了只有受过类似折磨的人才会知道的感受。

在这种痛苦的精神状态下继续等着女儿回家的时刻，他把卡片翻了过来。另一面是空白的，他决定在这一面列出，如果女儿同意改变自己，他作为父亲会同意做出哪些改进。当他意识到自己的清单比女儿的还要长时，他泪流满面。在这种精神状态下，当女儿回到家时，他客客气气地迎接了她。他们以他的那面卡片作为开端，开始了一次富有意义的长谈。他选择以自己那一面为开始，这改变了一切——由内而外地改变了一切。

责任感（Responsible），从构词法来说是能够（–able）回应（response）的意思，即选择回应的能力。这就是积极主动的核心。这是我们可以在自己的生活中做到的事情。有趣的是，如果你集中关注自己的影响圈并使之扩大，那就是在用自己的范例为别人树立榜样。别人往往也会集中关注自己的影响圈。有时候，人们出于消极被动反应造成的愤怒情绪，可能会让他们以相反的方式行事，但是，如果你真诚而且坚持不懈，你的榜样范例最终会对所有人的精神状态产生影响，于是他们也会变得积极主动，在家庭文化中主动采取更多的行动，承担更多的“责任”。

聆听自己的语言

如果想弄清你处在影响圈还是关注圈，最有效的方法之一就是聆听自己的语言。如果你处在关注圈里，你的语言就会充满谴责、指责和消极被动的意味：

“我简直不敢相信，这些孩子居然会这么干！他们简直让我发疯！”

“我丈夫（妻子）太不体贴了！”

“为什么我父亲是个酒鬼？”

如果你处在影响圈里，你的语言就是积极主动的。它反映了你对你能够加以改变的事物的关注：

“我可以帮助在咱们家制定规矩，让孩子们了解他们行为的后果。我还可以找机会讲解并鼓励良好的行为。”

“我可以变得更体贴。我可以示范自己希望在婚姻中达成的和睦互动。”

“我可以更多地了解父亲和他的酒瘾。我可以努力理解他，爱他，原谅他。我可以为自己选择不同的道路。我可以教育并影响我的家人，避免酗酒成为他们生活的一部分。”

为了进一步深入了解自己的语言是积极主动的还是消极被动的，你也许愿意尝试以下这个实验。你也许想让自己的配偶或者其他人和你一起参与，并给你反馈。

1. 确定你的家庭文化中存在的一个问题。

2. 向别人讲述这个问题（或者把你讲述的内容写下来），使用完全消极被动的词语。把注意力集中在你的关注圈里。努力把问题讲述清楚，看看你能在多大程度上说服别人相信，这个问题不是你的过错。

3. 用完全属于积极主动态度的词语描述同一个问题。集中关注你的责任，谈谈你在影响圈里可以做些什么。说服别人相信，你能让局面发生实实在在的变化。

4. 现在，思考这两种描述的差别。哪一种更接近你在谈论家庭问题时的常规习惯模式？

如果你发现自己基本是在使用消极被动的语言，你就可以马上采取措施，用积极主动的词汇和短语来替代这种语言。只需迫使你自己使用这些词语就能帮助你识别消极被动的习惯，并且着手加以改变。

通过讲授对语言的责任，我们也能帮助甚至还很年幼的孩子学会将习惯一融会贯通。

科琳（我们的女儿）：

最近，我尝试帮助我们三岁的女儿学会对自己的语言更负责任。我对她说："在咱们家，我们不说'讨厌'或'住嘴'，也不把别人称为'傻瓜'。你必须要注意自己与别人谈话的方式。你要学会负责任。"我会时不时地提醒她："埃里卡，不要给别人起外号。你要尽量对自己讲话和行事的方式负责。"

后来有一天，我刚好说了一句："哦，我真讨厌那部电影！"埃里卡马上答道："妈妈，不要说'讨厌'！你要负责任。"

如今，埃里卡就像是我们家的"盖世太保"。在她身边的时候，我们都必须注意自己的语言。

建立情感账户

如果要理解并应用积极主动的概念以及这种关注影响圈的由内而外的手段，一种非常实用而有效的方式就是使用情感账户的类比或比喻。

情感账户体现了你与他人关系的质量。这就像是一个银行账户——你可以"储蓄"（积极采取在关系当中增加信任的行动），也可以"取款"（通过消极被动的方式降低信任程度）。在任何时候，账户当中的信任余额都决定了你与别人交流和解决问题的效果如何。

如果你与家庭成员的情感账户里留有大量余额，那就意味着你们之间存在高度的信任，交流坦诚而无拘无束。你甚至可以在关系中犯错，因为"情感储蓄"可以对此加以补偿。

但是，如果账户里的余额极少甚至已经透支，信任就不复存在，因此也就没有真诚的交流可言。这就好像是在雷区里行走，你要时时提防。你必须字斟句酌，甚至连你比较善良的意图也会遭到误解。

回忆一下我那个"重新找回了儿子"的朋友的经历。你可以说，这位父亲与儿子之间的关系是透支了100美元、200美元或者甚至1万美元。他们没有信任，没有真正的交流，没有合作解决问题的能力。这位父亲越是全力以赴，形势就变得越糟糕。但是，当我的朋友采取了积极主动的措施之后，情况发生了巨大变化。在采取由内而外的改变措施之后，他成为了变革的先锋。他不再对儿子做出消极被动反应。他在孩子的情感账户中存了一笔巨款。他聆听，真正深切地聆听。孩子骤然感觉自己被当作一个重要的人，得到了认可、肯定和承认。

在许多家庭文化中，最严重的问题之一就是消极被动的反应不断导致"取款"，而不是"储蓄"。看看下面这个日程表，我的朋友格伦·格里芬（Glen Griffen）博士讲述了青少年生活的寻常一日是什么样子。

这种日复一日的交流会对情感账户的余额产生什么影响?

一个青少年一天当中听到的话语

早晨6:55　快起床，不然你又要迟到了。

早晨7:14　可你总得吃早饭吧。

早晨7:16　你的样子就像朋克视频里的那些家伙。穿点像样的衣服。

早晨7：18　别忘了把垃圾拿出去。

早晨7：23　穿上外套。你不知道外面挺冷的吗？在这样的天气里，你可不能走着去学校。

早晨7：25　我希望你放学以后能直接回家，把作业写完，然后再出去闲逛。

下午5：42　你忘记扔垃圾了。都是因为你的缘故，咱们这一大堆垃圾又得多留一个星期。

下午5：46　把这讨厌的滑板拿开。会有人因此绊倒，甚至摔断脖子的。

下午5：55　来吃晚饭。我怎么老得在吃饭的时候到处找你？你应该帮着摆桌子。

下午6：02　我得告诉你多少遍，该吃晚饭了！

下午6：12　你非得带着耳机吃饭吗？还在听你称为音乐的那种噪音？你听不见我说话吗？把那对破玩意儿摘下来。

下午6：16　家里得好好收拾一下。你的房间真是丢人，你得承担起自己的责任来。这儿可不是宫殿，没有佣人伺候你。

下午6：36　别玩电子游戏了。把洗碗机搬下来，把脏盘子放进去。我像你这么大的时候，我们根本没有洗碗机。我们得用热肥皂水洗盘子。

晚上7：08　你在看什么呢？我觉得那不怎么样。开着电视能把作业做得更好？傻瓜才会相信呢。

晚上7：32　我告诉你了，做完作业再把电视打开。怎么这些鞋子和

	糖纸都扔在屋子中间？我告诉你无数次了，一开始就把东西放好比过后再收拾强。你想要我冲你嚷嚷吗？
晚上9:59	音响太吵了，我什么都听不见了。睡觉去，不然你明天又要迟到了。

记住，爱是个动词。积极主动的巨大好处之一就是：你可以选择“储蓄”而不是“取款”。无论局面如何，你总是可以采取一些行动来改善关系。

一位再婚家庭的父亲讲述了这样一段经历：

我一直觉得自己是个诚实勤劳的人。我在事业上很成功，与妻子和孩子的关系也很美满——只有我们15岁的女儿塔拉是个例外。

我几次徒劳地想要修补我与她之间破裂的关系，但每次都以令人灰心的失败告终。她根本不信任我。每当我试图消除我们的分歧时，似乎只会使局面变得更加糟糕。

后来，我知道了情感账户，我想到了一个令我猛然清醒的问题：“问问自己，你身边的人是否会由于你在家里而感到更加幸福愉快？”

我在内心不得不回答：“不，对我女儿塔拉来说，我的在场使一切变得越发糟糕。”

这种内省几乎令我心碎。

在经历了最初的震惊之后，我逐渐意识到，如果要改变这个可悲的事实，那就只能先改变我自己，只能先改变我的内心。我不仅要对她采取不同的态度，还要下定决心真正去爱她。我必须放弃批评她和不断指责她的做法，放弃把她看作是我们关系不佳的罪魁祸首的想法。我总是与她较劲，总是要让我的意志战胜她的意志——我必须放弃这种做法。

我知道，除非我马上依据这些感受采取行动，否则我也许永远都不会据此采取行动了，于是我下定决心这样做。我决定，在30天的时间里，每天都要在我与塔拉的情感账户里做五笔“储蓄”——而且绝对不“取款”。

我的第一个冲动就是去找女儿，向她讲述我学到的一切，但我深知，言语训诫的时机尚不成熟。是时候开始“储蓄”了。那天晚些时候，塔拉放学回家之后，我用温和的微笑迎接她，并且问：“你怎么样？”她草草回答道：“你管得真宽。”我忍受了这一切，试着假装自己没有听到她的话。我微笑地答道：“我只是想知道你过得好不好。”

在接下来的几天里，我努力信守自己的承诺。我把提醒自己的“贴纸”贴得到处都是，包括我汽车的后视镜上。我继续躲避她经常性的刻薄言语，而这对我来说并不容易，因为我已经习惯于反唇相讥。每次经历都让我了解到，我们的关系已经变得多么可悲。我开始意识到，我过去经常指望她先有所改变，然后我再改变自己，以期改善局面。

随着我致力于改变我自己的（而不是她的）感受和行动，我开始从一个全新的角度看待塔拉。我开始觉察到她是多么渴望得到爱。随着我继续躲开恶意的言语，我感受到了一股不断增强的力量——当我躲避这些言语的时候，我的内心没有任何愤恨，而是增加了许多爱。

我发现，我开始自然而然地为她做一些小事——一些我知道不是非做不可的小事。她学习的时候，我会轻轻地走进去，打开灯。如果她问：“你干吗？”我就回答说：“我想，如果光线比较好，你会看得更清楚。”

最后，在大约两周后，塔拉好奇地问：“爸，你有点不一样了，你怎么了？出什么事了？”

我说：“我意识到，我自己身上的一些东西需要做出改变，仅此而已。

我很高兴，现在我能用一向应该采取的态度对待你，以表达我对你的爱了。”

我们开始花更多的时间一起待在家里，只是谈话或者聆听对方的话语。现在已经过去两个多月了，我们的关系大有改观且深入了许多。虽然目前还说不上是完美无缺，但我们正在朝这个方向努力。痛苦已经消失，信任和爱与日俱增。这都是由于一个简单但深刻的理念——在情感账户里只“储蓄”不“取款”，并且要持久而诚恳地这样做。如果你能做到这一点，你会开始以不同的态度看待对方，并且开始用利他的动机取代利己的动机。

我可以肯定，如果你问我的女儿，她现在怎么看待我。她很快会回答说：“我老爸？我们是朋友。我信任他。”

你可以看出，这位父亲是如何采取积极主动的态度切实改变了他与女儿的关系。注意他是如何运用了所有四种人性天赋。看看他的自我意识是多么强。看看他是如何独立于自己之外，独立于女儿之外，独立于整个局面之外，审视现有事态。注意他是如何比较了现有处境和他的良知告诉他的正确做法。注意他是如何探察了种种可能性。借助想象力，他能构想出不同的东西。注意他是如何借助独立意志采取行动的。

当他运用四种天赋时，看看出现了什么局面。形势开始发生显著变化——不只是父女关系的质量，还有他对自己的看法，以及女儿对她自己的看法。其实他就是这样做的。他做了多笔“储蓄”，因为他不再一心注意别人的弱点，而是集中关注自己的影响圈——关注那些他能够加以改变的东西。他真是变革的先锋。

一定要记住，每当你以别人的弱点为基础建立自己的感情生活时，你就为了别人的弱点而放弃了自己的力量（也就是你独特的人性天赋），所以你的感情生活取决于他们对待你的态度。你让自己丧失了力量，让其他人的弱点产生了很强的影响力。

但是，当你集中关注影响圈时，当你一心要采取你所能采取的行动去巩固情感账户（建立以信任和无条件的爱为基础的关系）时，你就大大增强了以积极方式影响他人的能力。

让我告诉你一些可能会有所助益的具体理念——你可以在自己家里做的一些“储蓄”。你可以现在就从这些实用方法开始，练习在你的家庭里运用习惯一。

善意

我记得几年前的一个傍晚，正是我同两个儿子一起外出活动的时间，一般就是做运动、看摔跤比赛、吃热狗、喝果汁和看电影。

电影看到一半，四岁的儿子肖恩在座位上睡着了，六岁的史蒂芬还醒着，我们两个人一起看完了那部电影。电影结束后，我抱起肖恩，走到我们的车前，打开车门，把他放在后座上。那天晚上很冷，于是我脱下外套，轻轻地盖在他的身上。

回到家，把肖恩送上床，我又照顾六岁的史蒂芬准备睡觉。他上床以后，我躺在他身边，父子俩聊着当晚的趣事。

平常他总是兴高采烈地忙着发表意见，那天却累得异常安静，没什么反应。我很失望，也觉得有点不对劲。突然史蒂芬偏过头去，对着墙。我翻身一看，才发现他眼中噙着泪水。我问：

“怎么啦？孩子，有什么不对吗？”

他转过头来，有点不好意思地问：

“爸，如果我也觉得冷，你会不会也脱下外套披在我身上？”

那天晚上我们一起做了那么多事，可是在他看来，最重要的却是我不经意间对他弟弟流露出的父爱。

在人际关系当中，小事也是大事。一位女士说，她家厨房墙壁的装饰匾牌上写着：**“坚持、细心行小善，实为行大善。”**

小小的善意能大大有助于建立充满信任和无条件的爱的关系。想想看，使用诸多“谢谢”“请”“劳驾”“您先请”和“要我帮忙吗”之类的词汇短语会对你自己的家庭产生什么影响。或者，提供一些令人意想不到的帮助，比如帮忙洗盘子，带孩子们到商店去买对他们来说非常重要的东西，打电话问问是否需要你在回家的路上到商店买些东西。或者，找到一些表达爱的细微方式，比如送花，在午餐盒或公文包上夹一张便条，在一天当中打电话说“我爱你”。或者，表达感激和感谢。或者，说些诚心诚意的赞赏。

人们每天都需要12次拥抱，这些拥抱可以来自不同的形式，有身体上的、言语上的，还有从周围环境看见和感受到的，甚至你可以通过冥想或祈祷来收获拥抱。

我认识一位女士，在贫困和争吵中长大，但她逐渐意识到，家庭当中的此类善意和礼貌是多么重要，她在自己工作的地方了解到了这一点。这是一家非常豪华的饭店，所有员工都沉浸于礼待所有客人的文化。她知道，人们在受到这样彬彬有礼的对待之后会有多么美妙的感觉。她还意识到，对别人采取善意和礼貌的举动会使她自己产生多么美妙的感觉。一天，她决定尝试在家里对自己的家人采取这种态度。她开始为家庭成员做一些小小的服务，她开始使用积极、文雅、和善的语言。例如，在摆早饭时，她会像在工作时一样说：“别客气！”她告诉我，这改变了她和她的家庭，并且在两代人之间开始形成全新的良性循环。

我弟弟约翰和妻子简在家里采取的措施之一就是：每天早晨抽出时间互相夸奖。家庭成员轮流接受这样的夸奖，这为家庭带来了巨大的变化！

善意当中最为重要的层面之一就是表达赞赏。在家庭当中，做出（或者教对方做出）这样一笔储蓄是多么重要啊！

道歉

也许没有什么比对别人说“我很抱歉”更能考验我们的积极主动能力了。如果你的安全感是基于你的形象、你的立场或者你的正确性，那么道歉就像是使你丧失了所有的自尊心。它把你之前的成就一笔抹煞，它对你的所有人性天赋构成了最严峻的挑战。

科琳（我们的女儿）：

几年前，我和丈夫马特前往小木屋，与全家团聚过圣诞节。我不记得具体情况了，但出于某种原因，他们要我第二天开车送妈妈去盐湖城。可是，我已经安排了另一件非做不可的事，所以不能送她。爸爸听到我的答复之后，立刻大发脾气——彻底爆发了。

他说：“你真自私！你必须送你妈妈！”他还说了其他好多并非发自真心的话。

我被他生硬粗暴的回应吓了一跳，于是哭了起来。我受了很深的伤害。我已经习惯了他总是善解人意和细致周到的态度。事实上，在我这一生中，我记得他对我只真正发过两次脾气，所以他的回应令我措不及防。我不该冒犯他的，但我还是做了。最后，我说：“好吧，我会送她的。”我知道他不会听我争辩。

我掉头就往自己家走，我丈夫和我在一起。我说：“我们今天晚上别回小木屋了。我才不在乎我们是否会错过家里的圣诞聚会呢！”走过街道的时候，我的情绪糟透了。

到家后不久，电话响了。马特接了电话。他说："是你的爸爸。"

我仍然很伤心，说："我不想跟他说话。"但我其实还是想和他说话的，所以我最终拿起了电话。

他说："宝贝，我道歉。我那样跟你发脾气是没有道理的，但我想告诉你到底是怎么回事。"他告诉我，他们刚刚开始盖房子，所需资金在不断增加，公司业务方面也不顺利，过圣诞节了，全家都在，他承受的压力太大了，所以发作了一通，我则成了替罪羊。他说："我把火都发在你身上了。我真的很抱歉。对不起。"我也向他道了歉，我知道我自己反应过激了。

父亲的道歉是我的情感账户里的一大笔"储蓄"。我们从此拥有了非常美妙的关系。

马特和我那天晚上又回小木屋去了，我重新安排了第二天的时间，送妈妈去了盐湖城，就好像什么都没发生过似的。如果有的话，那就是爸爸和我的关系更亲密了，因为他能马上道歉。我认为，他要花许多气力才能如此迅速地从局面中后退一步，说："对不起！"

尽管我们的坏脾气也许只有在万分之一的情况下才会发作，但是，如果我们不承担责任并道歉，它就会影响到我们生活中其他时间的质量。为什么？因为别人永远不知道，他们何时可能会触动我们的敏感神经，所以他们总是提心吊胆，并且会预先揣摩我们的行为，控制他们自己的自然、自发、本能的回应，以此来进行自我防卫。

我们越早学会道歉越好，全世界的传统都验证了这一点。远东的一句哲言在这里非常适用，其意思是说，如果你要鞠躬，就鞠得深一点。

毫无疑问，我们可以通过若干途径把这一教训应用于我们的生活，其中一种途径可能是：每当与别人产生分歧时，我们必须迅速与他们“达成一致”——不是就产生分歧的事项达成一致（那样会有损我们的正直），而是就产生分歧的权利达成一致，要从他们的角度看待问题。否则，他们为了保护自己，就会把我们投入他们自己头脑中的精神或感情“监狱”。除非我们谦恭并彻底地承认错误，承认我们剥夺了他们表达不同意见的权利，否则我们就不可能脱离这个监狱。在这样做的时候，我们绝对不能以任何方式表示：“如果你道歉，我就道歉。”

我们所有人都会不时地“大发雷霆”，换言之，我们偏离了正确路线。当出现这种情况时，我们必须坦率地承认，谦恭地说出来，并且真诚地道歉。

亲爱的，我很抱歉，我在你的朋友面前让你难堪了，我错了，我要向你道歉，也要向你的朋友们道歉。我不该这样做，我对待你的态度太自私了，对不起。我希望你再给我一次机会。

宝贝，我为这样打断你的话道歉。你想给我讲一些你深有感触的事情，而我却一心惦记着自己的事，所以没顾及你的想法。原谅我好吗？

请再次注意，这些道歉的话语是怎样运用了所有的四种天赋。首先，你要注意到正在发生什么。其次，你要询问自己的良知，挖掘自己的道德或伦理意识。再次，你要探察各种可能性——怎样会更好。最后，你要根据其他三项内容行事。如果四种天赋当中的任何一种受到忽视，全部努力就会白费，你最终会试图以某种方式对自己的冒犯行为进行辩解、开脱、解释或掩饰。你也许会道歉，但那是表面的，并非发自内心。

忠实于不在场的人

如果家庭成员彼此之间不忠实，在别人背后互相批评并说闲话，那会出现什么情况？如果家庭成员对其他家庭成员或朋友发表不忠实的言论，那会对家庭关系和文化造成什么影响？

“我丈夫真是个吝啬鬼！我们每花一点钱，他就要难受半天。”

“我妻子总是叽叽喳喳的。她要是能不时地闭会儿嘴，让我插句话就好了。”

“你听说我儿子那天干了些什么吗？他跟老师顶嘴了。他们在学校给我打了电话。真丢人！我不知道该拿那个孩子怎么办好。他总是惹麻烦。”

“我的岳母真让人受不了！我们做什么事情，她都想加以控制。我不明白，我妻子为什么不能摆脱她的控制，结束这种局面。”

这样的言论不仅是从所谈及的人那里“取走了巨款”，也是从听者那里“取走了巨款”。例如，如果你发现某个人针对你发表了上述某句评论，你会有什么感觉？你也许觉得自己受到了误解和侵犯，受到了不公正的批评和指责。在你和此人的关系中，这会对你们之间的信任度产生什么影响？你会觉得安全吗？你会觉得自己得到了肯定吗？你觉得自己能向此人倾吐秘密吗？你的信任能得到满怀尊重的对待吗？

另一方面，如果某人针对别人的情况向你说了这样的话，你会有什么感觉？起初你也许会很高兴，觉得对方向你“吐露了秘密”，但你会不会开始怀疑，在另外一个场合，此人也许会对别人说一些有关你的同样不中听的东西？

除了道歉之外，一个人最艰难和最重要的“储蓄”就是忠实于那些不在场的家庭成员。这也是整个家庭可以采纳的基本价值观和可以承担的责任。换言之，在谈及别人的时候，要好像他们在场一样。这并不是说你没有注意到他们的弱点，是在盲目乐观，采取“鸵鸟把头埋进沙子”的态度。相反，它的意思是说，你通常要集中注意力于积极（而不是消极）的东西。

在谈论别人的时候，始终要像他们在场一样。

如果你确实要谈论这些弱点，就要采取负责和建设性的态度，以保证当你谈及的人无意中听到你的谈话时，你不会感到羞愧。

我一个朋友有个18岁的儿子，他的举止习惯让他结了婚的哥哥姐姐及其配偶感到恼火。每当他不在场的时候（这种情况经常出现，因为他大部分时间都和朋友们在一起，不在家），全家就会谈论他。大家最喜欢的话题是他的女朋友、他熬夜的习惯和他对母亲的随意支使。我这位朋友参与了这些有关儿子的闲扯式的谈话。谈话使得他认定，他的儿子确实不负责任。

有一次，这位朋友注意到了正在发生的一切，以及他在其中发挥的作用。他决定遵守原则，忠实于不在场的人，对他的儿子保持忠实。从此以后，每当这样的谈话开始时，他就会温和地打断所有的消极言论，说到他目睹儿子做的一些好事。他的叙述很有说服力，能够反驳其他人可能发表的所有消极言论。很快，谈话失去了趣味，大家就转到了别的更为有趣的话题上。

我朋友说，他很快就觉察到，家庭里的其他成员也开始遵守这项有关忠实于家庭的原则了。他们开始意识到，如果他们不在场，他也会捍卫他们。这个变化还以某种几乎无法解释的方式（也许是因为他开始用不同的态度看待儿子了）改善了他与儿子的情感账户状况，而这个儿子根本没注意到围绕自己展开的家庭谈话。底线是：**你处理家庭中的任何关系的方式最终都将影响到家庭中的每种关系。**

在这里也要注意，应该怎样以积极的态度运用所有这四种天赋。为了做到忠实，你必须有自我意识。你必须有良知，有明辨是非的道德意识。你必须探察各种可能性——怎样会更好。你必须有勇气加以实现。

忠实于那些不在场的人显然是一种积极的选择。

做出承诺，信守诺言

多年来，人们屡屡问我，是否有某种最能帮助人们成长的理念，能让他们更好地解决问题、抓住机遇、让生活成功。我想到了一个简短的八个字的回答："做出承诺，信守诺言。"

尽管这听起来也许太简单了，但我真心相信，它的含义非常深邃。事实上，正如你将要发现的那样，前三个习惯都蕴含在这简短的八个字里。如果整个家庭能培养彼此许诺并信守诺言的精神，将会带来其他诸多好处。

辛西娅（我们的女儿）：

我12岁的时候，爸爸许诺要带我一起去旧金山出差。我兴奋极了！我们针对这次旅行讨论了三个月。我们要在那儿待上两天一夜，我们把所有细节都计划好了。爸爸第一天要忙着开会，所以我就留在酒店里。开完会以后，我们打算打车去唐人街，吃我们最喜欢的中餐。然后，我们去看电影，坐电车，回我们在酒店的房间看电视，让客房用餐服务部把热乳脂软糖圣代送到房间里来。我迫不及待地盼望着这一天的到来。

这一天终于到了。我在酒店里等待着，时间过得真慢。六点钟了，但爸爸还没有出现。最后，到了六点半，他和另一个人一起来了。这是他的好朋友，也是颇具影响力的商界熟人。这个人说："史蒂芬，你能来这里真是太好了。今晚，我和洛伊丝想带你到码头去，享受一顿海鲜大餐，然后，你一定要去看看我们家周围的风景。"我还记得，他这样说的时候，我的心都凉了。当爸爸告诉这个人我在这里的时候，他说："当然，她也可以来。我们很乐意她一起来。"

哦，这倒好！我想，我讨厌鱼，爸爸和朋友谈话的时候，我只能郁闷地坐在后座上。我想，我的所有希望和计划都要泡汤了。

我感到了莫大的失望。这个人极力相邀，但我想说："爸爸，这段时间是属于我们两个人的！你保证过的。"但是，我当时只有12岁，我不知道该怎么办，只能自己默默难过。

爸爸说："天哪，比尔，我真想和你们聚一聚，可这是我专门用来陪伴女儿的时间。我们已经做了详细计划。真谢谢你邀请我们。"我永远无法忘记我听到他这番话时的感受。我看得出来，这个人很失望，但令我感到惊异的是，他似乎很理解。

在那次旅行中，我们圆满实施了每一项计划，什么都没有遗漏。这真是我生命中最快乐的时刻。我觉得，没有一个小姑娘对父亲的爱会像我当天晚上那样深。

我深信，你迫切想做一笔比做出承诺和信守诺言对家庭影响更大的"储蓄"。想想看！承诺能带来多少激动、企盼和希望？我们在家庭中的承诺往往是最重要，也是最微妙的。

我们对别人做出的最基本的承诺就是婚姻的誓言。这是最高誓言。同等重要的是我们对孩子的固有承诺——尤其是在他们年幼的时候，我们承诺将照料他们，养育他们。正因如此，离婚和遗弃才是极为痛苦的"取款"。牵涉其中的人经常会觉得最高誓言已经遭到违背。因此，当发生这些情况时，就更有必要做出有助于重新建立信心和信任的"储蓄"。

有一次，一位曾在某项工作中帮助过我的男子讲起了他刚刚结束的痛苦的离婚经历。但是，他怀着一种热切的自豪感谈及，他遵守了在此前对他自己和他妻子的承诺——无论发生什么情况，他都不会说她的坏话，尤其不会在孩子面前说她的坏话。在谈到她的时候，他总是采取肯定、嘉许和积极的态度。当时，他还正在处理司法和感情纠葛，因此，在那时信守他与妻子间的承诺是他一生中做过的最困难的事。但他庆幸自己这样做了，因为这使一切变得有所不同——尽管处境非常艰难，但这不仅改变了孩子们对自己的看法，还改变了他们对父母双方的看法以及他们的家庭意识。他说不尽他是多么高兴自己信守了承诺。

即使你过去打破过承诺，你有时也可以把这种处境转变为一笔“储蓄”。我记得一位男子有一次没有信守他对我的承诺。后来，他问他是否有机会做另一件事，我拒绝了他。根据我过去与他打交道的经验，我无法确定他是否能坚持下来。但是，这位男士对我说：“我上一次没有坚持下来，我承认。我没有付出全部努力，这是我的错。你能再给我一次机会吗？我不仅会坚持下来，而且会投入全部热情。”我同意了，他也确实做到了。他出色地完成了工作。据我看，即使他第一次信守了承诺，也不会像现在这样出色。他有勇气再试一次，有勇气处理棘手的问题，有勇气以光明磊落的方式纠正错误，这就是在我的情感账户里的一笔“巨额储蓄”。

原谅

对许多人而言，积极主动的终极考验就是原谅。事实上，**除非你能原谅别人，否则你永远都是受害者。**

一位女士讲述了这样一段经历：

我来自一个非常和睦的家庭。我们总是在一起——子女，父母，兄弟，姐妹，姑姑，叔叔，表亲，祖父母——我们相亲相爱。

母亲和父亲先后去世，这令我们所有人痛彻心扉。我们四个孩子聚在一起，和我们的家人划分父母的财物。那次会面给我们造成了意想不到的打击。我们觉得，我们永远无法从中恢复过来。我们一直是个感情非常外露的家庭。有时候，我们会发生分歧，从而导致一些争吵和彼此之间短期内的恶感。但是这一次，我们的争吵超过了以往任何一次。争执太激烈了，我们彼此恶言恶语地大喊大叫，我们开始情绪激动地互相攻击。由于无法消除分歧，我们所有人都铁下心来，宣布我们将让律师代表我们讲话，到法庭上解决问题。

我们所有人在离开现场时都深感不满和怨恨。我们不再相互拜访，甚至连电话都不打了。过生日和过节时，我们也不再聚会。

这种局面持续了四年。那是我一生中最痛苦的折磨。我经常感受到孤独的痛苦，感到把我们阻隔开来的不满和指责是多么不宽容。随着痛苦的加深，我总是想，如果他们真的爱我，他们就会给我打电话。他们怎么回事？他们为什么不打电话呢？

后来，有一天，我了解了情感账户的概念。我逐渐意识到，如果我不原谅我的兄弟姐妹，那我就会一直处于消极被动的状态；爱是个动词，是一种行动，是我必须要做的事情。

那天晚上，我独自坐在房间里。我几乎忍不住要去打电话。我积聚了所有的勇气，按下了大哥的电话号码。当我听到他用美妙的声音说“喂”的时候，不禁热泪盈眶，连话都说不出来了。

当他知道电话这头是谁之后，他的情绪和我差不多。我们都抢着说：“对不起。”我们谈到了爱、原谅和对往事的回忆。

我还给其他人打了电话。那天晚上的大部分时间都花在了打电话上。所有人的反应都和我大哥差不多。

那是我一生中最美好和最重要的一个夜晚。四年来，我第一次感到自己完整了。那种挥之不去的痛苦消退了，取而代之的是宽容和平静的快乐。我感觉获得了重生。

请注意，在这次精彩的关系和解中，四种天赋是怎样发挥作用的。看看这位女士对正在发生的一切所产生的深刻认识。注意这位女士是如何与良知——也就是道德意识有所关联的。还要留意一下，情感账户的概念是怎样构想了种种可能性，以及这三种天赋是如何共同形成了一种意志力——原谅和再次建立联系的意志力，体验这种感情上的重聚带来的快乐的意志力。

另一位女士讲述了这样一段经历：

我记得自己小时候的生活快乐而安宁，我脑海里保留着全家野餐、在客厅里玩游戏、一起侍弄花草的美好记忆。我知道我的父母彼此相爱。他们也深爱我们这些孩子。

但是，到我十五六岁的时候，情况发生了变化。爸爸开始出差，晚上和星期六还要加班。他和妈妈之间的关系似乎有些紧张。他不再和全家共度时光了。一天，我在自己工作的餐馆轮完一个死气沉沉的晚班后回到家里，看到爸爸也同时停下了车。我马上意识到，他整晚都没有回家。

最终，我的父母分居并离婚了，这对我们所有子女来说都是个沉重的打击，当我们发现爸爸对妈妈不忠之后，情况尤甚。我们得知，他的不忠行为是在一次出差中开始的。

几年后，我嫁给了一位非常出色的年轻人。我们彼此深深相爱，而且都非常重视我们的婚姻誓言。一切似乎都进展顺利——直到有一天，他告诉我，由于工作的关系，他要出差几天。突然之间，过去的所有痛苦席卷了我的全身。我记得，爸爸就是在出差过程中开始对我妈妈不忠的。我绝对没有任何理由怀疑我丈夫，我也根本没有理由感到恐惧。但是，恐惧感依然存在——深切而痛苦。

丈夫出差后，我长时间地哭泣和胡思乱想。当我尝试解释我的恐惧时，我知道他并不能真正理解。他完全忠实于我，觉得出差并不是问题。但是，从我的角度看，他似乎并没有意识到，他需要时时刻刻地小心提防。我觉得，他对这些事情的了解根本不如我，因为他的家里从来没有人做出过我父亲这样的事。

在接下来的几个月里，我丈夫出了几次差。我在与他的交流中努力做到更加积极，我竭力控制自己的想法和感受。但是，每次他离去后，我的内心都会产生一种恐惧。我的情感压力太大了，以致只要他出差，我就寝食难安。尽管我那么努力，但情况似乎并没有好转。

最终，在受到这种深切痛苦的折磨长达数年之后，我已经能够原谅我的父亲。我能够正确看待他的行为。虽然他深深地伤害了我们所有人，但我发现，我能够原谅他、爱他，并且消除所有的恐惧和痛苦。

这成为了我生活中的一个重要转折点。突然之间，我意识到，我婚姻当中的紧张气氛消失了。我能够说："那是我父亲的所作所为，与我丈夫不相干。"我发现，当我丈夫动身时，我能够和他吻别，然后把心绪转到所有我希望能在他回来之前完成的事情上去。

我并不是说，所有一切都在转瞬之间变得完美了。对我父亲的多年憎恨形成了根深蒂固的习惯。但是，有过那段重要经历之后，如果这种想法或感受偶尔冒了头，我能够识别它，迅速处理好它，然后继续保持前行。

我再说一遍：除非你能原谅别人，否则你永远都是受害者。当你真心原谅别人的时候，你就开通了一条水渠，让信任和无条件的爱自由流动。你不仅清洁了自己的内心，还消除了妨碍别人变革的重大障碍。如果你不原谅别人，你就把自己放在了人们和他们自己的良知之间，你就阻挡了改变的道路，成了变革的障碍。他们不会把精力用于根据自己的良知做出内在改变，而是会把精力用于向你辩解和捍卫他们的行为。

在与其他家庭成员的关系中，在你自身生活的基本质量和丰富程度方面，你能做出的最大一笔“储蓄”就是原谅。记住，**被蛇咬了并不是最可怕的，追赶毒蛇却会导致蛇毒攻心。**

爱的主要法则

我们在本章中审视了五种重要“储蓄”，你可以用积极的方式即刻开始把这些“储蓄”存入家庭成员的情感账户。这些“储蓄”之所以会使家庭文化发生如此巨大的变化，是因为它们的基础是爱的主要法则。这些法则反映了这样一个现实——最纯粹的爱是无条件的。

此类法则共有三个：接纳而不是厌弃，理解而不是评判，参与而不是控制。实践这些法则是一种积极主动的选择，其基础不是别人的行为或社会地位、教育程度、财富、声誉或其他任何因素，而是人的内在价值。

这些法则是美好家庭文化的基础，因为**只有当我们实践爱的主要法则时，我们才能鼓励别人遵守生活的主要法则**（比如诚实、负责、正直和利他）。

有时候，当人们与他们所爱的人展开较量，不遗余力地引导此人走上他们认为是负责任的道路时，就很容易陷入实践“次要”或虚假的爱的法则（评判，厌弃和控制）的陷阱。他们爱的是头脑中设想的结果，而不是这个人。他们的爱是有条件的。换言之，他们用爱来控制和操纵别人。结果却是，被他们控制和操纵的人觉得自己受到了厌弃，会竭力抗拒，并保持原样。

但是，如果你发自内心地接纳别人并且爱他们的本来面目，你其实就是在鼓励他们完善自己。接纳他人并不意味着，你要容忍他们的弱点或同意他们的意见，而是要肯定他们的内在价值。你承认他们以一种特定的方式思考和感受，你使得他们不必捍卫、保护自己或维持自己的原样。因此，他们不必浪费气力捍卫自己，而是能够致力与良知的交流，释放出自己的成长潜力。

通过无条件地爱别人，你会帮他们释放出改善自我的自然力量。只有当你把人与行为区别对待，相信这种无形的潜力时，你才能实现这个目标。

想想看，在与满怀消极力量或者偏离正确路线已有一段时间的家庭成员（尤其是孩子）打交道时，这种态度是多么宝贵。如果你没有根据孩子现有的行为给他分门别类，而是肯定他的无形潜质并无条件地爱他，那会出现什么局面？正如歌德所说的那样："以一个人的现有表现期许之，他不会有所长进。以他的潜能和应有成就期许之，他定能不负所望。"

我曾经有一个朋友在一所名牌学校担任校长，他为让儿子有机会在这所学校读书而做了多年的规划和储蓄。然而，时机到来之后，孩子却不肯去上学，这让他的父亲深感忧虑。如果能从那所学校毕业，孩子将获得一项了不得的资历。此外，这是一项家庭传统，在这个男孩之前，家里已经有三代人在那所学校就读。父亲劝服、敦促、请求儿子，他还试着听儿子谈话并理解他，与此同时希望儿子能改变主意。

他说："儿子，你看不出这对你的生活具有多么重大的意义吗？你不能根据一时的情绪做出长期的决定。"

儿子则答道："你不明白！这是我的生活，你就想按照自己的想法控制我，我甚至还不知道自己到底想不想上大学呢。"

父亲回答说："根本不是这么回事。儿子，是你不明白。我只是希望你过上最好的生活。别再犯傻了。”

他所传递的微妙信息就是有条件的爱的信息。儿子觉得，从某种意义上讲，父亲让他上大学的强烈愿望超过了把他作为人和儿子赋予他的价值，这构成了严重的威胁。因此，他要捍卫自己的个性和完整性，他越发坚定了决心并强化了努力，要为自己不去这所学校读书的决定辩解。

经过一番深刻反省之后，父亲决定做出牺牲——放弃有条件的爱。他知道，儿子的选择也许会违背他的愿望，但是，无论儿子做出什么选择，他和妻子仍然一心要无条件地爱这个儿子。这是极为困难的，因为他们极其关注他的教育经历的价值，也因为这是他们自他出生之后就在计划和努力的方向。

这对父母经历了一次非常艰难的重新整理心绪的过程，积极运用了所有四种天赋，竭力理解无条件的爱的本质。他们最终从内心感受到了这种爱。他们向儿子讲述了他们的所作所为以及原因。他们告诉他，他们可以非常诚实地说，他的决定不会影响到他们对他无条件的爱。他们这样做不是为了控制他，用拐弯抹角的心理战术来争取让他“变个样”；他们这样做是他们自身性格成长的必然延伸。

孩子没做出多少回应，但他的父母当时已经具有了无条件的爱的思维定式和心理定式，所以这丝毫没有改变他们对他的感情。大约一周后，孩子告诉父母，他决定不上这所学校。他们已经对他的这种回应做好了充分准备，继续对他表现出无条件的爱。一切都得到了解决，生活正常地进行着。

过了不久，有趣的事情发生了。现在那个孩子觉得自己已经没有必要捍卫自己的立场了，反而开始更深刻地反省自己。他发现，他其实想要拥有这样一段教育经历。他申请入学，然后告诉了他的父亲。父亲再次表现出了无条件的爱，充分接受了儿子的决定。我的朋友很高兴，但并非欣喜若狂，因为他真正学会了无条件地去爱。

由于这对父母实践了爱的主要法则，所以他们的儿子能够进行反省，决定实践关于成长和教育的生活的主要法则。

许多从未得到无条件的爱、从未形成过内在价值意识的人终生都在苦苦寻求认可和承认。为了补偿枯竭、空虚的内在感觉，他们从官职、地位、财物、资历或声誉方面借得力量。他们经常会变得非常自恋，从个人的角度诠释一切。他们的这种行为实在令人厌恶，别人对他们的厌弃也使局面进一步恶化。

正是由于这个原因，这些爱的主要法则才如此重要。它们肯定了人的根本价值。一旦人们得到了无条件的爱，就能无拘无束地依照内心的罗盘拓展自己的强项。

所有问题都是“储蓄”的机会

现在，随着我们开始讲述其他习惯，请注意每种习惯是怎样从爱的主要法则中产生的，又是怎样充实了情感账户的。

积极“储蓄”是我们始终能够做到的。事实上，在情感账户的理念当中，最给人力量和最令人激动的一面就在于，我们可以积极地选择把每个家庭问题转化为“储蓄”的机会。

- 某个人“诸事不顺”的日子可以转化成善意对待他的机会。
- 一次冒犯可以转化成道歉和原谅的机会。
- 某个人的闲话可以转化成忠实、轻声为不在场的人们辩护的机会。

如果你的头脑里有情感账户的概念，问题和事件就不再是阻挡道路的障碍，而变成了通畅的道路。日常交流变成了建立充满爱和信任的关系的机会。挑战变成了预防针，激活并强化全家的“免疫系统”。所有人在内心深处都知道，做这些“储蓄”会使家庭关系的质量出现显著提高。这源自我们的良知，源自我们与那些在生活中最终发挥支配作用的原则的关联。

你是否能明白，积极、由内而外地选择“储蓄”（而不是“取款”）会怎样帮助你形成美好的家庭文化？

想想看，以下这些情况会给你自己的家庭带来什么样的变化	
你没有通过以下手段来“取款”	**而是通过以下手段来“储蓄”**
以无礼的态度说话，贬损别人，或者以粗鲁和不礼貌的态度行事	表现得满怀善意
坚决不说“对不起”，或者在道歉时言不由衷	道歉
当别人不在场的时候，以消极的方式批评、抱怨或谈论别人	忠实于那些不在场的人
坚决不对任何人做任何承诺，或者做出承诺但很少信守诺言	做出承诺，信守诺言
动辄冒犯别人，对别人怀恨在心，揪住别人过去的错误不放，怨愤不已	原谅

记住那棵竹子

当你开始“储蓄”时，你也许几乎马上就能看到积极的效果。但在更多的情况下，这要花费时间。只要你记住竹子的奇迹，你就会觉得“储蓄”和不断“储蓄”并不那么困难。

我认识一位女士和她的丈夫。多年来，他们不断向他们与她父亲的情感账户里“储蓄”，但看起来毫无效果。这位女士的丈夫与她父亲共同经营企业长达15年，但为了能在星期日与全家人团聚，她的丈夫换了个工作，这严重伤害了她父亲的感情，由此产生的家庭裂痕非常严重。她的父亲极为痛苦，以致变得满腹怨愤，甚至拒绝与她丈夫说话或者以任何方式承认他的存在。然而，这位女士和她丈夫都没有采取冒犯行动。他们不断付出无条件的爱。他们经常驱车大约60英里，到她父亲生活的农场去。当她看望父亲时，丈夫就在车里等候，有时要等一个多小时。她经常给父亲带去她烘烤的糕点或者她觉得父亲会喜欢的东西。她花时间陪他过圣诞节、生日和其他节日。她从来不曾强迫父亲，甚至不曾要求父亲邀请丈夫到他家里来。

每当她父亲进城的时候，她就会离开她和丈夫工作的办公室，接他去购物或者吃午餐。她竭尽全力向父亲表达她的爱和重视。她丈夫则支持她的所有这些行为。

后来，有一天，当她到农场看望父亲时，他突然凝视着她说：“如果你丈夫也进来，你是否会觉得好受一点？”

她大吃一惊，眼泪汪汪地说：“哦，是的，没错！”

他缓慢地说道：“好吧，那就让他进来吧。”

从此，他们甚至能够做出更多爱的“储蓄”了。这位女士的丈夫帮助她父亲在农场里干活。随着时间的推移，她父亲的头脑有点糊涂了，他们的“储蓄”也就更多了。他在即将告别人世时承认，他与女婿的关系就像与自己的儿子一样亲密。

在付出所有努力的时候，你要记住，如同那棵竹子一样，你也许好多年都看不到效果。但是，不要垂头丧气。有人说：“这样没用，毫无希望。你无能为力，已经为时太晚了。”不要让他们说服你。

这是能够做到的，永远不会为时过晚。你只需在你的影响圈里不断努力。你要成为一道光，而不是一个法官；你要成为一个榜样，而不是一个评论家。要对最终的结果有信心。

多年来，我与许多夫妻谈过话——他们中的大多数人是我的朋友。他们心灰意冷地带着配偶来找我，觉得他们的婚姻已经走到了尽头。这些人往往一心觉得自己是对的，觉得他们的配偶缺乏理解力和责任感。他们陷入了这样一种循环：一方不断地评判、说教、抱怨、谴责、批评和实施感情上的惩罚，另一方（从某种意义上讲）则予以反抗——他们充耳不闻，采取防卫式的抗拒态度，用自己受到的待遇为自己的所有行为辩解。

我对那些爱评判的配偶（通常是他们来找我，希望我能以某种方式“管教”他们的配偶，或者对他们提出的离婚理由表示肯定）的建议是：你要成为一道光，而不是一个法官。换言之，不要试图改变他们的配偶，只需对他们自己下功夫，摆脱评判对方的思维定式，停止尝试操纵对方或者付出有条件的爱。

如果人们真心接受这项建议并且心服口服，如果他们即使在受到挑衅时也能耐心、坚持、不操纵对方，那么柔情蜜意就会开始重现。无条件的爱和由内而外的变化是不可阻挡的。

当然，在有些情况下，比如涉及实实在在的虐待时，这项建议是不对症的。但是，在大多数情况下，我发现这种方法能引领人们洞察内心的智慧，而这种智慧能带来婚姻生活中的快乐。以积极主动的态度树立榜样，耐心地以无条件的爱作为“储蓄”——随着时间推移，这些做法经常会带来惊人的效果。

习惯一：其他所有习惯的关键

习惯一（积极主动）是打开通往其他所有习惯之门的钥匙。事实上，你会发现，那些不断逃避责任和拒绝主动的人无法充分培养其他任何习惯。相反，他们会停留在自己的关注圈里——通常是为自己的处境而谴责和指责别人，因为当人们不真诚面对自己的良知时，他们往往会把自己的负疚感发泄在别人身上。大部分愤怒情绪只不过是满溢的负疚感罢了。

习惯一包含了我们人类独具的最为伟大的天赋：选择的权利。除了生命本身之外，还有什么天赋能比它更伟大呢？事实上，我们的问题的基本解决办法就隐藏在我们心中。我们不能逃避事物的自然性质，无论乐意与否，无论意识到与否，原则和良知就在我们心中。正如教育家和宗教领袖戴维·麦凯（David Mckay）所说的那样：**"每天人生最重大的战争都在灵魂深处的密室中进行。"**在错误的战场上作战是徒劳的。

最根本的选择就是决定成为我们自身生活的创造性力量。这才是真心实意要成为一个变革者的关键，这才是成为变革先锋的本质。正如约瑟夫·辛克（Joseph Sinker）所说的那样："（人们会发现）无论他目前身在何处，他都仍然是自身命运的创造者。"

不仅个人可以做到积极主动，整个家庭也可以做到积极主动。小家庭可以在数代同堂的大家庭或大家族里成为一个变革家庭，或者在他们接触的其他家庭面前成为一个变革家庭。所有四种天赋都是可以集体化的，所以你们具有的不是自我意识，而是家庭意识；不是个人的良知，而是社会良知；不是一个人的想象力或愿景，而是共同的愿景；不是独立意志，而是社会意志。那么，所有家庭成员都可以用他们自己的话说：

“我们就是这样。我们是有良知、有远见的人，我们了解目前的局面和应该出现的局面，我们能够据此采取行动。”

这种转变是如何发生的？积极主动的能力是如何形成的？又是怎样被巧妙加以运用的？你会在习惯二（以终为始）当中找到答案。

与成年人和青少年探讨本章的内容

增强积极主动的能力

• 与家庭成员讨论：你们在什么时候觉得自己最为积极主动？什么时候最容易做出消极被动反应？结果如何？

• 重新阅读关于四种人性天赋的内容，问一问：我们怎样才能变得积极主动？

设置暂停键：停下，思考，选择

• 一起讨论暂停键的概念。

• 要求全家选择某种东西来代表全家的暂停键，可以是一种身体动作，比如打手势、上下跳动或者挥动胳膊；一种行动，比如开灯关灯；一种声响，比如吹哨、按铃或者模仿动物的叫声；或者甚至是一个词。每当发出这个信号时，所有人就知道，有人按了暂停键，所有活动（包括谈话、争吵、辩论等）都应该停下来。这个信号用于提醒所有人停下、思考和考虑如果他们继续下去会有什么样的后果。一起讨论，使用这个暂停键会怎样使家庭成员获得机会，搁置眼下最重要的东西（在争吵中取胜，得以按自己的意愿行事，成为“第一”或者“最好的”），转向真正最重要的东西（建立牢固的关系，拥有幸福的家庭，或者形成美好的家庭文化）。

在影响圈里努力

• 重新阅读“关注圈与影响圈”一节的内容。让家庭成员讨论一些他们无法直接影响的东西，比如别人的想法和行动、天气、季节和自然灾害。帮助每个人了解，尽管有些东西是我们无法影响的，但我们能够影响的东西有很多。谈一谈，如果把精力和努力集中在你们能够影响的东西上，效率将出现多大的提高。

• 问一问家庭成员：我们可以采取哪些措施照料好自己的身体，以预防疾病？

• 重新阅读从“建立情感账户”一节到“原谅”一节之间的内容。一起讨论，你们可以为建立家庭中的情感账户采取哪些行动。鼓励家庭成员保证在一周的时间里做出“储蓄”并限制“取款”。在一周结束时，讨论由此带来的变化。

与儿童探讨本章的内容

培养良知：寻宝

• 选择一种所有人都喜欢的“宝贝”，确保足够所有人分享。

• 选择一个安全的地点隐藏这个宝贝，确保那是所有人都能前往的地点。

• 形成寻宝的线索。为了获取这些线索，参与者必须回答需要凭借良知来回答的问题。积极的回答会引领他们接近宝贝；消极的回答则会使他们远离宝贝。例如：

问：在步行上学的路上，你发现前面的男孩掉下一张50元的纸币，你会怎么做？积极回答包括：把钱捡起来还给那个男孩；告诉老师，把钱交给老师。消极回答包括：自己把钱留下，直奔商店花掉；嘲笑那个男孩。

问：有人偷到了下星期数学考试的答案，主动要给你一份，你会怎么做？积极回答包括：拒绝收下答案，努力学习；鼓励那个人采取诚实态度。消极回答包括：收下答案，因为你想得满分；把答案告诉其他所有人，这样他们就会喜欢你。

理解情感账户

• 前往本地的银行，开个账户，向孩子解释“储蓄”和“取款”的概念。

• 自己做一个“情感账户”的盒子。让孩子们装饰这个盒子。把它放在一个专门的地方，让所有人都能注意并接触到。用卡片做一些“存单”。鼓励孩子们在一周当中对其他家庭成员做“储蓄”。例如：“爸爸，谢谢你带我去打高尔夫球。我爱你。”或者“布鲁克，我注意到了，你这个星期把洗好的衣服叠得很整齐。”或者“约翰今天给我铺床了，我根本没有要求他这样做。”或者“妈妈每个星期送我去踢足球。她真是太好了。”抽个时间讨论这一周里的所有“储蓄”。鼓励家庭成员利用这个机会谈一谈，对他们来说，“储蓄”是什么意思。

HABIT 2

习惯二 | 以终为始

建立家庭使命宣言

一位年轻的父亲在这方面有过亲身体会，因为他的妻子在孩子遇到难题时就能采取积极主动的态度：

前几天我下班回家时，三岁半的儿子布伦顿在门口高兴地对我说："爸爸，我是一个勤劳的男子汉。"

后来我才知道当妻子从楼上下来时，布伦顿已经把冰箱中一个一加仑半容量的水壶里的水都用完了，而壶中的水大部分都洒在地板上。妻子的第一反应是想大声呵斥布伦顿和打他的屁股。但是妻子没有这样做，而是压住火耐心地说："布伦顿，你想干什么呀？"

布伦顿骄傲地回答："我想给你帮忙。"

妻子又问："你是什么意思呀？"

"我在帮你洗盘子。"

情况果真像布伦顿说的那样，厨房餐桌上堆着布伦顿用水壶里的水洗过的盘子。

"哦，宝贝，你为什么要用冰箱里的水呀？"

"我够不着洗碗池。"

妻子四处看了看又说："噢！那么你认为以后再洗盘子时怎样才能不把屋子搞得这么乱？"

布伦顿想了片刻后，忽然面露喜色地大声说："我以后可以在卫生间里洗。"

妻子说："可在卫生间里洗可能会把盘子打破啊。你该怎么办呢？如果你来找我，让我帮你把椅子搬到洗碗池前，这样你就可以把盘子放在洗碗池里洗了，怎么样啊？"

布伦顿高兴地大声说："好主意！"

于是妻子问布伦顿说："现在我们该对这一地的水怎么办呀？"

布伦顿若有所思地说："我们可以用纸巾擦！"于是妻子递给布伦顿一些纸巾，然后拿来了拖把。

妻子在向我讲述这一切时，我知道妻子能够控制住自己的情绪是多么的重要。她做出了积极主动的选择，她能这样做是因为她建立了以终为始的习惯。重要的不是擦干净地板，而是教育孩子。

妻子花了10分钟才把地板擦干净。可是如果妻子没有三思而后行的话，她一样也要花10分钟来擦地，还会导致完全不一样的结果——布伦顿会在家门口跟我说："爸爸，我是个坏孩子！"

仅仅是换个角度思考就使这位母亲采取了积极主动的行动而不是消极被动的反应！本来这个小男孩会因这件事而感到做了错事、尴尬和惭愧。实际上，他却因他所做的一切感受到了别人的肯定、感谢和爱。孩子的善意和帮助别人的愿望得到了呵护，他学会了以更好的方式来帮助别人，他对自己和帮助家人的看法因这种相互的影响而发生了积极的改变。

这个女士把原本是孩子一次非常失败的经历变成了存入他情感账户中的一笔储蓄，她是怎么做到的呢？正如她的丈夫所说的那样，她清楚地知道什么是最重要的。最重要的不是擦干净地板，而是教育孩子。与遇到的问题相比，她心中的信念更重要。在遇到问题和她做出反应的片刻之间，她能够想到她心中的信念。她采取了以终为始的做法。

以终为始：你的目的地

习惯二：以终为始——给你和你的家人的行为确定了一个明确和令人信服的观念。回想有关飞行的比喻，习惯二好比是为你确定了目的地。心有目标会影响着你旅途中的每一个决定。

习惯二正是基于愿景的原则，而愿景的力量非常强！这一原则可使战俘活下去。研究结果表明这一原则是使孩子走向成功的动力，也是成功人士和组织在生活中迈出的每一步的动力。愿景比负担的力量要大得多——比消极的过去的负担和现在积累的负担的力量大得多。深入认识愿景会使你拥有超越这些负担和根据真正最重要的原则行事的力量和意志。

有许多种在家庭文化中运用这种愿景原则的办法——先定目标后有行动。你可以提前一年、一周或是一天来先定目标后有行动。你可以在家庭生活或活动中先定目标后有行动。你可以在舞蹈课、钢琴课、家庭的特别聚餐上、在建造一栋新房子或是在寻找一只宠物时先定目标后有行动。

但是在本章中我们将主要阐述在家庭中最深刻的、最有意义的和最为意味深长的以终为始——创造一种“家庭使命宣言”。

家庭使命宣言是所有家庭成员在谈到你们家庭时的一种综合和统一的表达方式——你真正想要干什么和想要成为什么，这也是一种用于指导你家庭生活的原则。它基于这样一种想法：所有的东西都不是一次创造而成的。首先是产生想法，或者说精神上的创造。然后才是现实本身，或者说物质上的创造。在建房前人们总要先画出图纸，演戏前先要创作剧本，飞上天前先要造出飞机。这就好像木匠信奉的信条："量好尺寸再动手。"

你能想象相反的做法——先干再想的后果吗？

假如你来到一处建筑工地，向那里的工人们问道："你们在建什么呢？"

一个工人回答说："我们也不知道。"

你又问："那你们的设计图纸是怎么设计的？"

工头说："我们没有设计图纸。我们认为凭着手艺和技术就能盖出漂亮的房子。我们现在要开始干活儿了，我们能完成任务。那时也许我们能确定我们要盖什么样的房子。"

这又使人想起一个飞行方面的比喻，假如有人向你这个飞行员问道："你今天要飞往哪里？"

你会不会这样回答："我真的不知道。我们没有飞行计划，我们只是载着乘客飞上天。天上气流紊乱，每天气流吹的方向都不同。我们将随着上升最强劲的气流飘荡。当我们被气流吹到一个地方时，我们就会知道我们要到哪儿了。"

在工作中，当我同某个机构或客户合作时，特别是同最高管理层的人员合作时，我常常要求所有人用一句话来回答这样一个问题："这个机构的基本职责或目的是什么？它实现这一目的的主要策略是什么？"然后我让他们向别人大声念出自己的答案。他们往往会对五花八门的答案感到吃惊，简直不能相信人们会有如此不同的看法，尤其是在管理的重要性上会有如此不同的看法。甚至有时公司的使命宣言就贴在墙上也会出现这种情况。

也许你应该考虑在家中也尝试这种做法。晚上回家后逐个问一问你家里的每一个成员 ："我们这个家庭的目的是什么？这个家庭怎么样？"问一问你的配偶 ："我们结婚的目的是什么？我们婚姻存在的根本理由是什么？我们结婚最重要的目的是什么？"你可能会对听到的答案感到吃惊。

问题的关键在于为了向大家认同的目标前进而对整体文化（即自身所有的修养情操）进行调整 ；在于使飞机驾驶舱中的每一个人都知道大家正飞往同一个目标，而不是驾驶员认为他们要飞往纽约，随机工程师却认为他们要飞往芝加哥。

正如谚语所说的那样"人无远虑，必有近忧"。在家庭生活中，与习惯二相反的做法是缺乏精神方面的创造力，对未来毫无打算，毫无目的地活着 ；随着社会价值观和潮流的变化而随波逐流，毫无远见和目标，循规蹈矩地活着。实际上这根本就不是生活，只不过是活着而已。

正是由于所有的事物都是两次创造而成的，如果你不去进行第一次创造的话，就会有别人或别的东西来这样做。创造家庭使命宣言就是产生想法，进行第一次创造，这决定了你真正希望有一个什么样的家庭，以及什么样的原则将有助于你实现目标。而这一决定将会影响你做出的其他决定，这将成为你的目标。它就如同一块有着强大吸引力的巨大磁铁，使你紧紧地吸附其上，帮助你永远沿着正确的路线前进。

创造我们自己的家庭使命宣言

我希望你能原谅我在后文中陈述了很多个人经验，但我们并非从读书、观察、教育或是写作中得到了这些经验的力量，而是通过我们自己的实践得知的。你要明白我们个人和家庭的生活并非是与世隔绝的，它反映了我们自己的价值观和信仰。我们承认和尊重对一切人都以礼相待的原则，这也包括尊重那些有着不同信仰的人。

如果你问我和桑德拉“在你们的家庭史中最重要的转变因素是什么”，我们会毫不犹豫地回答说，是建立我们家庭的使命宣言。我们是在大约41年前神圣庄严的婚礼上建立第一个家庭使命宣言的。我们的第二个家庭使命宣言是在15年里几个孩子出生期间逐步建立起来的。这些年来，这两个家庭使命宣言营造了我们家庭生活目标的共识，代表着社会意志和文化的传播方式。我们家庭中的一切都直接或间接、有意或无意地源自家庭使命宣言。

在我们结婚那天，婚礼一结束，桑德拉和我就来到一个名叫回忆林的公园，我们坐在一起谈论结婚对我们来说意味着什么，我们将如何努力依据我们的家庭使命宣言生活。我们谈到我们各自的原生家庭，讨论了我们在新组成的家庭中希望继续做什么以及希望做哪些改变。

我们还重申我们的婚姻不仅仅是一种契约关系，还是一种盟约关系。我们相互间所承担的义务是全面的、完整的和至死不渝的。我们还认识到我们之间的盟约不仅仅是相互间的，还是与上帝之间的约定。我们确信，如果我们首先热爱上帝，那么我们就能更加相爱。

因此，我们将这些原则置于我们和家庭之上，我们感到一个决定远比任何单一因素更能给予我们力量，这种力量让我们能够向对方表示歉意，原谅对方的过失，相互间宽厚以待和时时重温过去的美好时光。我们发现越是在生活中重视这些原则，我们在处理诸如工作、金钱、财产甚至家庭本身的问题时，尤其当出现非常容易为其他事情所吸引和控制的情况时，我们就越是明智，充满力量。如果没有这种决定的话，我们相信在安全感的问题上，我们更有可能依据我们相互间的心情或是我们对孩子的溺爱，而不是依据我们内心的正直感。

将这些原则置于首位使我们对所有事情的轻重缓急都有了适当的判断力，这就好像给了我们一副观察生活的眼镜。它给予我们一种“乘务员”的感觉，我们感到有责任和义务解决一切事情，其中也包括家庭事务。我们认识到家庭本身就是一种普遍、永恒和不证自明的原则。

那天桑德拉和我坐在回忆林公园中时，我们还谈到了我们将会拥有的孩子。我们非常认真地看待美国政治家丹尼尔·韦伯斯特（Daniel Webster）的话：

“如果我们在大理石上雕刻，雕刻总有一天会破碎。如果我们在黄铜上雕刻，岁月会磨去它的痕迹。如果我们建造教堂，教堂总有一天会化为废墟。可是如果我们致力于不朽的思想，并在这些思想中灌注原则，那它就会成为不朽的铭文，岁月不会使它消磨，它将历久弥新。”

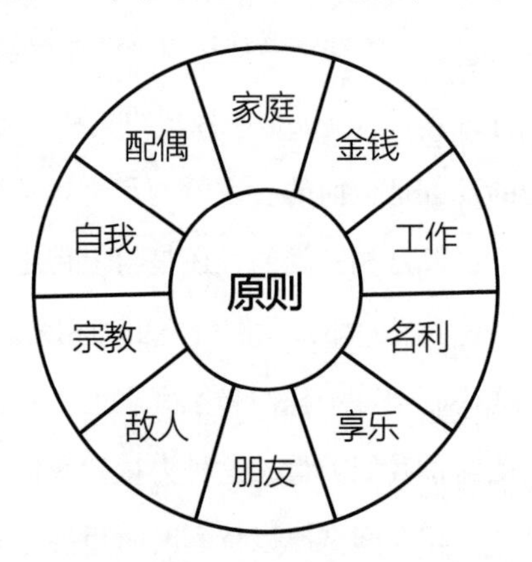

我们开始确定一些在抚育孩子时所要运用的原则。在随后的几年中，我们的孩子相继出世，我们经常自问：“当孩子们长大后，如果他们想要成功，那他们需要具有什么样的力量和才干？”多次讨论后，我们认为有10种能力和才干是至关重要的。我们认为，有朝一日孩子们开始自立，组建他们自己的家庭时，这10种能力是他们必须要拥有的。这10种能力是：工作的能力、学习的能力、沟通的能力、解决问题的能力、悔悟的能力、原谅他人的能力、为他人服务的能力、崇拜他人的能力、在荒野环境中生存的能力和自得其乐的能力。

我们的愿景中有一个部分就是晚上一家人聚集在餐桌旁，相互交流经验、进行沟通、谈笑风生、展示亲情，从哲理的角度探讨问题和讨论人生的价值观。我们希望孩子们能加入进来，相互重视，一起做事，并且爱上聚在一起的感觉。

当孩子们长大时，这种愿景会对许多家庭在探讨和处理问题时给予指导。它会促使我们以一种有助于实现我们梦想的方式去计划我们的节假日和我们的业余时间。例如，10种能力之一是具有在不利条件下的生存能力，因此，为了帮助孩子形成这种能力，我们全家参加了生存活动项目。我们受到专门的训练，并被置于荒野数天之久，而我们一无所有，只有凭借自己的聪明才智坚持下去。我们学会依靠我们自己的智慧和通过训练所得到的有关饮食方面的知识生存下来。我们学会了在严寒、酷暑和没有水源的条件下生存的技能。

另一种能力是学习的能力，也就是要让孩子明白教育的价值。我们希望我们的孩子在学校中学习，尽可能多地接受教育，而不要仅仅为了分数和文凭走捷径。因而我们作为一个家庭在一起学习。我们组成自己的家庭，这样孩子们就有时间和地方做家庭作业。我们对孩子在学校中所学到的东西开始产生兴趣；我们给孩子们向我们传授他们在学校中所学到的东西的机会；我们将主要精力集中在学习，而不是分数上；我们几乎从来不强迫孩子做家庭作业；我们也很少看到孩子们的成绩在A-以下。

多年来，强调各种各样的“以终为始”的方法使我们的家庭管理和家庭文化有了明显的不同。但也就是从大约20年前开始，我们逐步形成了一种全新的家庭团结和统合综效的氛围。就是在那个时候，我们开始逐渐完善七个习惯的素材并使之条理化。我们开始认识到，各种成功的组织机构都有使命宣言。在这些使命宣言中，有许多是真心诚意的，从而成为一切决策的主要力量；有许多只是出于公共关系的目的而被拟定的。我们开始认识到近些年来的研究所清楚显示的结果：发自内心的宣言是高效率的机构具备的绝对至关重要的成分，它不仅是机构工作效率和成功的根本保证，也是机构工作人员满意和快乐的根本保证。

我们认识到尽管大多数家庭始于神圣庄严的婚礼（婚礼也是一种“以终为始”的行为），但是**通常这些家庭中并没有形成对于家庭成功至关重要的使命宣言。然而家庭是世界上最重要、同时也是最基本的单元，毫不夸张地说，家庭是社会的基础。**没有了家庭，任何文明也就不复存在了。没有任何其他机构能起到家庭的基本作用，也没有任何其他机构能发挥家庭的影响，无论这种影响是好还是坏。然而大多数家庭成员却不具备以家庭基本含义和作用为基础的共同愿景。他们不屑于发展起一种共同愿景和价值体系，虽然这是家庭的性质与文化的根本所在。

因此，我们越来越相信有必要制定一个“家庭使命宣言”。我们应该创造出一种愿景，其内容包括我们希望我们的家庭成为什么样的家庭、我们依据什么生存、我们代表什么——甚至不惜以生命去捍卫。这是一种家庭全体成员，而不仅仅是身为父母者，都应共同拥有的愿景。

于是，我们开始了创建这一愿景的过程。我们整个家庭每周都坐在一起讨论这个问题。我们同孩子们有着与众不同的娱乐方式，而这有助于开发他们的四种独特人性天赋，有助于他们公开自己的看法。我们一起思考这些问题。在家庭聚会前，我们会先独自考虑这些问题，然后有时我们单独同每个孩子讨论这些问题，有时在饭桌上同他们一起讨论。一天晚上开家庭会议时，我们问孩子们这样一个问题："你们认为我们是不是可以成为更好的父母？我们在哪些方面还要改进？"在听取了孩子们自由发表的长达20分钟之久的意见和建议之后，我们说："好吧，我们想我们知道该怎么做了！"

慢慢地，我们开始处理较难解决的问题。我们问孩子：

我们真正希望我们的家是一个什么样的家庭？

你们喜欢邀请你们的朋友到一个什么样的家庭做客？

你们对家庭感到难堪的是什么？

是什么使你们在家中感到舒畅？

是什么使你们希望回到家中？

是什么令你们觉得作为父母的我们对你们有吸引力，从而愿意接受我们的影响？

是什么让我们愿意接受你们的影响？

我们希望被别人记住什么？

我们要求所有的孩子写下对他们来说非常重要的事情。一周后他们提出自己的想法，然后我们开诚布公地讨论为什么这些特点会如此重要或值得期望。最后，所有的孩子都会写下他们自己的使命宣言，说明对他们来说，什么是重要的以及为何重要。我们大家一起阅读和讨论每个孩子所写的内容。每个孩子的使命宣言都是经过深思熟虑和与众不同的。当我们看到肖恩写的使命宣言时忍不住笑了。那时肖恩还是个十几岁的孩子，喜欢足球，因而他满口都是足球术语。他写道："我们真是一个不赖的家庭，我们能头球入门！"

我们花了八个月的时间才形成了我们的使命宣言，家中人人都参与进来，甚至连我的老母亲也加入进来了。现在我们已经有了孙辈，而他们也将成为我们家庭使命宣言中的组成部分之一，因而参与我们家庭使命宣言的已经有四代人了。

目标和罗盘

要想表达清楚创造家庭使命宣言对我们家庭的影响几乎是不可能的，无论这种影响是直接的还是间接的。或许能表达它的最佳办法是用关于飞行的比喻：创造家庭使命宣言使我们有了目的地和罗盘。

使命宣言本身就使我们有了作为一个家庭所希望达到的一个明确的和共有的目标。它已引导我们的家庭长达15年之久，我们将它贴在家中的墙上。我们经常看着家庭使命宣言，问自己："在我们决定要成为的人和想要做的事这方面，我们做得怎么样？我们的家庭是否真正成为了一个充满爱的地方？我们现在是否愤世嫉俗和吹毛求疵？我们的幽默是否太尖刻以致伤害到了别人？我们是否拒人于千里之外？我们是施惠于人还是受惠于人？"

当我们将自己的行为与家庭使命宣言两相对照时，当我们的行为出现偏差时，我们会及时得到反馈。实际上，这是一种使反馈变得有意义的表述——这是一种对目标的感觉。没有这种感觉，反馈将会是混乱和适得其反的。没有办法能说明这种反馈是否是中肯的，它也没有衡量标准。但是拥有明确的共同愿景和价值观会使我们对反馈做出评估，并运用这种反馈来修正今后的方向，从而最终抵达我们的目标。

我们对目标的判断力还可以使我们更清楚我们目前的状况，更好地认识到目标与手段是密不可分的。换言之，目标与旅行的方式是相辅相成的。在目标代表家庭生活的质量和夫妻间相爱的程度时，能否将目标与到达目标的方式分开呢？**在现实生活中，目标与手段——目标与旅行——是同样的。**

当然，我们的家庭不是没有问题，可是在大多数情况下，至少我们家的人的确认为我们的家是一个值得信赖、有规矩、真诚、充满爱、快乐和宽松的地方。我们努力做到既有个人负责的独立又有相互之间积极的配合。我们努力为社会值得去关注的人或事而服务。我们很欣慰地看到所有这一切都表现在我们那些已经结婚的孩子们的生活中，现在他们也有了自己的家庭，并形成了他们自己的使命宣言。

形成使命宣言的过程使得我们将四种独特人性天赋变化为帮助我们不会偏离人生轨道的罗盘。我们已经明白了一些我们希望赖以为生的原则，例如在习惯一的情感账户中所提到的原则，但是当我们聚在一起探讨这些原则时，我们在更高层次上理解了这些原则，并决心始终不渝地坚持这些原则。

当我们相互影响时，自我意识变成了家庭意识——我们将自己看作一个家庭的能力。良知变成了家庭的良知——家庭中每个人所共有的道德禀性和由于大家一起探讨而澄清的思想的统一体。当我们精心研究问题并最终取得了大家所能接受的结果时，想象力就变成了富有创造性的合作。当我们大家共同努力实现这一目标时，独立意志变成了相互依赖、相互帮助的意志或社会意志。

这是衍生于家庭使命宣言的最令人兴奋的一件事情——社会意志的形成，这是一种“我们”的感觉。这就是我们的决定，我们的决心。这就是我们想成为什么样的人和想做什么样的事情的决定。它象征着集体意识、集体良知和集体想象力，而这都源于统合综效而产生的集体义务、集体承诺或集体意志。

参与到相互协作影响和交流的过程中，直到形成这种社会意志为止，对所有人来说，没有比这更能促使亲情关系的形成和更有约束力了。当你形成一种社会意志时，就能创造出比仅仅集中个人意志更有协作性的结果，而这将会使统合综效的理念有一个全新的范围。统合综效不仅可以促成第三种可供选择的解决方案，而且会促成第三种可供选择的精神——家庭精神。

在我们的家庭中，我们以这种方式把人类独有的各种天赋结合在一起，我们就能够创造一个帮助我们确定方向的家庭罗盘。这个家庭罗盘可用作内部导向系统，帮助我们不迷失方向并朝着这一方向不断前进。它还能使我们解读反馈信息，帮助我们一次又一次地回到正确路线上来。

创立你自己的家庭使命宣言

我们的家庭经历——以及我和世界上数以千计的家庭接触的经历——已形成了一个拥有三个简单步骤的程序，任何家庭都可以通过这三个步骤创立一个家庭使命宣言。

第一步：探究你的家庭是个什么样的家庭

这个目标是通过闲谈了解每个人的感受和思想，然后根据具体情况，你可以选择任何一种途径来从事这一任务。

两口之家的使命宣言

如果目前你的家庭只有你和你的配偶的话，你可能会希望到一个两人能单独共处几天或者仅仅几个小时的地方，享受轻松的生活和两人世界。当气氛适宜的时候，你们可能会想象两人携手相伴10年、25年或者50年的场景。你可能希望通过回想你在婚礼上说过的誓言来寻找激情。如果你已不记得你当年所立的誓言的话，你可以在出席亲朋好友的婚礼时注意倾听新婚夫妇所立下的誓言。你可能听到过以下誓言：

海枯石烂，永不变心。

遵守一切法律、盟约和属于神圣婚姻的义务。

终生相亲相爱。

愿享子孙之天伦之乐。

白头偕老，婚姻美满。

如果这些话在你心中产生共鸣的话，那么它们可以成为一个有力的使命宣言。

或许你会找到其他的话来激励自己。在我和桑德拉的婚姻中，我们已经在贵格教派的格言中找到了灵感："你提携了我，我提携了你，我们共同前进。"

你可能还会与配偶共同讨论这样的问题：

我们希望成为什么样的婚姻伴侣？

我们希望怎样对待对方？

我们希望怎样解决我们之间的分歧？

我们希望成为什么样的父母？

我们希望教给我们的孩子什么样的原则来帮助他们长大成人，并引导他们有责任心和爱心？

我们如何帮助培养每个孩子的潜在天赋？

我们希望用什么样的方式来教育我们的孩子？

我们相互间应起到什么样的作用（赚钱、管理家庭财务、处理家庭内务等）？

我们如何善待对方的家人？

我们从各自家庭带来什么样的传统？

我们希望保持和创造什么样的传统？

我们喜欢和不喜欢的两代人之间的特点和趋向是什么？我们如何改变？

我们希望如何向对方让步？

无论你使用什么方法，都要记住**过程与结果同样重要**。全家人坐在一起，建立起情感账户，群策群力地解决问题，确保最后的结果代表你的真实思想和意愿。

一位女士说：

当我20年前遇到我的丈夫时，我们两人对建立婚姻关系都心有余悸，因为我们都曾有过失败的婚姻，心灵都受过创伤。但是查克在我们相识之初就给我留下深刻印象，他居然将他对婚姻的所有希望都列成清单，并把这个清单贴在冰箱门上。每个到他家中的女性都会对清单上的要求发表自己的看法，“这正是我所希望的”，或者“不，这不是我所希望的”。查克真是对婚姻有着明确的希望，而且在这个问题上非常坦率，毫不隐瞒自己的要求。

因此我们两人从一开始就能够按照查克的清单努力。我又在清单上加上了我认为很重要的内容，我们两人共同斟酌我们对婚姻的要求。我们约定“我们应坦诚相待，不能有任何秘密”“我们不能对对方心有怨恨”“我们有什么要求和需要都要向对方完全公开，让对方知道”等。

而共同的约定使我们的婚姻有了巨大的变化，这些约定现在已被我们铭记在心。我们不会翻旧账，说“这家伙没做到这条或那条”。因为每当我们之间有谁对对方有不满之处或是发生了一些我们不喜欢的事时，我们都会马上向对方说出来，而这一切都源于我们当初的约定。

家庭使命宣言在婚姻中之所以如此重要，是因为人与人之间是不同的。没有完全相同的两个人。当你让两个人结成这种被称之为婚姻的最为脆弱、敏感和亲密的关系时，如果你不用心去探索这些不同，并建立起共同的看法，那么这些不同最终将会使你们分手。

如果你认真地思考人们在婚姻中会遇到的问题，就会发现，几乎在所有的情况下，矛盾都由人们对夫妻所扮演的角色的期望存在理解差异造成，而人们解决问题的不同策略还会让问题变得更为严重。一个丈夫可能会认为掌管家庭开支应是妻子的责任，毕竟他妈妈就是这样做的。而妻子可能会认为这应是丈夫的责任，因为在她成长期间担当这一角色的正是她的父亲。在夫妻两人设法解决这个问题和找到解决问题的办法之前，这可能并不是什么大不了的问题。丈夫是“被动型进攻者”，他内心的不满逐步积累，却什么也不说。不过他始终在做出判断，变得越来越愤怒。而妻子则是“主动型进攻者”，她希望把一切都说出来，通过彻底的讨论解决掉这些问题，甚至不惜为此大闹一场。他们处于一种合谋状态，甚至是相互依赖状态，双方都需要掌握对方的弱点以证实自己的看法和证明自己是正确的。他们相互指责，令小问题变成了大问题，小土丘变成了大山坡，而且还有可能变成山脉，因为相互矛盾的问题解决方式增强了每一个问题的严重性，使分歧变得更大。研究一下你在自己婚姻中所遇到的挑战和问题，看看它们是不是由你们对自己在婚姻中所扮演的角色的期待存在理解差异造成的，以及会不会由于不同的解决问题的方式而变得更为严重。互相矛盾的解决办法常常表现在两个紧密相连的领域，而自我意识的天赋是理解这两个领域的关键所在。第一个是价值观和目标领域，也就是事物应该发展的方向，第二个是设想事物发展方向的领域。这两个领域是相辅相成的，因为我们通常根据事物应该发展的方向来对事物的方向进行定义。当我们说我们遇到问题时，主要是说事物没有按照应该发展的方向发展。对夫妻间的一方来说问题可能是悲剧性的，而对另一方来说可能根本就不存在什么问题。

配偶中的一方可能将“家庭”视为一个结构紧密的“细胞核”，或是一个两代人组成的家庭，仅仅包括父母和孩子，而在配偶的另一方看来，“家庭”却是由多代人组成的，其中涉及与姑妈、叔伯父、侄女、外甥、爷爷奶奶等之间大量的公开交流、相互影响和相互之间的活动。一个人可能认为爱是一种感情，而另一个人却认为爱不过是一个词汇而已。一个人在解决问题时可能采用激烈或躲避的方式，而另一个人却可能希望采取沟通交流和将问题谈开的方式。一个人可能将分歧视为软弱，而另一个人却可能认为这是一种实力的表现。人们在处理这些问题时所采取的立场往往取决于他们的生活经历和婚姻状况，这些事情需要沟通和解决。

而将这些综合在一起——分享所要发挥作用的期望，并在这点上达成共识、分析解决问题的方式方法、弄清相互之间关系的看法和价值观则被称为“共同使命”。换言之，也就是将所有这一切综合在一起，或者是将使命和目的融为一体。这将一切都融合为一个整体，从而使人们有了共同的目标。**共同使命的力量在于真正超越了“我的方式”或“你的方式”，它创造了一种更高层次的新方式——“我们的方式”。**它令夫妻之间能够共同努力，以一种建立起情感账户和带来积极结果的方式寻找分歧和解决问题。

这种夫妻间的共同使命在婚姻和家庭关系方面是至关重要的，对其有非常大的影响。你可能会发现——就像我们一样——即便你已经有了一个包括孩子在内的家庭使命宣言，你还希望有一个反映你和你的配偶之间特殊关系的“婚姻使命宣言”。

如果你们夫妻二人已经不再年轻，孩子已经长大成人，你可能会提出一些不同的疑问，例如：

我们可以做些什么来促进我们子孙的成长和快乐？

我们可以帮助做些什么来满足儿孙们的需要？

以什么原则支配我们与儿孙之间的相互影响关系？

我们如何帮助他们建立起他们自己的家庭使命宣言？

我们怎么鼓励他们根据他们的家庭使命宣言来处理遇到的挑战和问题？

我们怎么帮助他们学会让步？

你可能还希望考虑创造三代人的家庭使命宣言，想想那些可能包括所有三代人在内的活动——度假、庆祝节日和过生日。记住，以明智的为人父母之道对待自己长大成人的孩子永远也不会为时过晚，孩子们依然需要你，他们一生一世都需要你。**你在抚养子女的同时也在抚养你的孙辈，榜样的力量往往是永久性的。**事实上，你在帮助抚养孙辈时，也是在间接地培养你的子女。

三人以上的家庭使命宣言

一个家庭若有了下一代，家庭使命宣言的重要性会变得更为明显。现在你就拥有了需要有归属感的人，他们需要接受教育和训练，孩子在成长期间会受到许多不同方面的影响。如果没有一致的观念和价值观，他们很可能会由于缺乏家庭特点或没有目标而处处碰壁。因而家庭使命宣言再次变得极为重要。

当孩子们还小的时候，一般说来他们愿意被包括在创造家庭使命宣言的过程之中，他们喜欢大人采纳他们的想法和帮助创造某些使他们觉得有家庭特色感的事情。

凯瑟琳（我们的女儿）：

结婚前我和丈夫曾谈论过我们希望自己的家庭应是什么样的，特别是当我们有了孩子之后应是什么样的。我们是否希望我们的家庭是一个轻松愉快、有教养的家庭？我们谈到我们的关系如何才能是诚实正直的，我们的爱情如何才能经受时间的考验而历久弥新。通过谈话我们写下了我们的家庭使命宣言。

现在我们已经有了三个孩子，虽然我们的家庭使命宣言依然基本没变，但是每个孩子的出生都使这个宣言有了一点变化。我们的第一个孩子的问世使我们感到有些手忙脚乱，家中的一切都围绕着她转。但是第二个孩子出生时我们已有了更多的心理准备，我们能够退一步考虑，想到我们怎样才能更好地抚育我们的孩子，想到我们希望他们如何在社会中成为一个正直的公民，为其他人服务，等等。

而孩子们也为我们的家庭使命宣言增添了更多的内容。我们的大女儿只有六岁，她说，她想让我们保证可以讲许多笑话，于是我们在家庭使命宣言中为她和三岁的儿子加上了这条。

每年的新年前夕我们都要坐下来研究我们的家庭使命宣言，写下我们在新的一年中的目标。我们发现孩子们对此非常感兴趣。从那以后，我们就把家庭使命宣言贴在了冰箱上，孩子们总是不断地提起我们的家庭使命宣言，他们说："妈妈，你不能用那么大的嗓门说话。记住——在家里说话的语气要快乐。"这真是及时的提醒。

知道自己的想法和意见是有价值的，意识到自己在家庭中起着重要作用，对于孩子们来说，这将是一种美妙的经历！

当十几岁的孩子也参与进来时，建立家庭使命宣言的工作就可能变得有些复杂了。实际上，你在最初阶段可能会遭遇一些反抗。在我们的家庭中，我们发现一些年纪大一点的孩子在刚开始时对家庭使命宣言的确不感兴趣，他们想快点结束这件事，他们认为没有理由把这么多时间浪费在讨论这么严肃的事情上。但是当我们找到使这个话题变得有趣的方法，并不断谈到这个话题时，孩子们的兴趣就会来了。

肖恩（我们的儿子）：

我记得在我上高中时，我们家制定出了家庭使命宣言。那时我并不是很在意家庭使命宣言，但是在制定家庭使命宣言的整个过程中我了解到父母的愿景和目标，这让我有了安全感。我感觉生活中的一切都很美好。父母把问题都解决了，而我们成了被关注的中心。

如果你家中有和你生活在一起的孩子，你可能希望召集一次"家庭会议"来介绍这个主意，并开始制定家庭使命宣言。如果是这样的话，你一定要注意使这项工作是轻松愉快的。对待小孩子，你可以使用一些色彩鲜艳的标牌和粘贴画，并给孩子一些好处。记住，小孩子的精力集中只能持续很短一段时间。在几周时间内，全家人每周在一起花上10分钟开一个轻松愉快的短会远比进行无休无止的大道理讨论要有效得多。

大一些的孩子比较愿意参加讨论，但你还是要注意保持气氛轻松愉快。也许这个工作要持续几周之久，你应该准备好笔记本和铅笔，或者让一个人专门做记录，无论如何都要使每个人感到参与这项工作是轻松和无拘无束的。

如果你感到大孩子有抵触情绪，那在全家人一起吃饭时，不妨以非正式的方式开始闲谈，甚至不用提到家庭使命宣言中的字眼。或者你可以私下里单独和家中的人谈谈，谈话的时机可以是当你们在一起商讨一个计划或是共同从事一项工作时。你可能想私下里询问家人对家庭的看法，以及他们愿意看到家里有怎样的景象。通过这种方式，你可以使他们开动脑筋考虑家里的问题，有意无意地了解他们的想法。你要有耐心，这个单独交谈的过程和进行谈话的过程需要花费几个星期的时间，待时机成熟后，你才可以召集大家畅所欲言。

当你感到时机适当时，让大家坐在一起讨论你们的家庭使命宣言。但要确保谈话是在你和你的家人都感到时机良好时进行，不要在情绪不好、疲劳、生气或是家中出现某种危机时尝试这样做。再重申一遍，你可以在吃饭时或全家人一起休假时进行这一尝试，但是时机一定要选好，气氛一定要轻松愉快。如果你感到孩子的抵触情绪很大，就暂时先不要进行谈话，可以另找一个时间再谈。你要耐心，相信别人，相信你的家庭使命宣言，不要急于求成。

当你感到讨论家庭问题的时机成熟时，阐明你希望家庭使命宣言中应提出的想法，以对家里每个人都产生具有一致性、积极性的影响。提出会有助于家庭成员充分发挥他们独特天赋的问题，例如：

我们家庭的目标是什么？

我们希望我们的家庭成为一个什么样的家庭？

我们希望做到什么？

我们希望我们对家庭有一种什么感觉？

我们希望我们之间形成一种什么关系？

我们希望我们之间如何相处？如何讲话？

作为一个家庭，什么对我们来说是真正重要的？

我们家庭当务之急的最高目标是什么？

家庭成员中独有的才能、天赋和能力是什么？

家庭成员的责任是什么？

我们希望我们的家庭遵循什么原则和方针？

谁是我们心目中的英雄？我们喜欢他们什么？应效仿他们什么？

什么样的家庭能给我们鼓励？我们为什么羡慕这样的家庭？

作为一个家庭，我们如何为社会做出贡献？如何成为更有服务意识的人？

当你们在讨论这些问题时，你可能会听到各种各样的反应。请记住，家里的每个成员都是重要的，每个人的想法都是重要的。你可能不得不面对各种各样的积极和消极的想法，不要对这些想法下结论，尊重这些想法，让大家自由表达自己的想法。不要试图解决每一个问题。这时你所要做的就是开动脑筋去思索。在某种意义上，你是在平整土地，播下种子，不要着急去考虑收获。

如果你制定出以下三项基本规则的话，就将发现这些讨论的效果可能会更好。

第一：以尊重的态度聆听。保证每个人都有发表意见的机会。请记住，参与的过程与结果同样重要。除非人们认为他们在形成支配他们、引导他们和衡量他们进步的看法和价值观时有发言权，否则他们是不会承担义务的，换句话说就是**“唯有参与，才有认同”**。因此应确保每个人都知道他或她的想法会被听取和重视。帮助孩子懂得当别人说话时表现出尊重的态度意味着什么。要使他们相信，反过来，当他们在说话时，别人也会尊重他们的意见。

第二：准确地复述别人所说的话，以表示你懂得他的意思。对别人表示尊重的最好方式就是复述他们的观点，从而使他们感到满意。然后鼓励家里其他人也复述别人表达的想法，使他们感到满意，尤其是当出现分歧时，更应如此。当家里人相互这样做时，相互间的理解将会使人感到温暖，释放出创造力。

第三：考虑记下别人的想法。也许你喜欢邀请某个人来担当家庭会议的记录者。让这个人记下会上人们说出的所有想法。不要对这些想法做出评价，不要下判断，不要比较它们的有关价值，这是以后才该做的事。只要记下这些想法，这样每个人的想法都会“摆到桌面上来”，让大家都能看到。

这时你就可以进入到加工提炼的程序了。你会发现在制定家庭使命宣言中最大的困难是区分目标与价值的轻重缓急，换言之就是决定什么是最高目标和最高价值，什么是次高目标和价值。这是一项艰巨的工作。

在制定家庭使命宣言时，所面临的挑战的关键是如何区分事情的先后次序。

我认为在家庭中有效解决这种挑战的一种方式是写下你们认为最重要的五种价值，然后每次删除一种价值，直到只剩下一种价值为止。通过这种方法，人们不得不思索对他们来说什么才是最重要的。而这本身也是一种很好的教授过程，因为家里的人也会逐步发现诚实比忠实更重要，名誉比情绪更重要，原则比价值观更重要，使命比负担更重要，领导作用比管理能力更重要，效能比效率更重要，想象力比有意识的意志力活动更有力量。

探索你的家庭应是个什么样的家庭的过程还可以为家庭文化带来很大的好处。**家庭使命宣言强调的是可能性，而不是局限性。**从某种意义上说，你不是为你的弱点寻找理由，而是在为可能性和你的预见性提供证明。无论你要证明什么，最终它都将证明你自己。请注意，不朽的文学名著、电影和绘画——所有这类能真正给人以激励和启迪的作品——基本上强调的都是想象力和可能性，启发我们最崇高的动机、驱动力和本性。

想想这为情感账户带来的影响吧！即使我们在探索家庭使命宣言的过程中一无所获，单单是付出时间、彼此聆听和在如此之深的程度上和睦相处，也是为情感账户储蓄了一笔巨大的财富。而且这还会促使家庭成员在他们的个人价值和思想价值方面进行沟通，从而变得心有灵犀。

这个过程还可以是非常愉快的。在开始阶段，它可能会使人们感到有些不快，因为他们从未与其他人进行过这样深入而深刻的讨论。但是一旦他们这样做了之后，就会开始逐渐感受到其中的乐趣。他们之间的沟通将会变得非常真诚、非常具有凝聚力和非常深入。慢慢地，几乎是在不知不觉之中，家庭使命宣言本身的实质意义开始在家庭成员的内心和头脑中变得清晰起来了。

第二步：写出你的家庭使命宣言

表明了想法之后，现在你该准备让家中的一个人对这些想法进行加工提炼与综合，以某种语言形式反映出提出这些想法的人的共同心愿和思想。

从某种意义上说，将这种表达方式付诸文字是非常重要的。起草家庭使命宣言的过程将会使这些思想和想法具体化，将这些心得和见解提炼为文字。这个过程还会加深大家的印象和心得，使得家中人人都随时可以看到和想到这些想法。

从另一种意义上说，将家庭使命宣言写在纸上当然不如使它深入到家庭成员的心中，但是这两者并不相互排斥，写在纸上会促使人们将它记在心中。

在这里我强调一下，无论你最初提出的家庭使命宣言是什么，这都只是一个草稿，也许只是许多个草稿中的第一稿而已，家庭成员还要对它进行研究、思考、使用、讨论和做出修改。他们还要对你提出的家庭使命宣言进行推敲，直到每个人都一致认为，“这就是我们这个家庭应该成为的家庭，这就是我们的家庭使命宣言。我们相信这个家庭使命宣言，我们是这个家庭使命宣言中的一分子，我们准备为信守这个家庭使命宣言而承担义务”。

我会在后文中阐述一些家庭使命宣言范例，其中第一个就来自我的家庭。正如你所说的，每一个家庭使命宣言都是与众不同的，都反映了那些制定这个使命宣言的人的价值观和信仰。这些都不应成为你的家庭使命宣言的范本，你的家庭使命宣言反应的是你的希望、价值观和信仰。

也许你会像我们一样对那些同意我们公开他们的家庭使命宣言的人产生一种深深的敬意和感谢。

我们的家庭使命宣言为培育信任、秩序、真诚、爱、快乐、宽松的环境创造了一个巨大的空间，它使每一个人有可能成为有责任心的独立的人，相互之间相亲相爱，为值得付出的社会目标而效劳。

我们的家庭使命宣言是为了：

评价我们自己和其他人的诚实正直。

创造一个人人都可以在实现我们生活目标时得到帮助和鼓励的环境。

尊重和包容每个人特有的人性与天赋。

形成充满爱、亲情和快乐的环境。

通过理解而保持耐心。

对相互间出现的冲突永远采取化解的方式，而不是将恨藏在心中。

鼓励对生活真谛的认识。

我们的家庭使命宣言：

相亲相爱……

相互帮助……

相互信任……

为了别人的幸福而慷慨地付出我们的人生、才华、金钱与力量……

相互敬重……

永远为此而努力。

我们的家庭将成为我们的亲朋好友能够得到欢乐、安慰、安宁和幸福的地方。我们将努力创造一个适于居住和令人感到舒适的干净而井井有条的环境。我们将为家中的饮食起居、阅读的书籍、观看的电视节目和所作所为做出明智的选择。我们希望教育我们的孩子学会爱、学习、快乐、工作和发展他们特有的天赋。

我们的家庭是快乐的家庭，一家人其乐融融。

我们大家都有安全感和归属感。

我们对彼此间已构想和未构想的潜力毫无保留地相互支持。

我们对家庭表现出无条件的爱，相互间无条件地鼓励和支持。

我们的家庭是心理、身体、群体、情感和精神方面共同成长的家庭。

我们共同讨论和发现生活的各个方面。

我们善待所有的生命，保护环境。

我们的家庭是相互服务和为社会服务的家庭。

我们的家庭是干净整齐的家庭。

我们相信种族和文化的不同是天赐神授，皆生而平等。

我们感谢上苍的恩典。

我们希望家庭的力量和重要性永世流传。

请记住，**家庭使命宣言并非只是一个重要和正式的文件，它甚至可以是一个字、一句话或者一个具有创造性而又完全不同的东西，比如说一个概念或一种象征。**我知道有些家庭谱写了能体现对它们来说最为重要的东西的家歌。还有一些家庭通过诗歌和绘画得到了想象力。我知道一些家庭用他们姓名中的字母拼接成句写出了他们的家庭使命宣言。我知道甚至还有一家人通过一根四足手杖得到了强烈的构想！这根手杖上端是笔直的，但在杖头部位却突然呈螺旋状，并且根瘤相叠，这根手杖成了某种提醒物："抬起手杖的一头，也就抬起了手杖的另一头。"换句话说就是，你做出的选择会带来一定的后果，因此你在选择时要谨慎从事。

因此你可以看到，家庭使命宣言不一定要有华丽的词藻，它的真正评判标准是它代表了家中每一个人，给你以鼓励和使你们全家人凝聚在一起。无论你的家庭使命宣言是一个字、一张纸还是一份文件，无论它采取的是诗歌、散文、音乐还是绘画的表现形式，只要它表达了家庭成员的内心和思想，增加了家庭的凝聚力，它就会以一种不可思议的方式给你的家庭以鼓励，使你的家庭紧紧地团结在一起。由于你对家庭使命宣言的信任，你就应该去亲身体验和实践它们。

第三步：实践家庭使命宣言，按照它来为人处世

家庭使命宣言并不是让你用"应该做什么"来核对你应该做什么的清单，它的意义在于它是一部宽松的规范你家庭生活的宪法，正如美国宪法已历经两百多年的岁月，其中不乏一些动荡年岁一样，你的家庭宪法应是一部在数十年的岁月，甚至是几代人的岁月中使你的家庭团结一致的根本大法。

我们将会在习惯三中更多地探讨如何使你的家庭使命宣言变为一部家庭宪法，但是现在我只是想向你讲述一个家庭成员复杂的家庭的父亲运用这三个步骤的故事，以此阐明步骤三和概述这三个步骤。这位父亲说：

我们花了数周时间来制定我们的家庭使命宣言。

第一周我们将四个孩子召集到一起，对他们说："你们看，你们总是各行其是，而我们也总是为你们一个个操心，家里的事情也总是摆不平。"我们告诉孩子们，如果我们有着共同的价值观体系的话，事情就好办多了。于是我们给每个孩子五张卡片，然后说："在每张卡片上写下你们描述这个家庭的一个字。"

当我们整理卡片，挑出内容重复的卡片后，发现剩下写有28个不同字的卡片。第二周我们又将孩子们召集到一起，让他们解释一下这些字的意思，这样我们就知道他们到底想得到什么。例如，我们八岁的女儿在卡片上写的是"酷"，她希望有一个"酷"的家庭。于是我们又鼓励她解释一下"酷"的家庭应该是什么样的。最后每个孩子都解释清楚了他们所写的字的意思，而我们互相之间也有了更深的了解。

第三周我们将所有的卡片都贴在一张活动挂图上，然后给每个孩子十次表决权的机会。如果他们愿意的话，他们可以对每张卡片最多投票三次，不过他们总的投票次数不能超过十次。投完票后，我们得到了大约十张对每个孩子来说都非常重要的卡片。

第四周我们再次对这十张卡片进行投票，这次投票后只剩下了六张卡片。随后我们分成三组，每组人都写下一句或两句对两个卡片看法的短句，解释这两张卡片的意思。我们再次聚集在一起，向别组的人宣读本组的短句。

第五周我们在一起讨论这些短句，解释清楚它们的意思，确保那正是我们想要表达的。我们又改正了短句中的语法错误，使这些短句成为我们的家庭使命宣言：

相互之间永远友善、尊重和支持。

相互之间坦诚相待。

保持家庭的神圣感。

无条件地相亲相爱。

承担过一种快乐、健康和充实生活的义务。

使这个家成为我们希望回来的家。

真是太棒了，因为从头至尾我们全家人都参与到制定我们家庭使命宣言的工作之中。我们的家庭使命宣言用的是孩子们的话和句子，而他们也明白这点。

我们将家庭使命宣言装裱在一个漂亮的镜框中，然后悬挂在壁炉上方。我们说："好了，现在谁能记住家庭使命宣言，谁就可以得到一块想要的糖果。"

以后的每周我们都会让一个孩子分享对他或她有什么特殊意义的其中一个字或一段话。这只要两三分钟的时间，却使得家庭使命宣言变得有了生命力。我们还根据家庭使命宣言确定了一些目标，使得家庭使命宣言成为我们家庭生活的中心。

制定家庭使命宣言的过程对我们帮助非常大。正常家庭中，你往往会设定一些家庭行为规范，而当你协调一个家庭时，你首先会提出两套如何抚养孩子的想法。我们的家庭使命宣言的确给了我们某些条理、某些共同的价值观和共同努力的方向。

使大脑留下深刻印象的两个最有效的心理影响是观察和记录，而制定家庭使命宣言的过程涉及这两种影响。当这些活动被有意识地实施时，内容便迅速转化为下意识的想法，储存到内心的最深处，帮助你们保持正确的路线。

这两个过程使得人们的想法变得具体化，如果在这两个过程中运用了所有的感官的话，这种具体化就变成了一束灵光，它会在人的脑海中留下或是刻下在记录或观察中所具体表现出来的内容和感觉，这会使你将使命转化为日常生活中的一个个瞬间。

家庭使命宣言的力量

许多家庭谈到随着时间的推移，家庭使命宣言对孩子们产生了深刻影响，尤其是当他们灌输的思想或理念受到欢迎，并真正影响到家庭所选择的方向时更是如此。

但这同样也会对父母产生深刻的影响。**你会发现，让孩子在适当的程度上参与制定家庭使命宣言的过程，将会使孩子克服对父母的恐惧心理，令孩子变得果断。当你同孩子发生争论时，你也不会落入试图赢得孩子欢心的陷阱之中。**仅仅因为你在感情上依赖于孩子对你的接受，所以你还不会遭遇孩子的反抗和拒绝。你不会落入许多家长所作所为的俗套，这种俗套就是这些家长由于他们孩子存在的缺点而认为他们的看法得到了证实，从而寻求同盟者的友谊和同情，而那些同盟者与这些家长持有同样看法，会去安抚这些家长，使他们认为自己是对的，错的是他们倔强的孩子。

由于拥有了明确的共同愿景和价值观，当其成为衡量标准时你就可以提出非常高的要求。你会有勇气让你的孩子承担责任，让他们亲身体验他们自己的所作所为带来的后果。出人意料的是，当你尊重每个孩子的个性，允许他们自我约束和调整，根据自身经验和智慧自己做出决定时，你将会变得更有爱心和同情心。

此外，家庭使命宣言还会在亲子之间、夫妻之间建立起牢固的亲密关系，而在没有明确的共同愿景和价值观的情况下，这种亲密关系是根本不存在的。这就好像钻石与石墨之间的不同——钻石和石墨由同一种元素组成，但钻石是世界上硬度最强的物质，石墨却很容易被剖开。它们的不同之处在于本身原子组合的结构不同。

一位孩子的父亲有这方面的经历：

不久前我思考着我作为一个父亲所担当的角色，考虑如何让孩子们记住我。于是当我们计划夏天休假时，我决定运用家庭愿景原则。我们提出了一个适用于这次假期的家庭使命宣言，将其称为“史密斯队”。宣言描述了我们希望在度假时所持有的看法。

家中的每个人都担当一个有助组建“史密斯队”的特定角色，六岁的女儿选择担任家里的拉拉队队长的角色，她的目标是负责平息家中的争吵，尤其是当我们坐在一辆旅行车中发生争吵时。她准备了几种欢呼的方法，一旦家中出现了争执，她就会插进来说：“史密斯！史密斯！沿着大街开下去！只要我们一条心，我们就不会败！”不论我们喜不喜欢，我们大家都必须一起喊，这种办法对于驱散可能出现的坏情绪非常有用。

为此我们还穿上了专门的T恤衫。一次我们的车开进加油站，那里的工作人员刚开始并没有太注意我们，但等他抬起头来看到我们全家人都穿着同样的T恤衫时，他又打量了一遍后说：“嗨，你们这些人看上去像一支球队！”这是一种属于我们家庭关系的黏合剂，我们相互打量着，感到情绪非常高涨。我们回到车里继续上路，我们摇下了车窗，放大了收音机的音量，孩子们甚至忘了吃手里的冰激凌，我们是一家人！

三个月后我们度假归来，三岁的儿子被诊断出了白血病，这使我们家经历了好几个月的严峻考验。有意思的是每当我们带儿子去医院做化疗时，儿子总是问他能不能穿上他的T恤衫。也许这是他与我们这支“史密斯队”联系在一起，感受到家庭的支持和使他回想起全家人一起度过的假期的一种方式。

做完六次化疗后，儿子又患上了严重的传染病，医院对他进行了长达两周的特别护理。儿子病得很重，我们几乎要失去他了，可他却挺了过来。这段时间里儿子几乎总是穿着他的T恤衫，尽管上面满是呕吐物的污渍、血迹和泪痕。当儿子最终恢复健康，我们带他回家时，我们都穿上T恤衫向他致敬。全家人都希望与我们在度假时制定的家庭使命宣言紧密相连。

这种“史密斯队”的想法帮助我们度过了我们家庭所经历过的最为严峻的考验。

从这个人的情况中，我们可以注意到这种共同愿景和价值观使家庭成为大家关注的中心，成为全家凝聚到一起的力量，即便遇到挑战时也是如此。这就是家庭使命宣言的力量所在，它成为家庭生活中的DNA，它如同代表着整个人体活动蓝图的每个细胞中的染色体结构。从某种意义上说，每个细胞都是整个人体的一幅全息图，DNA表明的不仅仅是细胞的作用，还说明了它与每一个细胞之间是如何关联适应的。

建立起共同愿景就建立起深厚的亲密关系，建立起有意识的团结感，建立起强烈的认同感。共同愿景具有如此之大的力量，如此之大的凝聚力，如此之大的促进力，它能以一种强大到超越一切障碍、挑战、消极因素甚至目前积累的沉重负担的意志使人们团结凝聚在一起。

“爱”是一种承诺

为什么家庭使命宣言会有这种力量？一位43岁才第一次结婚的女士说：

对我来说，家庭使命宣言使什么是真正的爱这个问题有了实际的、具体的和可行的回答。爱当然意味着有情人送出的玫瑰，在餐馆里共同的盛宴，一起度过的浪漫假日；但爱还意味着他们的相拥相守，他们为对方拿来浴衣，他们相互之间递给对方的晨报，他们为对方冲一杯咖啡或是喂他们饲养的豚鼠。爱不仅是心灵的和谐交汇，也是琐碎的平凡小事。

我认为家庭使命宣言是一种做出真正承诺的方式，我认为做的过程与得到的最终结果一样有价值，因为这是同心协力创造的愿景，并且使这种给爱情以定义，令爱情升华和成长的愿景化为现实。

我们应再次记住：爱是一个动词，也是一种承诺。家庭使命宣言清楚地表明了这个承诺的含义。

正如我们在习惯一中所看到的，我们向别人所做的大多数基本承诺也是我们向家人做出的承诺，我们在婚礼誓词中做出的承诺，我们内心中为照顾和抚育我们的孩子所做出的承诺。**通过家庭使命宣言，你可以使你的孩子懂得你对他们负有所有的义务**；你从他们一出生或是收养他们那个时候起就负有所有的义务。你们之间的关系从未破裂过，而且永远也不会破裂；任何使这种关系破裂的事都不会发生。你可以对孩子们说：“我的承诺并不是针对你们的行为、态度或者你们对我的承诺，我的承诺是完全彻底的。我对你们的爱永在，你们永远在我心中。我永远不会背叛你们，我永远不会离开你们。无论你们做了什么，我对你们永远是真心的。这就是我希望你知道的，我将以我的话和行动继续让你们知道这点。我的承诺是完全彻底的，我的爱是无条件的。”

当孩子们感受到这种承诺时，当你们始终通过言行进行沟通交流时，他们就会愿意接受约束和承担责任，对他们的行动负责。但如果在做出这些包括家庭使命宣言在内的决定时不付出努力的话，为人父母者就会容易因社会力量，因一向不愿承担责任，因不愿相互依赖，因背离家庭标准，因违背与孩子们的约定而承担后果，这些后果还会给他们带来巨大的压力。

制定家庭使命宣言可以使你和你的家人检验、澄清、补充更新和坚持信守这些承诺，从而使这些承诺被你铭记在心，对你的生活方式和日常生活产生影响。

巩固大家庭的团结

正如你通过我们所听到过的这些故事了解的，家庭使命宣言为不同结构的家庭——双亲家庭、单亲家庭、复合式家庭等提供了力量和方向。另外，家庭使命宣言还为大家庭和几代同堂的家庭提供了目标和力量。

当你对你的目标、你的作用和你的机会有了明确的构想时，你能在家庭当中发挥的好处就是无穷无尽的。例如，祖父母可以在凝聚儿辈和孙辈方面发挥关键性的积极作用。我的弟弟约翰和他的妻子简在他们制定出家庭使命宣言时已经当了父母和爷爷奶奶了，他们有的孩子已经结了婚，住在全国各地，也有的孩子和他们住在一起。老夫妇俩花了一年半的时间以各种各样的方式与孩子沟通交流，最终他们以一句短语表现他们所思所感的精髓——“不要让一张椅子空着”。

这短短的几个字对他们却有着深刻的意义。这几个字不过是个代码，但其背后却是关于家庭成员之间应该无条件地爱和承诺的多次深入讨论和相互影响。“我们要互相帮助，不让任何一个人失败，我们互相之间要为对方祈祷，我们要互相效劳，我们互相之间要原谅，我们不要心怀怨恨，我们不要互相伤害。”

想想这种在几代同堂的家庭中进行承诺的力量吧！想想这些话随着家庭的扩大而对姑妈、伯父和堂兄弟姊妹的影响吧！

但是你不一定非要当了父母才有资格倡导几代同堂的大家庭的家庭使命宣言，长大成人的同胞兄弟姐妹照样可以成为家庭的变革先锋。

现实情况是这一切都取决于你，取决于你促成家庭变化时的所思所想和所做出的积极主动的选择。

我永远也不会忘记我同一群家长们在美国东海岸相处的经历。这些人不仅是家长，还是一些公司的总裁，他们带着配偶和孩子一道来参加这次家庭会议。这次为期三天的家庭会议的目的是学习如何制定家庭使命宣言。

会议的前一天半，大家将所有的精力几乎都花在如何建立人与人之间的关系上。我们共同研究学习，并以肯定和向别人展示价值观的方式表达自己，而不是藐视别人，使别人在倾听别人的意见和表达自己的想法时，感到被贬低和奚落。

会议进行到第二天下午时，我开始把注意力转向制定家庭使命宣言之上。与会者在会前已进行了大量的讨论，看过了有关这个问题的材料。但是当我们在那天快结束之际进行到问答环节时，我可以看出他们心里真的很矛盾。

不错，他们都是些非常聪明的人，天赋极高，能力很强，在事业上都取得了非常大的成就。但是他们也存在着潜在的问题：尽管他们的想法大相径庭，但是许多人并没有把婚姻和家庭放在他们生活中最重要的位置上。他们已养成了一种工作作风，而且对此深信不疑，在他们看来，与事业相比，家庭从根本上说是次要的。他们之所以来参加这个会议，主要是希望能学到速成法，从而帮助他们重建家庭关系和树立起良好的家风，这样他们就可以将“家庭”从他们“所要做的”清单中删除，使他们重新将精力投入在事业之上。

我尝试从不同的角度与他们进行沟通，我尽可能地以我认为最有说服力和最直接的方式向他们提出这样一个问题：“假如你有一件你认为具有很大潜力的新产品，希望向市场推出这件新产品，你想实施一项全国性的推销计划来推销这个新产品。这会使你感到兴奋吗？你会尽一切可能来实现这一目标吗？或者如果你在你的经营领域中遇到了一个竞争对手，他抢走了你很大一部分市场份额的话，你是否决心立即采取措施挽回局面？或者如果你们公司的服务或产品在试销市场被异乎寻常地接受，你在交付周期上比你的竞争对手有两年的优势的话，这还会使你投入你的全部聪明才智和精力吗？你如何使自己保持头脑清醒和紧张有序，从而尽一切可能抓住这个机会？”

他们几乎所有的人都知道该怎么办，即便他们不知道的话，他们表示也会很快找到答案。这成为他们的当务之急，他们会安排好自己的生活，采取一切必要措施来实现想要实现的结果。他们会为此做出牺牲，将相对次要的项目暂时放一放，他们会谋求别人给予帮助，他们会充分运用他们所有的知识技能、经验专长、聪明才智和献身精神来尽一切努力使得这个项目获得成功。

这时我改变了讨论的方向，转而询问他们的婚姻与家庭情况。如果以前有什么疑问的话，那现在则一点也没有了。很显然这是个让与会的几乎每个人感到难堪的问题——根本的问题和因此而导致的其他问题的根源是，他们在个人生活中从没真正掌握好家庭问题的轻重缓急。

这些男人和女人变得清醒了，考虑问题也非常周到了。他们在家庭问题上的失败促使他们认真审视自己的个人生活。当他们这样做后，他们逐渐认识到家庭并不是不重要，而是非常重要。他们开始认识到有关家庭的“成功”不能依赖技巧，也不能速成，这取决于指导生活所有方面的长期准则。

正是这点使会议的整个性质变了。他们开始真正开动自己的聪明才智和创造力，并将它们运用到他们的婚姻和家庭生活之中，他们开始寻求基础坚实的长期原则，而不是速成法和技巧来解决他们的问题，他们开始想到真正重要的事情。

请注意，他们的家庭使命宣言经历未能使他们的家庭团结一致，也没有促使他们重新审视自己的思想和想法。在没有真正从内心深处确定好自己的轻重缓急之前，他们是无法有效地解决好自己的家庭问题的。但是一旦他们明确了自己的轻重缓急问题，他们内心的胜利将会导致他们家庭的胜利。

在习惯二上是没有捷径可走的，正如改善家庭关系的其他努力也没有捷径可走一样，家庭使命宣言的成功首先来自内心的成功。你可能会发现制定你的家庭使命宣言的挑战会促使你有必要先制定你的个人使命宣言，因为这正是你在内心中真正解决了生活问题的关键所在。正如俗话说的那样：使你的心永远保持勤奋，因为生活中所有的问题都源于勤奋。

对你和包括小孩子在内的你的家人来说，要明白什么是真正最重要的事以及如何做这些事。明确的个人感想会让你和你的家人受益匪浅。

以前我的一位法律顾问和我有过同样的成功经历，他成功地运用家庭使命宣言解决了与一个有着严重行为问题的九岁男孩相处的问题。这个男孩认为他通过威吓的办法就可以得到他想要的一切，他会把别的孩子摔倒在操场上，他给其他孩子及其家长带来了许多麻烦，因此这些孩子和家长理所当然地对这个男孩的行为感到烦恼。

这位法律顾问不是告诉这个男孩该做什么不该做什么，而是向他传授积极主动的原则，启发这个男孩的独特天赋，帮助他制定一个他希望怎样生活和想做什么的个人使命宣言。这种决心和构想对这个九岁男孩的生活产生的影响是如此之大，以致男孩发生了180度的大转变。男孩已经能够从更广泛的角度来看问题，明白他的行为是如何影响别人的。仅仅几个月后，这位法律顾问说，这个男孩变成了“模范公民”。

正如本杰明·富兰克林以优美的词藻所说的那样：

在我们做出抉择时，每一分钟，每一小时，每一天我们都处于十字路口。我们选择了使我们思考的思想，使我们感受得到的激情，使我们表现的行动。我们的每一个选择都是根据我们所选择的指导我们生活的价值观体系做出的。在对这种价值观体系做出选择时，我们真正做出了我们生平最为重要的选择。

概括地说，我发现在制定家庭使命宣言时所遇到的挑战可能会促使你发自内心地进行思考，而这种内心的思考对于你澄清你的愿景和价值观是必不可少的。你可能还会发现这种挑战将促使你与你的配偶言归于好，而一个家庭所有的事情都源于这种基本的关系。如果你不具备这种共同愿景和价值观的话，要想在家庭中制定家庭使命宣言将是非常困难的。因而你可能还希望花时间来制定“婚姻使命宣言”，从而确保你和你的配偶能够白头偕老。

三项“注意”

在制定你的家庭使命宣言时，你会希望把三项重要的“注意事项”牢记在心。

1. 不要“宣布”你的家庭使命宣言。让你的家人以我们所谈到的那种程度来参与制定家庭使命宣言是需要时间和耐心的。你可能会很想自己来写家庭使命宣言或是与你的配偶共同制定家庭使命宣言，然后向你的孩子们宣布家庭使命宣言。但千万不要这样做！如果你的家人认为这个家庭使命宣言并不代表他们的话，他们是不会赞同这个家庭使命宣言的。正如一位母亲说的那样：“每个人在家庭使命宣言中都应有主人公感，否则这就好像当你问别人他最后一次洗租来的车是什么时候时，你根本不会在乎结果，因为这车与你无关。”因此花一些时间，确保家里的每一个人都参与到家庭使命宣言的制定过程中，并对这个家庭使命宣言承担义务。除了幼儿之外，请记住这点：“唯有参与，才能认同。”对于幼儿，认同感（情感上的亲密关系）甚至比参与更为有用。

2. 不要仓促从事。如果你在家中仓促通过家庭使命宣言的话，你的家人会让你独自去履行家庭使命宣言，而他们则可以去做别的事。但是制定的家庭使命宣言如果不能反映他们的想法的话，他们是不会拥护它的。再重申一遍，过程和结果一样重要。制定家庭使命宣言需要家里所有人积极和真心的参与，需要听取大家的意见，需要共同的努力，确保这个家庭使命宣言代表了参与制定它的所有的人的思想和想法。

3. 不要忽视家庭使命宣言。请记住，“三思而后行”是和睦家庭的一种习惯，而不是一种活动。实际起草家庭使命宣言只不过是开始，只有当你把家庭使命宣言融入你的家庭生活和日常生活之中时，它才会结出丰硕的果实。确保你必须永远将家庭使命宣言牢记在心，思考反省家庭使命宣言，把它作为你们家庭生活的根本大法。你可能希望将家庭使命宣言印出来，让每个人人手一份，或者把它放在钱包里，或者将它用镜框装裱起来挂在墙上。有一家人把他们的家庭使命宣言做成装饰板挂在门铃上，上面写着："这座房屋内有爱的声音和服务的精神。"每当进出家门时，这块装饰板都会提醒家中的每一个人为他们所追求的幸福家庭而奋斗。

记住竹子的奇迹

你还应当记住竹子的奇迹。一位父亲对家庭使命宣言和七个习惯的框架所造就的这种迷人的特异现象深有同感，他和他的妻子多年来一直与他们存在严重问题的女儿设法沟通：

在大约五年前，我们聪明且具有音乐天赋的女儿升入七年级。这时她开始与一些留过几次级和吸毒的孩子一起鬼混。那时我们尝试让她接受家庭使命宣言，但是毫无作用。

为了挽救她，我们在她八年级时帮她从公立学校转到了一所天主教教会学校，并且禁止她再和原来学校中的孩子一起鬼混。为此我们甚至把家搬到城市的另一个地方。尽管老师和我们每天都管着她，苦口婆心地教育她要为自己的行为负责，但是女儿的成绩依旧持续下降。她开始用电话和这些孩子联系，并时不时与他们见面。更严重的是，女儿变得对母亲非常不礼貌。我们尝试了各种办法，为了让女儿改掉恶习而给她某些特权，或者收回这些特权，但是都没有效果。最后我们把她和一群由当地教会资助的孩子一起送到户外训练营去了。

在这期间我和妻子制定了一个婚姻使命宣言。每天我们都要用一个小时来听取对方的意见和想法，我们非常认真地对待个人使命宣言。我们总是回过头去检查我们奉行的选择原则和核心价值观——无论发生了什么事都要和女儿在一起。

由于女儿拒绝上私立高中，于是我们又把家从得克萨斯州搬到了新泽西州，在那里我们有亲戚。我们从城市的郊区搬到一个有着五英亩大乡村景色的新家——这里隶属于新泽西州的一个富裕地区，有非常好的公立学校，而且几乎不存在吸毒现象。女儿在那里上了九年级，但马上就在学校里遇到了麻烦。在别人批评我们“做得还不够”的压力下，我们又开始尝试各种“严厉的爱”的教育方法，但是依然没有效果。我们的女儿用刀割伤自己，并威胁要离家出走和自杀。

学校建议女儿和一些孩子一起接受学校辅导员的帮助。女儿马上就在这群孩子中交上了新朋友，这些孩子酗酒、吸大麻和滥交。这时女儿变得非常具有破坏性，我的妻子甚至担心自己的生命安全。我们把女儿送到医院接受治疗，但也没有效果。

到十年级时，女儿所有方面都出了问题，她拒绝继续接受治疗，被学校的辅导小组赶了出来。她开始和男朋友们一起夜不归宿。我和妻子认为我们已想尽了一切通情达理的办法，虽然我们不想让她离家出走或是把她交给警察，可我们已经无计可施了。

这时我们决定相信原则而不是其他人给我们的大众化忠告。我们继续坚持每天和女儿的沟通，尽管我常出差，但我们和女儿的谈话一天也没中断过。我们开始将我们的问题与女儿的问题分开对待，坚信我们可以做出比我们认为的更多的努力来改变女儿。

我们把主要精力放在做女儿的内心工作上，我们非常认真地争取女儿的信任。不论女儿做错了什么，我们绝不会以此为借口而不兑现我们的承诺，我们把重点放在建立与女儿的相互影响的信任之上。我们向女儿表示出无条件的爱，同时又明确地告诉女儿她的什么行为有悖于我们的价值观，并会造成什么样的后果。

我们一直非常谨慎小心地使一切都在我们所能控制的范围之内。如果她离家出走了，我们不会到处去找她，但是等她打电话回家后，我们会去接她回来。我们向她表现出我们的爱和关心，并去倾听和理解女儿，可我们不会打乱我们的计划或是生活，也不会向亲戚隐瞒女儿的所作所为。我们并非无条件地相信她，我们向她解释说，她和我们一样，应该去赢得信任。

我们把女儿作为一个积极主动的人去对待，我们承认她的才干，允许她在与她的可信赖程度相等的程度内发挥她的主动性。

尽管女儿没有参与，我们依然制定出家庭使命宣言，但我们只把我们知道她会相信的内容写进这个使命宣言之中。我们经常检查我们正式和非正式的奖励、决策和信息交流制度。在女儿的要求下，我们让她参加学校中ALC（Alternative Learning Center，另类学习中心）的课程，我们每周同女儿和学校中的有关人员见面，目的就是为了交流。

在十一年级期间，虽然女儿还同她的朋友一起吸食大麻和迷幻剂，但是她慢慢对我们的付出开始有了回应，她开始尊重我们不要在家吸毒品或香烟的要求。虽然她在学校的成绩刚刚及格，但是她在家中的表现却大不一样了。

在后来的一年中，我们之间的关系有了非常大的好转，我们之间有了更深的理解，一家人又开始坐在一起吃晚饭了。她的“朋友们”开始到我们家中过夜，不过他们在时我们也总是在家。虽然我们依然反对她吸毒，而且凡是与毒品有关的问题我们还是信不过她，但她还是离不开毒品。

女儿怀了孕，尽管我们对她的做法不赞成，但我们还是允许她自己决定要不要把孩子生下来。我们依然承认她的潜力，向她表现我们无条件的爱，当她需要我们时我们永远都会给予帮助，这与她的“朋友们”形成了鲜明的对比。

十二年级一开始，女儿有一次吸毒过量，她马上打电话给母亲，妻子带她去了医院。然后女儿突然戒了毒品和酒，在学校中的成绩也开始上升了。

一年后，我们与女儿之间关系的改善程度已超乎了我们的想象范围，她开始想向我们显示她是如何负责的。她复读了半年的高中，所有的科目都得了A，这是她上高中以来破天荒的第一次。她找了一份半日制工作，并尽可能自食其力。她问我们能不能让她再在家里住两年，因为她要上一所社区学院，进而取得上大学的资格。

我和妻子知道虽然我们对能否教育好女儿也心里没底，但是我们认为只要以正确的原则指导我们的生活，就会大大增加在挽救女儿的问题上取得成功的机会。七个习惯给了我们解决问题的参照标准和信心，无论事情的结果怎样，我们都会问心无愧地坦然生活。最出乎意料的是，我和妻子同女儿一样，也得到了改变，变得更加成熟了。

教育“成长中”的孩子、搞好家庭关系以及一切我们希望家庭中出现的好事都需要时间。有时，使我们偏离正确路线的力量是非常强大的，甚至在家庭内部也是如此。

我曾听一些家长，尤其是复合型家庭的家长告诉我说，他们制定家庭使命宣言的努力会遇到处于青春期的孩子的反抗。有的家长说：“我们选择这样的家庭，并非我们的本意，为什么我们不能选择合作呢？”

我总是对这些家长，同时也对任何遇到反抗的人这样说：你最大的力量在于使你的个人使命宣言和你的婚姻使命宣言牢牢地摆在正确的位置上。也许十几岁的孩子在他们自己的生活中会受到伤害和产生不安全感，也许他们会碰壁，但你是他们生活中唯一的、真正的坚强后盾。如果你有了明确的方向和原则，你常常依据这些方向和原则对待孩子，他们就会逐渐感受到不变的核心感。当你以这种原则为中心，并以这种方式和他们共同经历风雨，你也会感受到它的力量。

我还常说：不要放弃家庭使命宣言；为家庭竭尽全力；尽你的一切努力与那些叛逆的孩子沟通；无条件地爱他们；不断地向他们的情感账户中储蓄；不断地同你家中的其他孩子合作。或许你还得提出这样一种使命宣言，它能反映出愿意合作并且以无条件的爱向他人伸出援手的那些人的好心和想法。

随着光阴的流逝，叛逆孩子的心可能会软化。也许现在还很难想象得到这点，但是我曾不止一次地看到过这种情况发生。只要你保持明确的目标，只要你为人处世的依据是原则和无条件的爱，孩子们就会逐渐对以原则为中心的做法和无条件的爱产生信任。

几乎在所有情况下，目标和罗盘的力量会使你渡过难关——只要你有耐心和信心朝着你所知道的方向前进，并且保持正确的路线。

与成年人和青少年探讨本章的内容

所有的事物都是两次创造而成的

- 讨论这个句子："由于所有的事物都是两次创造而成的，如果你不去进行第一次创造，就会有别的人或别的东西来这样做。"

提出问题：我们用什么方法进行第一次创造？

•讨论第一次和第二次创造的例子（在盖房子前先设计出图纸，在飞行前先造出飞机）。在日常生活中，哪些情境下需要精神创造：工作中？学校里？家里？体育运动时？做园艺时？烹调时？

构想的力量

•回想前言中列举的飞行比喻。探讨飞机有明确的目的地和罗盘的重要性。

•讨论在有关“创造我们自己的家庭使命宣言”过程中，愿景和目标明确的重要性。以家长的身份讨论：我们希望孩子在成长期间具有什么能力，以期他们获得成功？

•辨别由于形成想法而产生的某些好处。这些想法可能包括：更深层次的意图感、希望感或是未来的可能性感。主要讨论可能性而不是问题本身。

创造你自己的家庭使命宣言

•讨论和运用本章中描述的三步过程。

•讨论三项建议的指导方针和“注意事项”。

•辨别他人的四种天赋。讨论制定家庭使命宣言怎样才能使他们发挥出这些天赋。

与儿童探讨本章的内容

凡事预则立

• 提问：如果我们明天要外出旅行，你会带上什么行装？不要告诉你的家人你要去哪儿和去多长时间。当他们为你收拾好行装或是列出他们要为你收拾的行装清单时，告诉他们你要去的是北极，并打算在圆顶冰屋中生活一个月时间。问问他们是不是要重新给你准备不同的行装。

• 提问：没想好样子就裁衣服有没有意义？没菜谱就烹调有没有意义？没图纸就盖房子有没有意义？帮助家里人懂得一个家庭需要一个走向成功的计划。

• 让孩子想象一下他们希望看到他们未来会发生什么事情。帮助孩子把想象变为你可以贴在墙上的文字或图片。当你开始构思家庭使命宣言时，这些表达出来的想法可能对你的帮助最大。

探讨每个孩子应是什么样的

• 留出时间，使家里每一个人讲出他或她注意到的一个被指定的孩子的长处，然后把说的内容记录下来。你在制定你的家庭使命宣言时要把它们记在心里。坚持这种做法，直到每个人都轮到为止。

• 鼓励你的孩子为你的家庭使命宣言献计献策。给孩子们一些卡片，让他们写出或画出家里令他们高兴的事，他们喜欢和家里人一起做的活动，或者他们在其他人家所看到的、他们愿意做的任何好事。在制定你的家庭使命宣言时，把这些卡片保留下来。

• 在晴朗的夜晚到户外去看星星和谈论宇宙，或者在世界地图上标出你住的地方，然后讨论世界到底有多大。谈论作为人类大家庭的组成部分意味着什么。思考每个人和每个家庭所能做出的贡献有什么不同。问问家里人他们认为他们能做些什么来帮助世界。记下他们的想法，在制定你的家庭使命宣言时想到这些想法。

• 制作一面家旗，选择一句家庭座右铭或是谱写一首家歌。

HABIT 3

习惯三 | 要事第一

在动荡的世界中把家庭放在第一位

好吧，我知道你会听到人们说“我们没有时间”。但是，如果你每个星期抽不出一个晚上或者至少一个小时的时间与全家聚在一起，那你就没把家庭摆在优先位置。

——奥普拉·温弗瑞

在本章中，我们将讨论两种组织机制。它们将有助于你在当前动荡的世界里把自己的家庭放在优先位置，把你的使命宣言变成你们全家的章程。

机制之一就是每周一次的“家庭时间”。正如电视脱口秀主持人奥普拉·温弗瑞在她的节目中与我讨论这本书时告诉观众的那样：“如果你每个星期抽不出一个晚上或者至少一个小时的时间与全家聚在一起，那你就没把家庭摆在优先位置。”

机制之二就是与每位家庭成员一对一培养亲情的时间。我认为，这两种机制形成了一种非常有效的办法，能让你把家庭摆在优先位置，保证你在生活中坚持“要事第一”。

做不到要事第一的后果

世界上最糟糕的感受之一就是，你意识到你生活中“最重要的事情”

（包括你的家庭）被推到了第二位或者第三位，甚至更靠后的位置。如果你意识到由此引发了什么后果，那你会更难受。

我清楚地记得自己有天晚上在芝加哥的一家饭店就寝时的痛苦感觉。那一天，我在讲课，我14岁的女儿科琳则最后一次彩排了她参演的音乐剧《西区故事》。她不是主角，而是配角。我知道，在大多数场次（也许是所有场次）中，她都不会扮演主角。

但是，今晚是属于她的。她是今晚的明星。我给她打电话祝她一切顺利，但我心里感到非常遗憾。我真想到场看科琳演出。我这次原本是可以安排出时间的（尽管我并非总能做到这一点）。然而，出于某种原因，面对工作压力和其他要求，科琳的演出退居了次要位置，我根本没有把它标在日历上。因此，我独自待在距离演出场地1300英里以外的饭店里，我女儿在一心一意地为观众歌唱和表演——这些观众当中却不包括她的父亲。

我在那天晚上学到了两样东西。首先，无论你的孩子是主角抑或只是合唱队的一员，无论他是首发的四分卫还是三线队员，都无关紧要。重要的是，你要为了那个孩子而到场。当科琳在合唱队时，我曾经观看了几次她的现场演出。我肯定了她，表扬了她。我知道她很高兴我能到场。

我学到的第二样东西是：如果你真想把家庭摆在优先位置，你就必须预先规划，保持坚定。口头说家庭重要是不够的。如果"家庭"真是你最关注的重点，你就应该"俯下身来，花些力气，让一切成真"！

另一天晚上的10点新闻过后，电视里播放了一个我经常看到的广告。画面上，一个小姑娘走到父亲的桌边。父亲不胜烦恼，把纸张扔得到处都是，正忙着在效率手册上写东西。她站在他身边。父亲始终没有注意到，直到她最后说："爸爸，你在干什么？"他头也不抬地答道："哦，没什么，宝贝。我要做一些组织规划工作。这些纸上写着我要拜访和谈话的所有人的名字，还有我要做的所有重要的事情。”小姑娘犹豫了一下，然后问：“爸爸，那上面有我的名字吗？”

正如歌德所说的那样：**“绝不能听任最细枝末节的小事支配最休戚相关的大事。”**如果我们不把“家庭”放在生活中的优先位置，我们就不可能在家庭中取得成功。

这就是习惯三的内容。从某种意义上讲，习惯二告诉了我们，什么是“重要的事情”。那么，习惯三的主题就是，我们如何实践这些重要内容的行为准则和责任感。习惯三考验了我们对“重要的事情”的责任感以及我们的完整性——这些原则是否真正与我们的生活融为了一体。

为什么有人做不到“要事第一”

大多数人清楚地知道，家庭是优先重点。如果非要分出个孰轻孰重，许多人甚至会把家庭置于自己的健康之上。他们会把家庭置于他们自己的生命之上，甚至愿意为家庭付出自己的生命。但是，如果你要他们真正审视一下自己的生活方式，看看他们把自己的时间、主要注意力和关注重点放在了哪里，你几乎会无一例外地发现，家庭被排在了其他价值观（工作、朋友、个人爱好）的后面。

我们对超过25万人开展的调查表明，在所有习惯当中，人们给自己评分最低的始终是习惯三。大多数人觉得，他们最在乎的东西（包括家庭）与他们日常的生活方式之间存在着实实在在的差距。

为什么会这样？出现这种差距的原因何在？

在一次演讲之后，我和一位先生谈了一会儿话。他说：“史蒂芬，我真不知道我是否对自己在生活中取得的成就感到满意。我不知道自己为取得今天的成就所付出的代价是否值得。我现在有望成为我所在公司的总裁，但我不能确信自己是否想得到这个职位。我已经快60岁了，很可能会当几年总裁，但这会消耗我全部的精力。我知道这样做的代价有多大。我最大的缺憾就是错过了孩子们的童年。我根本没有守在他们身边。即使当我在他们身边的时候，我其实也是‘心不在焉’。我的思绪都集中在别的事情上。我尝试着注重全家团聚时的‘质’，因为我知道自己保证不了‘量’，但是，这些时候经常是乱糟糟的。我甚至试图收买孩子们——送给他们东西并且带他们参加刺激的活动，但我们始终没有形成真正的亲情。我的孩子们也感受到了这种莫大的缺憾。史蒂芬，正如你所说的那样，我爬上了成功的阶梯，但当我接近最顶端的一级时，我却意识到，梯子靠在了一面错误的墙上。我们家就是缺乏这种感觉——你所说的这种美好的家庭文化。但是，我觉得财富恰恰隐藏在这里。不在于钱，不在于职位，而是在于家庭关系。”

然后，他动手打开自己的公文包，说：“我给你看一样东西。”他边说边拿出一大张纸。他在我们两个人之间摊开这张纸，大声说：“这就是让我激动的东西！”这是他正在建造的住宅的设计图。他称之为他的“三代之家”。这所住宅被设计成了子女和孙子（女）可以上门拜访、享受乐趣、与表亲和其他亲戚展开互动的场所。他把房子建在了佐治亚州萨凡纳的海滨。当他向我讲述整个计划时，他说：“我感到最激动的是，这使我的孩子兴奋不已。他们也觉得，他们好像错过了有我相伴的童年。他们怀念那种感觉，他们需要那种感觉。”

“建造这个三代之家是需要我们共同完成的一项工程。当我们展开这项工程时，我们想到了他们的孩子——我的孙子（女）。从某种意义上讲，我通过孙子（女）拉近了我与子女的距离，而他们很高兴能这样。我的子女希望我能多和他们的孩子在一起。”

他把图纸卷好，放回公文包里，然后说：“史蒂芬，这对我而言太重要了！如果我接受这个职位，我们就必须要搬家，我也就没有时间真正把心思用在子女和孙子（女）的身上了。我决定不接受这个职位。”

请注意，多年来，“家庭”并不是这位男子最优先关注的重点。由于这个原因，他和他的家人损失了多年宝贵的家庭生活。但是，在他生活中的现有阶段，他逐渐意识到了家庭的重要性。事实上，家庭对他来说已是至关重要，甚至比担任一家大型国际企业的总裁（成功“阶梯”上的最高一级）更重要。

很显然，把家庭放在首位未必表明你必须买一幢新房子或者放弃你的工作。但是，那确实意味着你要“言出必行”——你的生活要真正反映并培养家庭至高无上的价值观。

在压力（尤其是工作和事业的压力）之下，许多人看不到家庭的实际重要性。但是，想想看，你的职位是暂时的。一旦你从推销员、银行家或设计师的岗位上退休，别人就会取代你的位置，而公司会照常运转。当你脱离这种文化、失去别人对你的工作和才干的即时肯定之后，你的生活将发生重大变化。

但是，你在家庭中的职责永远不会终结，你绝对不会遭到取代，你的影响力和对你的影响力的需求永远不会消失。即使在你辞世之后，你的子女、孙子（女）、曾孙子（女）仍然会把你看作他们的父（母）和祖父（母）。家庭职责是生活当中少有的几项永久性职责之一，或许也是唯一一项真正的永久性职责。

因此，如果你围绕一项暂时性的职责展开你的生活，放弃了你唯一一项真正的永久性职责（就像你听任自己的珠宝箱空置着一样），那你就是让这种文化说服了你，令你丧失了生活中真正的财富——只能通过家庭关系获得的深切而持久的满足感。

最终，生活告诉了我们什么才是重要的，那就是家庭。当人们即将告别人世时，最令他们追悔莫及的往往就是没有为家庭尽到义务。收容所的志愿者说，在许多时候，由于心愿（尤其是与家庭成员之间的纠葛）未了，人们似乎坚持不咽下最后一口气，直到问题得到解决（一种承认，一声道歉或一次原谅）才安然辞世。

那么，当我们最初被某人所吸引时，当我们新婚燕尔时，当我们的孩子还很年幼时，我们为何不抓住家庭的重要意义呢？当不可避免的挑战降临时，我们为何不牢记这一点呢？

对于我们当中的许多人来说，拉宾德拉纳特·泰戈尔对生活的描述非常生动。他说："我要唱的歌，直到今天还没有唱出。每天我总在乐器上调理弦索。"我们很忙碌——忙碌得超乎想象。我们弹奏了几个音节，但我们似乎始终没有达到奏响乐章的生活层次。

家庭：穿插表演还是主要演出

我们不把家庭放在首位的第一个原因要回溯到习惯二。我们并没有真正与最深切的优先重点建立关联。还记得习惯二当中关于商人和他们的配偶难以拟定家庭使命宣言的实例吗？你是否记得，在真正发自内心（由内而外）地把家庭摆在优先位置之后，他们才在家庭中取得了他们渴望的成功。

许多人觉得，应该把家庭放在第一位。他们也许真的想把家庭放在第一位。但是，除非建立与内在优先重点的这种关联，除非我们对此抱有的责任感比影响我们日常生活的所有其他力量更强，否则我们就无法把家庭放在优先位置。相反，其他东西会驱使我们、引诱我们或者使我们误入歧途。

1997年4月，《美国新闻与世界报道》（*U.S. News & World Report*，简称美新周刊）发表了一篇一针见血的文章，题目是《家长们围绕外出工作的原因对自己说谎》。这篇文章确实督促家长们在这方面做一些认真反省。作者香农·布朗利（Shannon Brownlee）和马修·米勒（Matthew Miller）认为，最重要的就是在为人父母和外出工作之间实现适当的平衡，而这当中出现的自欺欺人和不诚实现象也最严重。他们罗列了父母围绕以工作为重的决定进行自我辩解（捏造看似合乎情理的谎话）时说出的五种谎言。概括起来，他们有以下发现：

第一种谎言：我们需要更多的钱（接近贫困线的美国人说，他们工作是为了满足生活的基本需求。然而调查表明，几乎同样多的富裕美国人也会这样说）。

第二种谎言：日托机构很不错（“四所大学的研究人员开展的最新全面调查显示，有15%的日托机构相当不错，有70%是‘勉强凑合’，有15%糟糕透顶。在占据多数的中间一类日托机构里，孩子很安全，但缺乏足够或持续不断的情感支持，智力方面得不到促进”）。

第三种谎言：关键问题是公司的安排太不灵活（其实，目前实行的对家庭有利的政策通常遭到了忽视。许多人希望在办公室停留更长的时间。“家庭就像是个有效管理但毫无乐趣可言的工作场所。由于最近开始强调权力下放和团队工作，真正的工作场所反而变得更像是个家庭”）。

第四种谎言：如果妻子能挣更多的钱，父亲们很乐意留在家里（在现实生活中，很少有男子会认真考虑这样一件事情。“男人和女人在界定‘男子汉气概’的时候依据的不是运动才能或性能力，而是挣钱养家的能力”)。

第五种谎言：重税迫使我们两个人都要外出工作（尽管最近实行了减税，但家境富裕的夫妇还是涌进了就业市场）。

人们很容易迷恋工作环境带来的刺激和特定的生活水平，也很容易基于父母双方都要从事全职工作的假设做出其他所有有关生活方式的决定。因此，父母受到了这些谎言的控制——违背了他们自己的良知，但又觉得他们的确别无选择。

出发点不是假设工作毫无商量余地，而是假设家庭毫无商量余地。这种思维定式的调整使多种创造性选择成为了可能。

心理学家玛丽·皮弗（Mary Pipher）在她的畅销书《彼此庇护》（*The Shelter of Each Other*）中讲述了一对陷入繁忙生活的夫妇的故事。为了糊口，丈夫和妻子每天都要长时间工作。他们觉得自己没有时间从事个人的兴趣爱好，没有时间彼此相伴，也没有时间呵护他们三岁的双胞胎儿子。令他们感到痛苦的是，日托机构的保姆看到了孩子们第一次迈步，听到了他们第一次说话，如今又在报告他们在行为方面出现的问题。这对夫妇觉得他们已经不再相爱。妻子想要帮助罹患癌症的母亲，由于无法实现这个愿望而感到十分苦恼。他们似乎陷入了一种在他们看来毫无希望的境地。

但是，通过咨询，他们做出了一些调整，从而使生活发生了显著变化。他们开始抽出星期天的晚上与家人共度时光，彼此关心——互相按摩后背，互诉柔情蜜语。丈夫告诉雇主，他星期六不能再工作了。妻子最终辞了职，在家里照顾两个儿子。他们请她的母亲搬来同住，这样他们的财力就集中到了一起，儿子们也有了一个待在家里给他们讲故事的人。他们节省了许多方面的开支——丈夫与别人拼车去上班，只买最基本的必需品，也不再下馆子。

正如玛丽・皮弗所说的那样："这家人做出了一些非常艰难的抉择。他们意识到，他们可以拥有更多的时间，也可以拥有更多的钱，但二者不可兼得。于是他们选择了时间。"这个选择使他们的个人生活和家庭生活的质量发生了深远变化。他们的生活更快乐、更充实了，压力也减少了，彼此间的爱意增多了。

当然，这种解决办法也许并不适用于所有不胜烦恼和不和谐的家庭。但是，关键在于，选择是存在的，选择权是存在的。你可以考虑节省开支、简化生活方式、变换工作、从全职改为兼职、为了节省上下班的路上时间而错高峰上班并减少工作天数，或者在离家不远的地方工作、与别人共同承担一份工作，或者在家里办公。底线是，如果家庭真是你的重中之重，你就没必要受到上述五种谎言的束缚，你就会以创造性的方式探索各种可能的选择。

为人父母：独一无二的职责

毫无疑问，更多的钱可能意味着更好的生活，不仅对你来说如此，对你的孩子而言也是如此。他们也许能上一所更好的学校，获得电脑软件教育，甚至接受更好的医疗。最近的研究还证实，如果孩子的父亲或母亲留在家里照看孩子，却极其厌恶这种生活，那他们还不如都外出工作。

但是，同样毫无疑问的是，父母的职责是独一无二的职责，是生活中的一项神圣工作。这关系到发掘他们如何照料一个"人"的潜能。从社会、心理、精神和经济方面来看，在关乎价值观的职责中，有什么能比这项职责更重要呢？

父母和子女之间的特殊关系无可替代。但有时候我们宁愿相信替代

> 父母的职责是独一无二的职责，是生活中的一项神圣工作。有什么能比履行这项职责更重要的呢？

品是存在的。例如，当我们选择把孩子放在日托机构时，我们想要相信这里很不错，于是我们也就相信了。如果有人似乎具有积极的态度和体贴的性格，我们很容易会相信，他们具备帮助我们抚养孩子所需要的品格和能力。这都是合理化辩解过程的一部分。现实情况是，大多数日托机构并不合格。我们可以变换儿童发育专家尤里·布朗芬布伦纳（Urie Bronfenbrenner）的措辞说："你无法花钱雇某个人对孩子履行父母会无偿履行的职责。"即使他们对儿童的照料再妥善，那也绝对无法替代称职父母发挥的作用。

因此，父母必须先对孩子（家庭）负责，然后再对工作负责。如果他们确实需要日托机构协助，那他们在挑选日托机构的时候就必须比买房子或买车更为仔细。他们必须检查中意人选的过往记录，以确保此人具备必要的品格和能力，而且此人要通过"嗅觉测验"——父母在照料孩子时产生的本能和感应。他们必须与照料孩子的人建立一种关系，以期能够形成适当的期望和信赖。

良好的信念是绝对不够的。良好的意愿绝对不可能弥补糟糕的判断。父母需要付出信任，但他们同样需要验证能力。许多人在品格上是可靠的，但他们根本没有能力——他们缺乏知识和技巧，往往完全意识不到自己的无能。其他人也许能力很强，但缺乏美好的品格——成熟，正直，勇气，真心的关怀和满怀的善意。

即使有了良好的照料，所有父母还要问这样一个问题："就我而言，这种替代性的照料有多少是必要的？"我和桑德拉的一些朋友说过，当孩子们年幼时，他们觉得自己拥有各种选择和为所欲为的自由。孩子听由他们摆布，完全依赖于他们。如有必要，他们随时可以让日托机构和保姆履行替代性的抚养职责。但是，随着孩子们渐渐长大，他们开始自食其果了。他们没有与孩子建立亲密的关系。孩子们陷入了毁灭性的生活方式，父母则感到极为不安。他们说：**“如果可以从头来过，我们会更重视我们的家庭，更重视我们的孩子——尤其是在他们年幼的时候。我们会投入更多的精力。”**

美国诗人约翰·格林里夫·惠蒂埃（John Greenleaf Whittier）写道：“在舌尖或笔端倾吐的所有悲伤语句中，最悲伤的就是‘原本可以不必如此’！”

另一方面，我们的另一个朋友说：“我这些年来已经认识到，当我抚养这些孩子的时候，我的其他爱好——专业爱好、个人发展的爱好、社会爱好都退居了次要位置。我的重中之重就是随时守护在孩子身边，在这个关键阶段对他们倾注我所有的精力。”她接着说，这对她而言极为困难，因为她有如此之多的爱好和才能，但她决意要这样做，因为她知道这是多么至关重要。

这两种情况的区别体现在何处？优先性和责任感——明确的愿景以及坚决实践这一愿景的责任感。因此，如果我们在日常生活中没有真正把家庭放在首位，那就应该首先到习惯二当中去寻找答案：我们的使命宣言是否真的足够深刻？

“当根基发生改变时，一切都会摇摇欲坠”

假设我们确实完成了习惯二的工作，我们要讨论的下一个问题就是：我们试图穿越的动荡环境。

我们在前言里简要探讨了几种主要趋势，但现在我们来比较细致地

> 你能想到现在的孩子每天看7个小时电视，只有5分钟和父亲待在一起吗？真令人难以置信！

审视一下我们生活的社会。让我们从四个方面（文化、法律、经济和技术）了解过去40至50年里发生的一些变化，看看这些变化是怎样影响了你和你的家庭。我将要向你讲述的这些事实源自美国国内开展的调查，但也反映了日益明显的全球趋势。

流行文化

在20世纪50年代的美国，孩子一般很少看电视甚至不看电视。他在电视上看到的是父母俱全的稳固家庭，家庭成员之间以尊重的态度彼此交流。如今，孩子一般每天看7个小时的电视。到小学毕业时，他已经看到了8000多次谋杀和10万多次暴力行为。在此期间，他平均每天和父亲一起待5分钟，和母亲一起待20分钟，而其中的大部分时间是在吃东西或者看电视！

他还接触到了越来越多的反映色情、不正当性行为和暴力内容的录像和音乐。正如我们在前言里提到的那样，他去上学，而学校最头疼的问题已经从嚼口香糖和在大厅里跑来跑去变成了吸毒、青少年怀孕、自杀、强奸和暴力攻击。

除了这些影响之外，许多家庭其实还开始出现了商业界的气氛。社会学家阿丽·霍克希尔德（Arlie Hochschild）在她具有开拓意义的分析著作《世代传承》（*The Time Bind*）中指出，对许多人来说，家和办公室已经调换了位置。家庭生活已经变成了以“提前完成任务”为目标的紧张演习：家庭成员们花15分钟时间吃饭，然后就慌慌张张地去踢足球；为了不浪费时间，他们试图利用就寝前的半个小时培养亲情。另一方面，在上班时，你可以与别人交往，在休息时间放松一下。相形之下，工作场所像是一个避难所——成年人交往、竞争和相对自由的庇护所。因此，有些人甚至愿意延长工作时间，因为他们对工作的喜爱超过了家庭。霍克希尔德写道：“在这种家庭—工作—生活的新模式当中，疲倦的家长避开了尚未化解的争吵和肮脏待洗的衣服，投入了工作的可靠秩序、友好气氛和有节制的欢快情绪当中。”

不仅是家庭环境的气氛发生了变化，工作带来的认同感也发生了改变。许多外界的奖励——包括嘉许、酬劳和升职满足了我们的自我价值意识，令我们精神振奋，帮我们摆脱了家庭和家庭生活。它们形成了一种不同目的地的诱人构想，一个浪漫而温暖的乌托邦——兼有辛勤工作的满足感和堂而皇之的理由，在满足不可想象的时间安排和要求的“忙碌”当中忽视了真正重要的东西。

另一方面，**家庭和家庭生活的奖励几乎都是内在的。**在当今的世界里，社会不会站在你这一边，对你为人父母的工作予以表扬和肯定。这项工作没有报酬可得，也没有美誉加冠。没有人会因为你履行了这一职责而为你欢呼鼓劲。作为家长，你的酬劳就是一种满足感，因为你发挥了别人都无法承担的重要作用，对子女的生活施加了积极影响。这是一种只能发自你的内心的积极选择。

法律

流行文化领域发生的这些变化导致政治意愿和随即制定的法律发生了深刻变化。例如，有史以来，“婚姻”始终被认为是社会稳定的基石。多年前，美国最高法院称之为“社会的基础，没有婚姻就没有文明和进步”。这是一种责任，一种三方（男人，女人和社会）之间的契约。对许多人来说，还包括一个第四方：上帝。

作家兼教师温德尔·贝里（Wendell Berry）说：

如果只需考虑自己，情人们就没有必要结婚，但他们必须考虑别人和其他因素。他们彼此间的盟誓同样也是对社会的盟誓。社会聚拢在他们周围加以倾听，向他们表示祝福——为了他们，也为了社会自身。社会之所以聚拢在他们周围，是因为它知道，这种结合是多么必要、多么欢乐、多么令人担忧。这些情人誓言将终生厮守，“直至死亡”。他们交出了自己，没有任何法律或契约能够像这种誓言一样紧密地把他们结合在一起。然后，情人在彼此结合的过程中“消失”，如同一个灵魂在与上帝团聚时“消失”一样。因此，在社会生活的核心当中，我们没有发现像公开市场上那样可以销售的东西，而只有无私的奉献。如果社会不能保护这种奉献，那就不可能保护任何东西……

两个情人的婚姻让他们彼此结合，与祖先结合，与后代结合，与社会结合，与天地结合。这是一种基本的结合。如果没有它，一切都不可能稳固，而信任是它不可缺少的一部分。

而**如今，婚姻往往不再是契约或责任，而只是达到合法年龄的成年人之间的一项合约**——一项有时会被认为是无足轻重的合约，当不合心意的时候可以轻易撕毁的合约，有时甚至在缔约的时候就通过婚前协议为将来的毁约做好了打算。社会和上帝往往甚至不再是这项合约的一部分。司法制度不再予以支持，在某些情况下，它甚至会阻挠婚姻，因为它惩罚负责任的父亲，鼓励领取福利金的母亲不要结婚。

因此，普林斯顿大学的知名家庭历史学家劳伦斯·斯通（Lawrence Stone）说：“据我所知，西方自1960年以来的离婚率之高是史无前例的，在过去的20年或者更长的时间里，从来没有出现过这样的局面。”按温德尔·贝里的话说：“如果你不仅贬低婚姻作为两个人之间的亲情纽带的神圣性和庄重性，而且贬低它作为这两个人与祖先、子女、邻居的亲情纽带的神圣性和庄重性，那你就为离婚、忽视子女、社会荒废和独行其是的盛行创造了条件。”

经济

自1950年以来，美国人的收入中位数增加了10倍，而平均家庭开支增加了15倍，通货膨胀率增加了600%。单单这些变化就迫使越来越多的父母为糊口而走出家门。霍克希尔德认为，父母之所以增加了投入工作的时间，是因为他们觉得工作比顺应家庭生活的挑战更有乐趣。贝齐·莫里斯（Betsy Morris）在关于《世代传承》一书的评论文章中反驳了霍克希尔德的这种观点。她说："更有可能存在的情况是，这些父母是在忍受难耐的痛苦，因为他们必须保住工作。”

为了糊口和其他原因（包括渴望保持某种生活方式），一位家长外出工作、一位家长在家照料孩子的家庭的百分比已经从1940年的66.7%下降到了1994年的16.9%。有大约1460万儿童生活在贫困之中，其中90%的人生活在单亲家庭里（著作本书时的数据）。家长对孩子的关心大大减少。现实情况是，对许多人而言，家庭已经“退居第二位”。

我们生活的经济世界的机制本身也有所调整。政府为解决“大萧条”而接管了照料老人和穷人的责任，从而打破了家庭几代人之间的经济联系。这对其他所有的家庭联系造成了冲击。经济状况决定了生存方式。当几代人之间丧失了这种经济责任意识之后，把他们维系在一起的其他“肌腱”就开始受到影响，有社会方面的，也有精神方面的。因此，短期的解决办法变成了长期的问题。在大多数情况下，“家庭”不再被看作多代同堂、自力更生的大家庭。它已经缩小成了由父母和家中子女组成的核心家庭，甚至连这种家庭都受到了威胁。政府成为了人们首先（而不是最后）想到的资源。

我们当前生活的这个世界注重个人自由和独立，而不是责任和相互依赖。在这个流动性极强的世界上，物质享受造成了与世隔绝和独立的娱乐。社会生活正在分裂，家庭和个人变得日益离群索居，逃避责任和信用的现象比比皆是。

技术

技术变革加快了其他所有层面的变革造成的影响。除了全球通信和随时可以获得数量惊人的宝贵信息之外，当今的技术还提供了直观、鲜明、往往未经筛选的各种极具冲击力的视觉图像——包括色情、杀戮及暴力场面。在广告的支持和充斥之下，技术使我们陷入了物质超载的状态，导致我们的期望发生了翻天覆地的变化。不可否认，技术的发展增强了我们与他人（包括家庭成员）交流的能力，使我们与全球各地的人们建立了联系。但是，它也分散了我们的注意力，阻碍了我们与自己家庭中的成员展开有意义的互动和交流。

我们可以从研究中找到这些答案，但也许还有更好的答案来源。平心而论，电视对你和你的子女带来了何种影响？**它是否使你变得更加满怀善意、更加关心别人、更加慈爱？是否帮助你在家庭中建立了稳固的关系？**或者，它是否使你感到麻木、厌倦、孤独、困惑、刻薄、愤世嫉俗？

当我们思考媒体对我们的家庭的影响时，我们必须意识到，媒体几乎可以决定家庭中的文化。为了认真看待媒体中出现的内容——荒谬的爱情故事、乱交、打斗不休的机器人、冷酷的关系、战斗、野蛮的暴力，我们必须心甘情愿地采取一种“暂缓怀疑”的态度。我们必须心甘情愿地暂缓身为成年人的我们对其进行怀疑的行为——脱离我们成年人的智慧，在30到60分钟时间里听任自己被别人牵着鼻子走，看看我们的感觉如何。

我们有了什么变化？我们开始相信，甚至电视新闻里的事都是正常生活！孩子们尤其会相信这一点。例如，一位母亲告诉我，在看过电视上的六点钟新闻后，她六岁的孩子对她说：“妈妈，为什么大家都在杀人？”这个孩子相信她所看到的就是正常生活！

没错，电视上是有许多好东西——有用的信息和有趣、振奋精神的娱乐。但是，对我们大多数人和我们的家庭来说，实际情况更像是从垃圾堆里挖出了一份拌得很好的沙拉。沙拉也许很不错，但把沙拉和垃圾、尘土、苍蝇分开相当费劲。

低程度的循序渐进的污染可能会使我们丧失理智，让我们不仅意识不到污染是多么严重，而且意识不到我们用什么代价换取了这种污染。只有当电视给我们带来极其大量的好处时，电视的作用才能抵得过家庭成员的共同学习、消遣、工作和交流！

《美国新闻与世界报道》最近开展的民意调查显示，有90%的被调查者认为，美国正在越来越深地陷入道德堕落。同样是这次民意调查显示，有62%的人认为，电视对他们的道德和精神价值观有害。那么，为什么有这么多人如此沉溺于看电视呢？

随着犯罪、吸毒、性愉悦和暴力活动等社会指标不停地攀升，我们不应忘记，在任何社会环境当中，最重要的指标都是爱护、抚养和指引我们生活中最重要的人——我们的子女。孩子们学到的最重要的东西不是来自电视节目，而是来自温馨的家庭——父母陪他们读书，与他们交谈，带他们干活，听他们倾诉，与他们共度快乐时光。如果孩子们感受到爱，感受到真正的爱，他们就会茁壮成长！

反思一下：你自己生活中最难忘的家庭时光有哪些？**假设你即将告别人世，你真会希望自己花了更多的时间看电视吗？**

社会学家约翰·鲁滨孙（John Robinson）和杰弗里·戈德比（Geoffrey Godbey）在他们合写的《人生的时光》（*Time for Life*）一书中说，平均说来，美国人每周有40个小时的空闲时间，其中15个小时在看电视。他们认为，也许我们并不像我们看起来那样“忙碌”。

正如玛里琳·弗格森（Marilyn Ferguson）在她的重要著作《宝瓶同谋》（*The Aquarian Conspiracy*）一书中所说的那样：“在我们选择工具和技术之前，我们必须选择自己的梦想和价值观，因为有些技术对它们有所助益，有些技术则使它们变得遥不可及。”

越来越显而易见的事实是，如下各种结构的动摇使得一切发生了混乱。为了提高竞争力，几乎所有企业都在实行彻底改造和重组。技术和市场的全球化不仅威胁到了企业的生存，还威胁到了政府、医院、医疗保健和教育体系的存在。如今，所有公共机构（包括家庭）都受到了前所未有的冲击。

这些变革体现了基础结构的深远变化，而基础结构是我们这个社会的根本框架。斯坦利·戴维斯（Stanley M. Davis）是我的朋友，在多次领导才能培养讨论会上与我共过事。他说过：“当根基发生改变时，一切都会摇摇欲坠。”这些结构的动摇就像是一个大齿轮的转动，而这个齿轮相应地带动了一个较小的齿轮，然后是一个更小的齿轮。最终，另一端的小齿轮就飞快地转动起来，所有组织都受到了影响，其中也包括家庭。

当我们从工业化的基础结构向信息化的基础结构转变时，一切都发生了混乱，必须要重新找到支点。然而，许多人全然没有注意到正在发生的一切。尽管他们看到了，而且感到焦虑，但他们不知道这究竟是怎么回事或者原因何在，或者他们能对此采取哪些措施。

在没有安全网的情况下高空荡秋千

对我们所有人来说，这种基础结构的变化方向对我们的家庭和家庭生活产生了最直接和最深切的影响。如今，想要成功地操持一个家庭就像高空荡秋千一样——这种绝技需要高度的技巧和几乎无可比拟的相互依靠——而且没有安全网！

过去是有安全网的。过去有支持家庭的法律，有倡导和认可家庭的媒体，有尊重和维系家庭的社会。家庭也相应维系了社会。而今安全网已不复存在。文化、经济和法律拆散了这张网，技术加快了这个解体过程。

一切都是逐步发生的，所以许多人根本没有注意到这些变化。这就像作家和评论家马尔科姆·马格里奇(Malcolm Muggeridge)讲的那个故事：有些青蛙在一大锅水里给活活煮熟而丝毫不予以抵抗。一般说来，扔进开水里的青蛙马上就会跳出来，从而死里逃生。但是，这些青蛙却没有跳出来，它们甚至没有反抗。为什么？因为当它们刚被放进锅里的时候，水还不太热。接着，水温越来越高，水逐渐变成了热的……然后更热……然后滚热……然后沸腾了。这种变化是逐步的，所以青蛙适应了新环境，直至为时已晚。

世界上所有的支配力量恰恰也是如此。我们已经对此感到习惯。它们成为了我们的舒适区——然而，它们几乎是在扼杀我们和我们的家庭。用英国作家亚历山大·蒲柏（Alexander Pope）的诗句来说：

罪恶是一种可怕的怪兽，

憎恶之极，不愿看之一眼；

然而，看得太多，日益熟悉，

便也开始容忍、怜悯，欣然乐见。

这是一个逐渐丧失理智的过程。如果我们逐渐让社会价值观来支配原则，恰恰就会出现这种局面。这些强有力的文化支配力量从根本上改变了我们关于大是大非的道德或伦理意识。我们甚至开始把社会价值观看作原则，把“坏”称为“好”，把“好”称为“坏”。我们失去了道德支点。脏东西污染了无线电波。静电使得我们无法从无线电指挥塔台那里得到明确的指令。

再次借用飞机的比喻来说，我们感到眩晕。例如，如果飞行员不借助仪表飞行，并且是在穿越斜向的云层，有时就会感到眩晕。他再也得不到地面的参考数据。他也许甚至无法凭借本能（肌肉和关节中的神经末梢做出的回应）或内耳的微小平衡器官来判断哪个方向是上，因为这些反馈机制都取决于对地心引力的正确定位。因此，如果大脑努力破译感觉器官发出的情报，却又无法借助通常靠视觉提供的线索，可能就会出现错误或自相矛盾的诠释。这种混乱感觉导致的后果就是头晕目眩，即茫然若失的“眩晕”。

生活中也是如此。**当我们遇到极为强有力的影响源**（比如影响力极强的社会文化、极有魅力的人或者团体运动）**时，我们就会出现良知或精神上的“眩晕”。**我们失去了方向感，我们的道德罗盘出了差错，我们甚至对此一无所知。指针在不太动荡的时候会轻而易举地指向“真北”（也就是真正的北方），在风暴的强大电场和磁场的影响下却会出现偏差。

罗盘的比喻

在我讲课的过程中，为了描述这种现象并阐述与此相关的五个要点，我经常站在听众面前，要他们闭上眼睛，说：“现在，不要偷看，所有人指向北方。”当所有人试图判断哪里是北，并且向他们以为是北的方向指去的时候，出现了一点小混乱。

然后，我要他们睁开眼睛，看看大家指向了哪里。这个时候，他们往往会捧腹大笑，因为他们看到大家都指向了不同的方向——包括正上方。

然后，我拿出一个罗盘，给他们指出正确的北方。我解释说，北始终是同一个方向，它永远不会发生变化，它体现了地球上的一种自然磁力。我在世界各地的不同地方用过这种演示方法，包括在出海的船只上，甚至在卫星转播、世界各地不同地点有无数人参加的节目里。这是我发现的用于表明存在磁北的最具说服力的方式之一。

我利用这种说明方法来阐述第一点：正如存在着一个“真北”（我们身外的一个恒久不变的现实）一样，有些自然法则或原则是永恒不变的。这些原则最终支配着所有的行为和后果。从这里开始，我用“真北”来比喻原则或自然法则。

然后，我接着展现“原则”和行为之间的差别。我在高处悬挂了一个透明罗盘，以便他们看到指北针和代表行进方向的箭头。我在高处移动罗盘，以便他们能够看到：当行进方向发生变化时，指北针却绝对不会变。因此，如果你想向东走，你可以把箭头放在指北针右侧90度的地方，然后按这个方向前进。

接着，我解释说，“行进方向”是一种有趣的表达方法，因为它主要体现了人们的所作所为；换言之，他们的行为源自他们的基本价值观或者他们重视的东西。如果他们认为向东走很重要，他们就会予以重视，并因此采取相应行动。人们可以根据自己的愿望和意志随意行走，但指北针完全不受他们的愿望和意志的影响。

我要阐述的第二点是，原则（也就是“真北”）和我们的行为（也就是行进方向）之间存在差异。

这种阐述方法使得我能够引出第三点：基于原则的自然体系与基于价值观和行为的社会体系之间存在差异。为了说明这一点，我问：“你们当中有多少人曾经在上学的时候‘临阵磨枪’？”几乎所有听众都举起了手。我又问：“有多少人靠这个得到了好成绩？”几乎同样多的人再次举起了手，换言之，“临阵磨枪”很奏效。

我问：“多少人曾经在农场里干过活？”通常有10%～20%的听众会举起手。我问这些人：“你们当中有多少人曾经在农场里‘临阵磨枪’？”人们总是哄堂大笑，因为他们马上意识到，在农场里是不可能临阵磨枪的，这根本行不通。如果你以为自己可以在春季忘记播种，整个夏季游手好闲，然后秋季大干一场，指望能取得丰收，那显然太荒谬了。

我问：“为什么‘临阵磨枪’在学校里管用，在农场里却没有用？”人们意识到，农场是一个受到自然法则或原则支配的自然体系，学校则是一个受到社会规则或社会价值观支配的社会体系——一个社会产物。

我问：“是否有可能在学校获得好成绩甚至文凭，却没有学到任何东西？”几乎所有人都承认这是可能的。换言之，当涉及培养头脑的自然体系时，发挥支配作用的是农场法则而不是学校法则，是自然体系而不是社会体系。

然后，我把这一分析扩展到了人们能够联想的其他领域，比如身体。我问：“你们当中有多少人曾经在生活中无数次尝试减肥？”举手的人相当多。我问他们：“减肥的真正关键是什么？”最终，所有人都开始意识到，为了健康减肥且不反弹，你必须根据能够实现预期效果的自然法则或原则、根据诸如营养适当和锻炼定期等原则来调整“行进方向”——

也就是你的习惯和生活方式。依照社会价值观体系，某种速成的节食计划也许会短时间内造成体重减轻，但身体最终会依靠智慧来战胜头脑的战略。它会放慢新陈代谢的过程，开启脂肪调节器。最终，身体会恢复原来的体重标准——也许甚至会变得更糟。因此，人们开始意识到，不仅是农场，连头脑和身体都是受到自然法则支配的。

接着，我把这个推理过程运用在关系上。我问："从长远看，关系是受到农场法则的支配还是学校法则的支配？"人们都承认，关系受到农场法则的支配——也就是说，是受到自然法则或原则，而不是社会价值观的支配。换句话说，你不可能凭借言语使自己摆脱由于行为造成的问题，除非你是可信的，否则你就不可能得到信任。他们逐渐开始承认，可信度、正直和诚实的原则是所有持久关系的基础。人们也许能在一段时间里作假，或者用一些表面的东西给别人留下深刻印象，但最终"恶行总要回报到作恶者身上"。如果原则遭到违反，信任就将不复存在。无论你处理的是人际关系、机构间关系、社会和政府间关系或者国家间关系，结果都是一样的。最终，道德法则和道德意识（一种内在的认知，一套普遍、永恒、不证自明的原则）将控制一切。

接着，我把这一层次的思维应用于我们社会中的问题。我问："如果我们真要认真实行医疗改革，我们首先应该关注什么？"几乎所有人都承认，我们应该注重预防——注意根据自然法则或原则来调整人们的行为、价值观体系和行进方向。但是，关于医疗保健的社会价值观体系与社会的行进方向是一致的，主要注重疾病的诊断和治疗，而不是预防或生活方式的改变。事实上，更多的钱用在了一个人生命当中的最后几周或几天，是在大费九牛二虎之力拯救他的生命，而不是用于这个人整个一生当中的预防工作。这就是社会价值观体系所在，而该体系主要把这项职责分配给了医药行业。正因为如此，几乎所有的医疗费用都用在了疾病的诊断和治疗上。

然后，我把这项分析扩展到了教育改革、福利改革、政治改革——其实是所有的改革领域。最终，人们开始意识到第四点：真正的幸福和成功的本质就是根据自然法则或原则来调整行进方向。

最后，我显示了传统、潮流和文化价值观可能会对我们的“真北”意识造成的巨大影响。我指出，在很多情况下，甚至连我们身处的大楼也会扭曲我们的“真北”意识，因为它也具有自己的磁力。当你走出大楼站在自然当中时，指北针会轻微转动。我用这种磁力来比喻广泛文化的影响力：超传统、潮流和价值观可能会略微扭曲我们的良知，除非我们能独自走到“罗盘”真正发挥作用的大自然当中去，在那里放慢速度、进行反思、挖掘我们的内心，倾听良知的声音，否则我们就意识不到这种扭曲。

我把罗盘放在高射投影仪上，显示罗盘指针向北移动的样子，因为投影仪本身也带有磁力。我把它比作一个人的亚文化——可能是家庭、商业组织、团伙或朋友圈的文化。亚文化有许多层次，投影仪导致罗盘发生变化的演示非常有效。我们可以很容易地看到，人们是怎样丧失了道德支点，由于渴望得到接纳和归属感而失去了根基。

接着，我拿出我的钢笔，把笔架在罗盘上，我展示了怎样让罗盘的指针四处跳动，直至其彻底改变了方向，使北变成了南。我借此来解释，人们确实可能会把“好”界定为“坏”，把“坏”界定为“好”，原因在于他们接触到了一个影响力极强的人，或者有了一段极具影响力的感情经历——比如虐待、父母的背叛或者严重的良知背叛。这些痛苦可能具有相当强的震撼力和破坏力，以致摧毁了他们的整个信仰体系。

我用这种说明方法来阐述第五个也是最后一个要点：我们内心深处的认知意识（我们自身关于自然法则或原则的道德或伦理意识）可能会发生变化，降至次要地位甚至受到遮蔽，其原因就是传统或者自己的良知屡次遭到违背。

尽管我们在拟定使命宣言的时候付出了不少努力，但是，如果我们不在自己的头脑和家庭文化中实现使命宣言的内在化，这些文化影响就会迷惑并扭曲我们。它们会动摇我们的道德意识，以致“错误”的定义变成了被人抓住才是犯错，实行犯错的过程就不算。

也正是出于这个原因，飞行员有必要接受使用仪表的训练——无论他们是否真在仪表指示下飞行。正因如此，所以孩子们要接受使用“仪表”的训练——所谓“仪表”就是帮助他们保持正确路线的四种人性天赋。这也许是为人父母最重要的职责。不是命令孩子和要求孩子该做什么，而是帮助他们与自己的天赋——尤其是良知——建立关联，以便他们得到良好训练，能够立即接通让他们保持方向感和正确路线的救生连线。如果没有这种救生连线，人们就会遭遇失败，就会受到文化的引诱。

根绝

我曾经参加过一个名为“宗教界联合抵制色情”的研讨会。会上，宗教组织、女性团体、民族团体的负责人和教育家聚集在一起，联手打击这种主要导致女性和儿童受害的邪恶现象。情况清楚地表明，尽管这个问题有碍人们的正统观念和美德意识，尽管他们不愿对此加以讨论，但他们也必须进行商讨，因为这是我们文化当中的现实问题。

在这次会议上，我们观看了对街边行人的采访录像片段，其中包括许多青年男子和年轻夫妇。他们不是暴力团伙的成员，不是瘾君子，也不是罪犯，而是那种把色情看作娱乐消遣的普普通通的正常人。有些人说，他们每天都看色情作品，有时每天看好几次。我们在观看这些片段的时候清楚地意识到，色情作品已经深深嵌入了当今许多美国年轻人的文化当中。

> 这也许是为人父母最重要的职责，不是命令孩子和要求孩子该做什么，而是帮助他们与自己的天赋——尤其是良知——建立关联。

我讲过一次主题是“如何实行文化变革”的课。然后，我出席了一次由女性领袖讨论这个问题的研讨会。她们讲述了“母亲反对酒后开车协会”（MADD）是怎样成为了社会中的一股驱动力，因为相当多的女性已经对酗酒的问题非常警觉，所以她们的参与对美国社会的文化模式产生了重大影响。她们向我们分发的小册子里描述而不是直接展现了目前存在的色情作品，即便是阅读这样的内容，也让我感到非常恶心。

在我第二次和最后一次授课时，我讲述了这段经历，并且表示，我深信文化变革的关键是让人们全身心地沉浸在现实当中，以期能真正感受到它对人们头脑中的伦理和道德本质的邪恶影响，以及对我们整个社会的影响。关键是让人们产生与我同样的恶心感觉，让他们充分了解情况，直至他们彻底感到厌恶并下定决心，然后给予他们希望，让他们参与制定解决方案的过程并确认其他地方的成功经验。在你运用想象力和意志之前，先要运用自我意识和良知。先把前两种人性天赋充分调动起来，然后再发挥后两种天赋的威力，接着，共同寻找能够产生积极影响的榜样和提供指导的人士或组织，制定鼓励向善和保护无辜者的法律。

但是，比立法和影响流行文化的所有工作更重要的是巩固家庭。正如美国作家亨利·戴维·梭罗（Henry David Thoreau）所表述的那样：“一

棵邪恶的大树，砍它枝叶千斧，不如砍它根基一斧。”家庭和家庭生活就是根源。正是在这里，人们在内心形成了道德力量，因应这些由于技术发展而产生的邪恶影响，让技术保证并促使良好美德、价值观和标准在整个社会当中得到维护。

如果要让法律切实有效，就必须存在实施这些法律的社会意志（一套道德观念）。伟大的法国社会学家埃米尔·杜尔凯姆（Emile Durkheim）说：“如果道德观念十分富足，法律就是多余的；如果道德观念出现匮乏，法律就无法实施。”如果缺乏社会意志，法律漏洞和违法的手段就始终不会消失。孩子们可能很快就会失去纯真，内心变得麻木而污秽——尖酸刻薄，愤世嫉俗，往往更容易沦为暴力团伙行为的牺牲品，往往更容易进入一个给予接受和社会认可的新“家庭”。因此，关键是要培养每个孩子内在的四种天赋，建立充满信任和无条件的爱的关系，这样你才能以原则为中心，教育并影响你的家庭成员。

有趣的是，会议的另一个重要后果是，不同信仰的领导人本身的文化和感情发生了变化。由于共同的不凡使命，在短短两天时间里，客客气气的尊重和轻松打趣的谈话变成了真挚的爱、发自内心的团结和开诚布公的交流。正如这些领导人发现的那样，在这些动荡的时刻，我们必须集中关注能把我们团结在一起（而不是使我们产生分歧）的因素！

谁来照管我们的孩子

由于缺少与四种人性天赋的内在关联和强有力的家庭影响，我们在本章讲述的这种文化——一种因技术而得到强化的力量会对孩子的思维产生什么影响？有人认为，孩子们每天在电视上看到的谋杀和凶残画面不会对他们产生影响，这种观点实事求是吗？电视节目导演宣称，没有确凿的科学证据表明社会中的暴力和不道德现象与他们选择在电视上播出的画面存在任何联系，然后他们又援引确凿的科学证据表明，20秒的广告片会对观众的行为产生巨大影响，我们能真正相信他们吗？我们是否可以合乎情理地认为，如果年轻人受到电视播出的性愉悦画面的视觉和感情冲击，他们长大之后就不能对形成持久和睦关系和幸福生活的原则抱有近乎现实或全面的认识？

在这样一种动荡的环境中，我们怎么可能认为，我们在家庭当中可以继续"一切照旧"？如果我们不建立更美好的家庭，我们就不得不修建更多的监狱，因为替代性的抚养会导致犯罪团伙的产生。接着，社会准则就会包括贩毒、犯罪和暴力活动，监狱和法庭甚至会更加拥挤，"抓抓放放"将成为流行风尚。感情饥渴的孩子们会变成愤懑的成年人，在生活中苦苦寻求爱、尊重和"成就"。

在气势恢宏的历史巨著当中，世界上最伟大的历史学家之一、英国的爱德华·吉本（Edward Gibbon）确定了罗马文明衰落的五个主要原因：

1. 家庭机制的崩溃
2. 个人责任感的削弱
3. 赋税过于沉重，政府的过分控制和干预
4. 追求日益具有享乐主义色彩、充满暴力和不道德的愉悦
5. 宗教的衰败

他的结论构成了一个催人警醒和具有启发性的视角，我们可以通过这个视角审视当前的文化。这促使我们提出了一个关键问题，我们的未来和我们子女的未来都取决于此：

谁来照管我的孩子——

当前令人不安、极具破坏性的文化还是我自己？

正如我在习惯二当中所说的那样，如果我们不对第一步的创造负责，就会有其他人或其他事物来代劳。“其他事物”就是极具影响力、动荡、毫无道德可言、对家庭不利的环境。

如果你不采取行动，这种环境就将塑造你的家庭。

“由外而内”不再有效

正如我在前言中所说的那样，40年前，你可以“由外而内”地成功持家。但是，由外而内的方式已经不再有效。我们无法像过去那样依靠社会对家庭的支持。今天的成功只能由内而外地取得。我们可以也必须成为变革和稳定的先锋，为我们的家庭建立支持机制。我们必须采取高度积极的态度，我们必须创造，我们必须创新。我们不能再依靠社会或大多数社会公共机构，我们必须拟定新的飞行计划，我们必须飞升到湍流以上，走“真北”路线。

想想看，后两页的图表中展现的这些家庭和环境文化的变化对社会造成了什么影响，又对你自己的家庭造成了什么影响。把现状与过去加以对照的目的并不是建议我们回归四五十年前的理想化观念，而是要我们意识到，由于形势已经发生了莫大变化，由于家庭受到的冲击如此巨大，所以我们的回应方式必须与挑战相当。

历史清楚地证明，家庭是社会的基石，是建造每个国家的基础材料，是文明之水的上流源头，是万般事物的黏合剂。家庭本身就是每个人内心深藏的一条原则。

四五十年前的家庭文化状况

孩子在双亲家庭中长大的可能性：80%

离婚率：20%

技术：

· 主要是收音机

· 很少看电视或者不看电视

父母的工作状况：

· 每周工作40小时

· 由于父母的工作需要，去日托机构的孩子不到20%

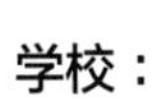

学校：

· 老师很受重视

· 允许在学校里祈祷

· 首要违纪行为：嚼口香糖，喊叫，着装不合乎规定，乱扔垃圾，在大厅里跑来跑去

宗教：

70%的人认为宗教对美国人生活的影响在不断加强

家庭常规：

· 全家一起吃晚餐

· 全家团聚

· 很少看电视或者不看电视

大家庭：

· 住得比较近

· 联系比较频繁

青少年暴力犯罪：

· 每10万人当中有16.1例

邻里：

· 通常对邻居很熟悉，而且非常信任

但是，传统的家庭环境和旧有的家庭挑战已经不复存在，我们必须认识到，为人父母的责任比历史上的其他任何时期都更重要、更不可替代。我们不能再依靠社会中的榜样教孩子了解支配生活所有方面的“真北”原则。如果这些榜样能做到这一点，我们会不胜感激，但我们不能一味指望这个。我们必须在自己的家庭中发挥领导作用。我们的孩子迫

切需要我们的支持和建议、判断和经验、坚强和果断。他们比以往任何时候都更需要我们在家庭中发挥领导作用。

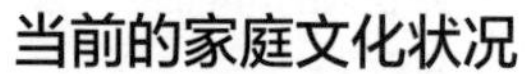

那么，我们怎样才能做到这一点？我们怎样才能以富有意义而且有效的方式把家庭放在优先位置，并且领导我们的家庭？

在家庭中建立机制

再品味一下斯坦利·戴维斯的话："当根基发生改变时，一切都会摇摇欲坠。"

我们谈到了影响深远的技术变革和其他变革，这些变革对社会当中的各种组织产生了冲击。为了适应新的现状，大多数组织和行业都在革新和重组，但是，同样的重组并没有出现在家庭当中。尽管由外而内的手段已经不再有效，尽管有令人惊异的报告说，当前只有4%～6%的美国家庭是由"传统的"外出工作的丈夫和料理家务的妻子（而且夫妻双方都没有离婚史）构成，但大多数家庭并没有有效地实行重组。要么他们试图延续只能应对旧有挑战的旧有方式，要么他们的革新方式与建立幸福和持久家庭关系的原则相违背。总的来说，家庭的回应没有达到因应挑战所需要的层次。

因此，我们必须革新。面对机制变化，唯一真正成功的回应就是机制。

当你品味"机制"这个词的时候，认真想想你对此的反应。你在思考时要注意，在你正试图穿行的环境当中，流行文化厌弃机制，认为机制会拘束和限制人。

但是，看看你内心的罗盘。想想温斯顿·丘吉尔的话："在我生命中的最初25年里，我希求自由。在我生命中接下来的25年里，我渴望秩序。在我生命中再后来的25年里，我意识到秩序就是自由。"恰恰是婚姻和家庭的机制维护了社会的稳定。在由外而内的时代，一个热门家庭电视节目中的父亲说："有些人认为婚姻的规则是监狱；有些人——幸福的人——认为这些规则是边界线。这些边界线围起了他们珍视的所有东西。"正是对机制的责任感增进了关系中的信任。

试想，当你的生活一团糟时，你会怎么说?“我得有点条理。我得理清头绪！”也就是说，要形成机制、优先重点或先后顺序。如果你的房间里乱七八糟，你会怎么做?你会分门别类地把东西放在壁橱和衣柜的抽屉里。你要对机制内部加以组织。如果我们说某个人：“他的头脑很清楚。”我们是什么意思？我们的大致意思是说，他分得清轻重缓急，他的生活是围绕重要的东西展开的。如果我们对一个患上绝症的人说：“把你的事情料理好。”我们是什么意思?我们是说：“确保你的经济、保险、关系等都料理得明明白白。”

在家庭中，秩序意味着要把家庭摆在优先位置。为了确保这一点，必须形成某种机制。从广义上看，习惯二中提倡的拟定家庭使命宣言为由内而外的家庭生活态度建立了基础机制。除此之外，还有两种重要的组织机制或程序：每周一次的“家庭时间”和一对一培养亲情的时间。它们将帮助你以富有意义的方式把家庭摆在你日常生活当中的优先位置。

如同知名的婚姻和家庭问题顾问威廉·多尔蒂（William Doherty）所说的那样：“在现代社会里，拉扯家庭的力量实在太强了。我们最终必须要决定，究竟是自己主动掌握方向还是随波逐流。成功主动把握方向的关键是，要对我们的家庭常规有所计划。”

每周一次的家庭时间

我觉得，除了缔结和遵守基本的婚姻契约之外，帮助你把家庭放在首位的最有效机制也许就是每周抽出专门留给家庭的时间。如果你愿意，你可以称之为“家庭时间”“家庭时刻”“家庭集会”或者“家庭之夜”。无论你怎么称呼，主要宗旨就是在一周当中留出一段全家团聚的时间。

从一开始，每周的家庭之夜就是我们家庭生活的一部分。孩子们还很年幼的时候，我们用这段时间开展深入交流和制订夫妻二人的计划。他们长大一些之后，我们利用这段时间来教育他们，陪他们玩耍，让他们参与有趣和富有意义的活动和家庭决策。有时候，我们或者孩子当中的一个人无法到场。但是，在大多数情况下，我们尽量保证每周至少抽出一个晚上作为家庭时间。

在一般的家庭之夜，我们会查看日历上的未来大事，以便每个人都能了解安排。然后，我们召开家庭集会，讨论事项和问题。我们每个人都提出建议，然后共同做出决定。我们经常会组织一次才能展示，让孩子们给我们表演他们在音乐或舞蹈课上学到的东西。接着，我们简短地开展一次学习，搞一项家庭活动，吃点东西。我们还总是一起祈祷，唱我们全家最喜欢的一首歌——约翰·休·麦克诺顿（John Hugh McNaughton）的《家庭之爱》（*Love at Home*）。

通过这种方式，我们实现了成功的家庭时间应该包含的四个主要目标：规划、教育、解决问题和享受乐趣。

请注意，这种机制是怎样满足所有四种需求（身体、社会/情感、智力和精神需求），并且成为家庭的主要组织因素的。

不过，家庭时间未必要涵盖如此繁多的内容，刚开始时尤其如此。如果你愿意，你可以在一次特别的家庭晚餐上着手开展其中一些活动。借助你的想象力，使它充满乐趣。等过一段时间之后，家庭成员开始意识到，他们从多个（而不是一个）方面得到了滋养，组织参与性比较强的家庭时间就会容易一些。人们（尤其是小孩子）渴望拥有能够让他们感觉彼此亲密的家庭经历。他们希望家庭中的成员能表现出对彼此的关心。此外，你越是在自己家里多开展这样的活动，组织这种活动就越容易。

你想象不到这会对你的家庭产生什么样的积极影响。我的一位朋友完成了博士论文，主题就是举行家庭集会对孩子的自我形象的影响。尽管他的研究表明积极影响非常显著，但一个出乎意料和令人惊讶的结果是，组织此类集会对父亲们大有好处。他讲到，一位父亲觉得自己很不称职，起初迟疑不愿尝试组织这样的集会。但是，三个月后，这位父亲说了如下的话：

在我的成长过程中，我的家人除了相互奚落和争吵之外很少说话。我是最年幼的，似乎家庭中的所有人都告诉我，我什么事都办不好。我想我相信了他们的话，所以我在学校的成绩不怎么样。情况已经到了非常严重的程度，我甚至没有足够的信心去尝试任何需要动脑子的事情。

我不想组织这些家庭之夜，因为我觉得自己根本做不了。但是，当我妻子在某个星期组织了讨论、我女儿在另外一个星期组织了讨论之后，我决定自己也试试看。

我为此鼓起了极大的勇气，但一旦开了头，从我孩提时代开始就纠缠在心中的一个痛苦的结好像松开了。我的肺腑之言喷涌而出。我告诉我的家人，我为什么如此乐意成为他们的父亲，我为什么知道他们能在生活中有所成就。然后，我做了一件从未做过的事情。我逐个告诉他们所有人，我是多么深爱他们。我第一次感到自己是个真正的父亲——我曾希望自己的父亲成为的那种父亲。

那晚之后，我觉得与妻子和孩子亲近多了。我很难解释自己的意思，但是，对我来说，许多新的大门敞开了，家里的一切如今似乎已经全然不同。

每周一次的家庭时间对当前的家庭挑战做出了有力而积极主动的回

应，它们构成了一种把家庭摆在优先位置的实用方式。投入的时间本身就告诉了孩子们，家庭是多么重要。它们不仅构成了回忆，增加了情感账户中的“储蓄”，帮助你构建了你自己的家庭安全网，还帮助你满足了几种基本家庭需求：物质、经济、社会、智力、审美、文化和精神。

我倡导这一理念已有20余年，许多夫妇和单身家长说，家庭时间是一种极为宝贵和实用的“实得”理念。他们说，这一理念深刻影响了家庭的优先地位、亲密关系，以及他们从自己了解的所有家庭理念中获得的收益。

借助“家庭时间”把你的使命宣言变成你的章程

家庭时间是讨论和拟定家庭使命宣言的绝好机会，一旦你有了使命宣言，它就能帮助满足你的要求，以实用的方式把宣言变成家庭生活的章程，并且满足四个日常需求：精神（规划）、智力（教育）、身体（解决问题）和社会/情感（享受乐趣）需求。

桑德拉：

在我们的一次家庭之夜的活动中，我们在讨论自己理想中的家庭模式（如同我们在使命宣言中阐述的那样），我们卷入了一场关于为别人服务和家庭、邻里、大社区彼此服务的重要性的讨论。

因此，我决定为下一次的家庭之夜准备一段关于为别人服务的学习内容。我们租了一盘名叫《地老天荒不了情》（*Magnificent Obsession*）的录像带。故事情节是这样的：一个富有的花花公子酿成了一场车祸。一个女孩由于这次事故失明，他对此深感内疚和不安，并且意识到，他的冒失行为永远改变了她的生活。他希望以某种方式对她加以补偿，帮助她应付新的生活局面，所以他征求了一个朋友（一位艺术家）的意见。

这个朋友竭力教他以匿名的方式展开服务，帮助他人。起初，他感到很勉强，难以理解他为什么应该这样做。但是，他最终学会了怎样探察不同人和不同形势的需求，怎样走进他们的生活，默默无闻地带来了积极变化。

当我们讨论这部影片时，我们谈到了我们居住的街区是多么模范——人们是多么体贴负责，我们对他们是多么感激。我们一致认为，我们希望他们了解这一点，我们希望开展某种服务或者为他们做些什么。我们创建了我们所谓的“幽灵之家”。在大约三个月的时间里，每到家庭之夜，我们就会精心制作一些点心：米花球、糖煮苹果、纸杯蛋糕，如此种种。我们决定把某个家庭作为关注中心。然后，我们把点心放在这一家的门廊上，留下一张字条，表达我们的由衷赞赏和感谢，并在最后写道：“‘幽灵之家’再度出击！”随之，我们按响门铃，溜之大吉。

我们每个星期都这样做，从来没有被抓住过。不过，有一次，有人报了警，因为他们以为我们要闯到别人家里偷东西！

很快，所有邻居都开始谈论“幽灵之家”了。我们表现得好像对此一无所知，也在猜测“幽灵之家”究竟会是谁。人们最终起了疑心。一天晚上，有人在我们家的门外放了点心，留下的字条上写着：“给‘幽灵之家’——你们起了疑心的邻居敬赠。”

这次充满戏剧效果和神秘色彩的策划是一次异乎寻常的绝妙经历。它使我们所有人不但能够更加理解默默无闻提供服务的原则，而且能够更加充分地把家庭使命宣言的一部分重要内容与我们的生活结合起来。

我们发现，使命宣言中的每个理念都为家庭时间的讨论和活动打下了坚实基础——这一切帮助我们把使命变成了家庭生活中的无数个瞬间。只要我们的活动开展得有趣而刺激，所有人就会学到东西并感受到乐趣。

通过拟定和实践使命宣言，家庭逐渐得以在家庭自身当中建立了道德权威。换言之，原则直接融入了家庭的机制和文化。所有人都逐渐意识到，原则处在家庭的中心位置，是确保家庭稳固、团结和执着于目标的关键。所以，使命宣言就像美国宪法一样，是所有法律和规程的最终仲裁标准。作为使命宣言基础的原则和这些原则引申出来的价值观体系形成了充满道德或伦理权威的社会意志。

做规划的时间

一位丈夫和父亲讲述了如下经历：

几年前，我和妻子注意到，我们在夏季变得越来越忙碌。孩子放假之后，我们与他们相处的时间不如我们希望的那样多。因此，学校放假后，我们马上组织了一次家庭之夜。我们要求孩子告诉我们，他们在夏季最想做些什么。他们提到了各种活动：从日常小事（比如游泳和出去吃冰激凌）到持续一整天的活动（比如远足前往附近的一座山里和到水上游乐园去玩）都有。这很有意思，因为他们所有人都要讲述自己究竟喜欢做什么。

一旦我们列举出了所有这些活动，我们就开始着手精简清单。很显然，我们不可能开展所有活动，所以我们试图列出所有人都觉得最有意思的活动。然后，我们拿出一本很大的日历，规划我们开展这些活动的时间。我们留出了几个星期六，用于开展需要一天时间的大型活动。我们留出了一些星期日的夜晚，用于开展花不了那么多时间的活动。我们还标出了全家到塔霍湖去度假的一个星期时间。

看到我们确实打算开展这些对他们来说非常重要的活动，孩子们真是兴奋不已。我们发现在整个夏季里，这种规划使他们和我们的快乐程度出现了显著变化。他们不再频频问我们什么时候才去做某件事，因为他们知道我们开展这些活动的时间。时间安排就标在家庭日历上。我们坚持履行计划，我们都把这作为生活中的优先重点。它帮助我们形成了一种集体责任感，而这种责任感大大巩固和加强了我们之间的亲情。

这种规划还使我发生了显著变化，因为它帮助我专注于我真正想做但经常由于一时的压力而无法完成的事情。有时候，我很想熬夜完成一项特别的工作任务，但我意识到，如果不能信守我对家庭的承诺，就相当于从情感账户里提取了一大笔款项。我必须要坚持到底，我也确实坚持到底了。我并不会因此对工作感到内疚，因为家庭活动是我原本就规划好的。

正如这位男子发现的那样，家庭时间是进行规划的绝佳时机，所有人都在场并参与了进来。你们可以共同决定，怎样才能最愉快地度过你们的家庭时间，所有人都知道将要开展什么活动。

许多家庭都在家庭时间里进行某种形式的一周规划。一位母亲说：

规划是我们每周一起度过的家庭时间的重要内容，我们尽量顾及每个人的打算和活动，把这些内容列在门上挂着的磁性画板上。这不仅使得我们能够共同规划家庭活动，还帮助我们了解了其他家庭成员在一周当中要做些什么，以便为他们提供支持。它还为我们提供了安排必要的交通、保姆和化解时间安排冲突所需要的信息。

我们的日历的最大优点之一是：日历就放在电话旁边，所以当有人打电话找某位家庭成员时，我们所有人都可以说："哦，很抱歉，她不在。她去排练话剧了，应该能在五点以前回来。"我们知道家庭成员身在何处，能够在他们的朋友打来电话时轻松交谈，这让我们感到非常高兴。我们知道孩子在接到打给我们的电话时也能同样出色地应答，这也让我们感到非常满意。

使用家庭日历使得你们可以共同规划高质量的时间，其中包括每周的家庭时间和一对一的时间。它还会让所有人感到自己对家庭有所投入。日历不光是妈妈或爸爸的；它反映了所有人的优先重点和决定。

如果每周为家庭抽出专门的时间，你可能就会开始感到更加安心。你知道自己最重要的工作已经安排妥当。你可以更加全身心地投身于家庭，或者投身于工作和其他活动，因为你知道，你已经为最要紧的事情留出了时间。只需一本日历，只需定期集会共同规划，你就可以实现这个目标。

教育的时间

我们还发现，家庭时间是讲授基本生活原则的绝佳时机。我和桑德拉利用家庭时间向孩子们讲授了七个习惯隐含的原则。我们过得很愉快。

桑德拉：

几年前，盐湖城的市中心正在兴建一个大型购物商业区。他们想利用高档次的商场、剧院、餐馆和其他设施吸引人们重返城市。在一次家庭之夜的活动中，史蒂芬解释说，他认识了其中一位建筑师。他说，他安排我们一起到建筑工地去，以便这位建筑师能向我们解释这样一项工程的细节和复杂性。

他带我们所有人来到一幢相邻高楼的楼顶。我们在那里领略了这项浩大无比的工程，其所蕴涵的规模、规划、构想、技术和建筑知识令我们惊叹不已。这位建筑师解释了以终为始的概念，谈及了任何事都是两次创造而成的。他必须与业主、营造商和其他建筑师会面，细致解释规模、占地面积、功能、设计、用途和每块场地的造价。

我们屏息看着他用电视监控器扫视建筑的每个区域，同时解释这里和那里会有什么用途。然后，我们跟着他来到一间大屋子里。他在那里让我们看了无数张设计图。有些是加热和空调系统，有些是内部和外部照明，有些是楼梯、出口、电梯、电线、水泥、柱子、窗户、音响系统，等等。

接着，他解释了内部设计——对油漆、墙纸、色彩设计、地面、花砖和格调的构想。我们对其中的细节、先见、想象力和规划感到震惊。

随着夕阳西下，整个城市在光与影中活跃了起来。我们能够辨认出我们周围的标志性建筑和熟悉的地点。正是在那个时候，我和史蒂芬抓住机会，与孩子们讨论了怎样把“以终为始”的原则应用于我们日常生活的决策和规划中。

例如，如果我们打算上大学，我们就必须从小学开始做好。我们必须学习，为考试做准备，交论文，学着用书面文字表达自己的意思，完成各个科目的学习。如果我们想在音乐方面出类拔萃，我们必须具备热切愿望和才能，我们必须练习，我们必须放弃其他东西，以便集中精力、取得进步、不断完善。为了在田径方面出人头地，我们必须挖掘自己与生俱来的天赋。我们必须训练，参加运动营的活动。我们必须督促自己，相信我们能实现目标，忍受伤痛，从胜利中得到荣耀，从失败中汲取教训。我们说，事情的发生都不是偶然的。你必须构想自己的目标，勾画蓝图，考虑到损失，为了这一切的发生而付出代价。

家庭时间是培养解决实际问题的能力的绝佳时机。一位女士讲述了这样一段经历：

我们家的孩子最难忘的家庭时间之一就是我们通过玩游戏教给他们

理财原则的时间。

我们在房间里的不同地方立起几个不同的标志，上面写着“银行”“商店”“信用卡公司”和“慈善机构”等字样。然后，我们给每个孩子一件东西，用来代表他们可以从中挣钱的工作。我们8岁的女儿得到了一些毛巾——她可以把毛巾叠起来。我们10岁的孩子得到了一把可以用来扫地的笤帚。所有人都有工作可做，都有钱可挣。

游戏开始时，所有人都开始工作。过了几分钟，我们按铃，所有人都“拿到了工资”。我们给了他们每个人10美分的工钱。然后，他们要决定用这笔钱来干什么。他们可以把钱存进“银行”，他们可以捐一些钱给“慈善机构”，他们可以在“商店”里买东西——我们在那儿摆了许多颜色鲜艳的气球，上面写着各种玩具的名称和价格。事实上，如果他们真的非常想要商店里的某种东西，却又没有足够的钱来购买，他们可以到“信用卡公司”去借足够的钱。

我们按这个顺序重复了几次：工作、挣钱、花钱；工作、挣钱、花钱。然后，我们吹哨子，说：“该付利息了！”在“银行”里存钱的孩子得到了更多的钱。从“信用卡公司”“借贷”的孩子必须支付利息。几轮之后，他们很快就开始深信，赚利息比支付利息聪明得多。

随着游戏的不断开展，孩子们还意识到，如果选择向“慈善机构”捐款，就能向世界各地的人们提供食物、衣物和其他基本必需品。当“付利息”的哨音吹响时，我们把一些气球弄破，他们同时也就意识到，我们辛勤工作甚至背负债务所换取的许多物质性的东西是不持久的。

当我们要求孩子给我们讲讲他们记忆中的家庭时间时，这是他们记得最清楚的一次。当他们长大成人、收到装有“先买后付款”的空头许诺的邮件时，这段家庭时间就发挥了巨大作用。在我们四个已婚的子女当中，没有一个背负着需要支付利息的信用卡债务。他们只为住房、交通和教育借贷。

想想看，在家里学习一些基本的理财原则（尤其是在理财问题成了离婚的几个主要诱因之一的时代）会对孩子产生多么强有力的影响。

家庭时间是教孩子了解家庭自身的绝佳机会。一位女士这样说：

我们有过的最美好的家庭之夜就是我们把一个新出世的宝宝从医院带回家的那一次。这成了一个绝妙的教育机会。

我们曾经在其他的家庭之夜活动中与他们讨论过性。我们向他们解释说，性是婚姻的一项重要内容，而不是可以草率对待的东西。

但是，在家庭之爱的静静包围下，我们可以对他们说："这就是性的全部含义。性就是丈夫和妻子之间的爱。性就是把一个新生命带到家庭中来，让他得到爱、珍视和关怀。性就是保护并照料这个小生命，直至他长大并准备建立自己的家庭的责任感。"

我认为，当解释人际关系当中的亲密行为时，其他任何教育方式都不可能如此深切地触碰到他们的内心，或者如此有力地影响他们的态度。

正如你能看到的那样，家庭时间是绝妙的教育时机。社会的急剧变化使得我们更有必要实实在在地在家庭里教育我们的家人。**如果我们不教育自己的孩子，社会就会履行这项职责。他们——还有我们都要承担由此造成的后果。**

解决问题的时间

家庭时间是解决问题的绝佳时机。在这段时间里，我们可以顾及基本需求，一起设法找到满足这些需求的办法。这创造了一个机会，让家庭成员可以共同关注问题并制定解决方案，以求我们所有人都能理解，以求我们所有人都会觉得，这个方案代表了我们，我们对它负有责任。

玛利亚（我们的女儿）：

我记得在一次家庭之夜的活动中，父亲罗列了家里人需要履行的所有责任的清单。然后，他逐项念出清单的内容，询问谁愿意履行哪项责任。

他说："好吧，谁愿意挣钱？"没有人自告奋勇，于是他说："嗯，我想这得由我来干。好吧，谁愿意缴税？"还是没有人自告奋勇，于是他说，这也由他来做。"好吧，谁愿意喂小宝宝吃东西？"嗯，只有母亲有资格完成这项任务。"那么，谁愿意剪草坪？"

他接着列举了所有需要完成的任务。很显然，他和母亲都为家里做了那么多事情。这是一种合理看待我们这些孩子的工作的极佳方式。它还真正让我们意识到，每个人都需要参与进来。

我们知道一位母亲领养了许多州政府认为"不可救药"的孩子。这些孩子存在形形色色的问题。他们当中的几乎所有人都与警察打过交道。正如这位女士发现的那样，家庭时间非常适合吐露心声和展开交流。她说：

多年来，当我们与这些领养来的孩子以及我们自己的孩子打交道时，我们发现，孩子们真的很需要亲密关系。家庭时间就可以用来培养这种关系。孩子们真的很喜欢参与进来。他们喜欢负责某件事情——游戏、吃点心和活动，他们喜欢拥有一个可以表达自己关注的问题的"安全"环境。

就在最近，我们领养的一个男孩经历了非常困难的生理和心理挑战。他住院的时候，我们利用家庭时间向孩子们通报，他们在他回家的时候应该怎么做。他们对他的行为（他的嘲弄等）怀有顾虑，我们让他们坦率说出这些顾虑。我们确保让他们在保持诚实的同时感到安全，这有助于他们放松心情，以免感到太过痛苦。其中一个孩子根本不愿意让他回来。了解这一点之后，我们就能更好地解决问题了。

如果建立一个可以开诚布公讨论问题的家庭论坛，就会增加家庭关系中的信任，并且强化家庭解决问题的能力。

享受乐趣的时间

桑德拉：

我觉得，在我们家里，所有人最喜欢的家庭之夜就是我们参加各种冒险活动的时间。史蒂芬通常对这些活动三缄其口，我们谁都不知道将要玩什么。也许是在后院打一场排球，然后在中学体育馆里游泳，接着到比萨店去吃东西。也许是到高尔夫练球场去，让每个人打一桶高尔夫球，然后去看电影，最后回到家里喝点加冰激凌的乐啤露。也许会在娱乐中心打一场迷你高尔夫球，然后在后院的蹦床上跳一跳，天黑后讲一些鬼故事，最后在后院的露天里睡觉。或者，我们也许和另外一家人远足前往红石峡谷，生一堆火烤软糖吃，然后去打保龄球。有时候，我们会去参观博物馆——艺术博物馆、科学博物馆、恐龙博物馆。有时候，我们租录像带、看家庭电影或者吃爆米花。

在夏季，我们可能会去游泳，或者乘坐内胎顺着普罗沃河漂流而下。在冬季，我们也许会滑雪、坐雪橇、打雪仗、或者在湖面上滑冰。我们永远不知道会经历什么冒险，这也是一半的乐趣所在。

有时候，另外一家人或者姑妈、舅舅、表亲也会加入我们的队伍。那么，我们可能会开展持续一整天的“马拉松”，其中包括掷蹄铁游戏和射箭，打乒乓球、网球和篮球。

所有家庭时间当中最重要的因素之一就是乐趣。是乐趣让家庭成员团结起来并建立了亲情，是乐趣制造了聚会中的欢乐和愉悦。正如一位父亲所说的那样：

家庭时间让我们有机会开展在忙乱的生活中通常不会开展的活动——共度时光，享受乐趣。要做的事情好像总是很多——办公室的工作，家里的活儿，准备晚餐，帮助孩子们准备就寝。我们没有花时间放松一下，享受团聚的乐趣，而这其实非常重要，在压力巨大的时候尤其重要。

我们发现，单单是和孩子们一起摔跤、讲笑话、放声大笑就非常具有治疗作用。这创造了一种让他们放心和爸爸妈妈开玩笑（或者是爸爸妈妈和他们开玩笑）的环境。这让他们感到自己得到了喜爱。

如果气氛总是过于严肃，我猜他们会想："爸爸妈妈真的喜欢我吗？他们喜欢和我在一起吗？"但是，如果我们能定期聚在一起，放松精神，真心享受彼此相伴的乐趣，他们就会知道，我们喜欢与他们在一起。他们把"得到喜爱"与享受乐趣联系在一起。

好像是这种家庭时间机制在帮助我们（给我们时间）变得自然而率直。一周当中，孩子们对家庭时间的企盼超过了其他一切。因为我们在一起是如此快乐，所以他们总是确保活动如期展开。

即使在家庭时间没有其他任何事情可做，单纯享受彼此相伴的乐趣和一起做事就会大大充盈家庭中的情感账户。如果你添加其他内容，家庭时间就真正成为家庭中最有效的组织机制之一。

下定决心

也许你还记得（或者，你曾经在最近的录像带或电影中看到过）"阿波罗11号"登月的影片片段，我们这些目睹了当时场面的人真是目瞪口呆。当我们看到人类在月球上行走时，我们几乎不敢相信自己的眼睛，诸如“太妙了”和“难以置信”之类的最高级形容词都无法准确描述那些不平凡的日子。

猜猜看，在那次太空旅行当中，大部分燃料和能量消耗在了哪里？在前往月球的25万英里的航程中？在返回地球的过程中？在绕月球飞行的时候？在登月舱和指挥舱脱离和重新对接的时刻？还是从月球起飞的一刹那？

不，都不对，甚至把所有这些加在一起都不对。是从地球升空的时候。从地球升空后的最初几分钟里（在飞行的最初几英里当中），消耗的燃料比用几天时间飞行50万英里所消耗的燃料还要多。

最初几英里当中的地心引力相当强，地球大气层的压力又极大。如果要冲破地心引力和大气层的阻力，最终进入轨道，内在的动力量必须比两者都大。但是，一旦冲破出来之后，完成其他的一切耗费不了多少能量。事实上，一位宇航员曾被问及，登月舱脱离指挥舱、降落在月球表面展开勘探时耗费了多少能量，他答道：“比婴儿的呼吸还要轻微。”

这次登月为描述除旧布新（比如抽出每周一次的家庭时间）所需要花费的气力提供了形象的比喻。地球的引力可以与根深蒂固的习惯、基因决定的倾向、环境、父母和其他重要人物相提并论，地球大气层的阻力可以与广泛文化和广泛社会形成的动荡、对家庭不利的环境相提并论。这是两个强有力的因素，为了升空，你必须具有比这两种力量更强大的集体社会意志。

但是，一旦升空之后，你就会惊讶于它给予你和你的家庭的自由。在升空的过程中，宇航员们没有自由也没有力量，他们所能做的就是执行计划。但是，一旦摆脱地球的引力和环绕地球的大气层之后，他们的自由度就会出现令人难以置信的骤然增加。他们有许许多多的方案和选择。

正如美国伟大的哲学家和心理学家威廉·詹姆斯（William James）所认为的那样，当你试图改变时，你必须下定决心，第一时间采取主动，把决心付诸行动，不允许出现任何例外。**最重要的就是下定决心去做："每周一次，无论如何，我们都要共同度过家庭时间。"**如果可以的话，你要专门留出一个晚上从事这项活动。在你们的家庭日历上安排出时间。如果出现了真正紧急的事情，你也许不得不偶尔调整时间，但如果发生这种情况，你要马上重新加以安排，确定这一周当中的另外一个时间。如果你每周都能为家庭活动留出一个专门的夜晚，那么定期开展这项活动的可能性会大很多。此外，你要赶在孩子们年幼的时候，赶在青少年的社会交往骤然增加之前向他们灌输专门的家庭时间的重要性。

无论家庭集会当中发生什么情况，你都不要灰心丧气。在我们的一些家庭集会上，我们九个孩子当中的两个（当然是十几岁的儿子）四肢摊开在沙发上睡着了，其他一些孩子在爬墙。还有些家庭集会基本上以激战开始，以祈祷告终。甚至在另外的一些集会上，大家太吵、太没有礼貌了，以致我们不得不说："好了，我们受够了！等你们准备好开始集会的时候再来叫我们！"然后，我们就出去了。通常他们会请求我们留下来。如果我们确实出去了，我们总是会在稍后返回，并且道歉。

我试图说明的是，举办家庭集会并不总是很容易，而且过程通常不会很惬意。有时候，你甚至纳闷自己的孩子是否能从中受益。事实上，你也许多年都看不到真正的效果。

但是，就像一则故事中所讲的那样：在圣路易斯的火车站，一名男子无意中把一小段铁轨挪动了仅仅3英寸。结果，本应前往新泽西州纽瓦克的火车却驶进了1300英里以外的路易斯安那州新奥尔良的一个车站。如今，一切方向上的改变（哪怕是小小的改变）都会导致目的地的巨大差异。

一对一培养亲情的时间

也许你看过引人入胜的山区风光海报，它向你发出邀请："找一天，让高山拥有你。"动人的大自然对我们的接纳让我们感到更放松、更安详、更宁静、更自在。

在人际关系当中，当你花时间与另一个人共处时，也会出现同样的情况。我们也许应该把这句标语改为"找一天，让你的伴侣拥有你"或者"找一个下午，让你的子女拥有你"。在这种模式下，在这种放松的精神状态下，从某种意义上讲，你是在让对方随心所欲地对待你。我所说的不是丧失原则或者变得软弱被动，满足别人比较低层次的自然冲动。我的意思是，"完全专注于"另外一个人，超脱你个人的兴趣、顾虑、恐惧、需求和自我，把所有心思放在你的丈夫、妻子、儿子或女儿身上，允许他/她表达或致力于自己的兴趣爱好和目标，让你自己的日程安排服从对方的安排。

在我们的家庭生活中，诸如这样的时间具有重大意义和关键作用。我可以毫不犹豫地说，有待形成的第二种绝对基本的家庭机制就是一对一培养亲情的时间。**在这些一对一的时间里，我们完成了家庭的大部分实际工作。在这段时间里，我们完成了对心灵的最深层次的关怀。**在这段时间里，我们开展了最有意义的交流和最深刻的教育，形成了最牢固的亲情。

正如已故的前联合国秘书长达格·哈马舍尔德（Dag Hammarskjöld）

说过的那样："把你自己完全奉献给一个人，比为了拯救大众而辛勤工作更为高尚。"一对一培养亲情的时间为你提供了把自己奉献给另一个人的机会。

婚姻中的一对一时间

我无法用任何言语来描述与桑德拉单独相处的时间是多么宝贵。多年来，我们两个人每天都要单独共度一段时间。如果我们都在城里，我们就开着摩托车出去兜风。我们共度时光的时候会远离孩子，远离电话，远离公务和家事，远离其他人，远离可能会干扰我们或者转移我们的注意力的一切东西。我们开车到山麓地带去交谈，交流生活中的情况，讨论所有事项或顾虑。我们用角色扮演的方式重现需要关注和解决的家庭问题。如果我们不能在一起，我们就在电话中交谈——经常是一天数次。那种丰富的交流和亲情巩固并强化了我们的婚姻，所以我们能在登上家庭舞台的时候满怀对彼此的爱和尊重，满怀团结一致的感觉——这帮助我们携手共进，而不是渐行渐远。

我们有一对已婚的朋友以不同的方式享受一对一的乐趣。每个星期五的晚上，他们安排别人帮忙照顾孩子，然后两人一起度过几个小时的时间，唯一的目的就是巩固他们的关系。他们外出就餐、看电影、看话剧，或者在山中远足、拍摄野花。他们这样做已有将近30年。他们每年还一起"休养"一两次。他们通常会利用累积飞行里程的奖励前往加利福尼亚州。在那里，他们赤足在沙滩上漫步、看海浪、回顾婚姻使命宣言、确定来年的目标。然后，他们在恢复状态和重新调整重点之后回到家庭生活当中。他们对婚姻中的这种一对一时间的价值深信不疑，所以他们有时会帮忙照料孙子（女），以使他们的已婚子女和配偶也能拥有这种携手恢复状态的专门时间。

这种“休养”时间对婚姻和家庭来说至关重要。**丈夫和妻子绝对有必要坐在一起细致规划，或者，从某种意义上讲，是从心理或精神上构建他们自己的未来。**规划并不容易。这需要思考，而我们当中的许多人过分忙于遵循繁杂的时间安排、受到烦人的电话干扰、因应小小的危机，以致我们长时间不能与自己的丈夫或妻子展开深入和有意义的交流。然而，规划在生活的所有领域中都具有压倒一切的重要意义，在最重要的领域（成功持家）中当然也不例外。它必须要发挥关键的中心作用，因为它会带来莫大的好处。当一对夫妇聚在一起讨论他们共同的职责（尤其是与孩子打交道）中的诸项事宜时，就打开了统合综效、自我了解和坚定决心的闸门。这些自我了解更为深刻，解决方案也更为切实可行——整个过程会大大加强夫妻关系的亲密和团结。

我在为本书展开调研的时候发现，许多夫妇找到了定期共度一对一时间的不同方式。一位孩子年龄较大的母亲这样说：

每周有三四个晚上，我们的孩子给我们一些自由安排的时间。我们在孩子就寝前一个小时回到自己的房间里去，我们用这段时间来沟通交谈、解决问题。有时候，我们还会听音乐或者看电视，讲述自己在工作中的经历，细致讨论家庭中的问题，帮助对方调整状态。

这段碰头时间使我们的家庭生活发生了重大改观。我们下班回家时，不再把自己的需求置于孩子们的需求之上。我们干脆采取轻松自然的态度，因为我们知道，到了10点半，我们将拥有单独共处的时间。因此，在此之前，我们集中精力关注家庭和孩子，把家里收拾干净，把该洗的衣服洗完，把狗的食物准备好。我们知道，到了一天结束的时候，我们能共度一些高质量的时间。

孩子们表示理解，不会在那段时间里干扰我们。除非有什么确实重要的事情，否则他们绝对不会敲门。他们不会打电话，不会试图闯进来，甚至绝对不会抱怨，因为他们知道这段时间对我们夫妻俩来说多么重要。他们知道，如果我们是一对感情稳固的夫妻，他们就会拥有一个更稳固的家庭。

对我们来说，这比外出约会的效果更好，因为约会当中会有许多人干扰你们独处的时间——侍者、你恰好碰到的熟人等。这比约会的意义还要大，这是每天真正重新团聚的决心——再次肯定了我们为何要在一起，我们为何会相爱，我们为何会选择彼此。

我认为，每天就此提醒自己也许是所有夫妻能够彼此赠送的最了不起的礼物。你们形成了一种常规。你们太过繁忙，太过专注于其他事情，以致随着时间的推移，你们甚至意识不到自己失去了什么。但是，这样的共处时间让你们重聚，提醒你们失去了什么。

你们不要放弃这种做法，千万不要放弃这种做法。

在我自己的家庭中，我注意到，我与桑德拉的一对一时间极其有效地巩固了整个家庭。正如有人曾经说过的那样：**“你能为孩子做的最大好事就是爱你的伴侣。”**婚姻中的这种亲情的力量在整个家庭中营造了一种安定的气氛，因为迄今为止，家庭当中最重要的关系就是夫妻关系，这种关系的质量其实决定了家庭生活的质量。即使在这种关系出现问题和破裂的时候，父母也应该友善地对待彼此，绝对不能当着孩子甚至背着孩子彼此攻击。这样会产生“感应”，孩子会认为这是在针对他们个人。他们会产生认同——在他们年幼而且容易受到影响时，情况尤其是如此。

我还记得，我有一次吐露了自己对某个人的厌恶之情，我六岁的儿子乔舒亚马上对我说：“爸爸，你喜欢我吗？”换言之，他的意思是：“如果你能对那个人采取那种态度或情绪，你也能对我这样做。我想确认你不会有这种感觉。”

孩子们的安全感在很大程度上来自他们的父母对待彼此的态度。因此，巩固婚姻关系对整个家庭文化具有强烈影响。

与孩子一对一相处的时间

与每个孩子一对一相处的时间也至关重要，通常应该让孩子决定日程安排。这是指一位家长和一个孩子相处的时间。记住，只要有第三方加入，这段时间的作用就会发生变化。有时候，这种变化也许是合适的。比如父母双方一起陪伴一个孩子，或者两个孩子与一位家长在一起的时候。不过，通常说来，巩固关系的时间基本上应该是一对一的。如果这种时间安排得巧妙而频繁，往往就会从根源上消除手足竞争。

与孩子一对一相处包括单独参观、单独约会和单独教育。在单独共处的时间里，所有的情感和社会机能都得到了深化，形成了一种无条件的爱的意识，一种绝不会遭到改变的积极关系和尊重态度。这些培养亲情的专门时间可以确保在出现麻烦和问题时，彼此关系是可以信赖和依靠的。它们帮助形成了一个不变的核心。这种不变的核心和不变的原则使得人们能够容忍外界的不断变化。

凯瑟琳（我们的女儿）：

我记得，我十岁的时候酷爱《星球大战》。它是我的一切。因此，当轮到我和老爸一对一地约会时，我想看《星球大战》（尽管我已经看过四遍了）。

我的脑子里闪过一个念头，觉得这可能有点麻烦，因为我老爸也许说什么都不愿意看科幻电影。但是，当他问我，我那天晚上想和他做什么的时候，他脑子里想的是我的安排。他说："凯瑟琳，你想做什么，我们就做什么。今晚是属于你的。"

对一个十岁的孩子来说，这听起来像是美梦成真：整个晚上单独和父亲在一起，还要看我最喜欢的电影。于是，我把计划告诉了他。我能觉察到，他先是有些犹豫，然后微笑着对我说："《星球大战》！听起来真不错！你可以给我解释情节。"然后我们就出发了。

我们在电影院里就座，手里捧着爆米花和糖果，我记得自己当时觉得，父亲真是非常重视我。当音乐响起、灯光变暗时，我开始小声解释。我告诉他什么是"原力"以及它有多么棒。我告诉他什么是帝国以及帝国是多么邪恶。我告诉他，这是这些惊人势力之间永不停歇的战斗的传奇。整个影片放映过程中，我解释了各个星球、各种生物、机器人和飞船——所有我老爸可能会觉得新奇或古怪的东西。他静静地坐着，点头倾听。

看完电影之后，我们去吃冰激凌。我继续满怀热忱地解释电影，与此同时回答老爸不断向我提出的各种问题。

那晚结束时，他感谢我和他单独约会，感谢我增进了他对科幻世界的了解。那晚，当我在自己的床上进入梦乡时，我由衷地感谢上帝给了我这样一位父亲——他关心我、倾听我讲话、让我觉得自己对他非常重要。我始终不知道他是否像我一样喜欢《星球大战》，但我清楚地知道他爱我。这才是最重要的。

如果要表明你重视孩子或者你与孩子之间的关系，最好的办法莫过于把你的时间用在孩子身上。

一位女士告诉我们，她最美好的童年回忆之一就是父亲每隔一周带她去麦当劳吃早饭，如此持续了将近十年。然后，他会在上班之前把她送到学校。

你可以在家庭日历上安排许多一对一的时间。但是，这位女士还发现，你不可能总是预先规划一对一的高质量时间。

除了计划内的一对一活动之外，有些时候，我或丈夫看得出某个儿子有点烦躁。作为父母，我们会试着加以识别，安排时间与他谈话。通常说来，戴夫会带他钓鱼，我会带他去吃午饭。我和戴夫尽量轮流来。我们不会一起和儿子谈话，因为我们不想让儿子觉得父母在合伙对付他。

儿子觉得安然适意的时候，通常就会讲出自己的想法。有时是他不喜欢的其他男孩惹了他。有时是学校里的问题——他觉得某个老师不喜欢他，或者他的作业太多了，不知道怎么应付过去。

我们会说："你想回家讨论一下吗？你希望我们在这个问题上帮助你吗？"这始终要由他来决定。我们知道，他需要学着自己做出决定并解决问题。但是，我们还意识到，所有人都需要与别人交谈，让别人提供其他看法，由别人帮助研究各种选择方案。

这可不是你总能规划的，但你必须对一切了然于心。你必须做一个善意体贴的、自然而然发自内心关爱孩子的家长。你必须能够看着孩子，意识到事情不太对劲，必须与孩子共度一对一的时间。你的孩子需要你。

最重要的是：无论如何，家庭第一。我们深信，如果我们优先关注家庭，我们就不会陷入需要数月甚至数年时间来化解的家庭危机。我们总是防患于未然，从一开始就采取行动。

请注意，把家庭摆在优先位置是一种思维方式，而远不只是时间安排的问题。它会频频让你重新意识到家庭的重要性，并根据这一价值观采取行动，而不是根据眼下发生的事件做出消极被动反应。

“除非我知道你有多关注，否则我不在乎你知道多少”

我永远不会忘记在一次一对一的时间里与一个女儿的经历。她似乎脾气很大，非常易怒，而且对家里的每个人都是这样一种态度。我问她出了什么事，她说：“哦，没什么。”

在我和桑德拉与孩子一对一相处的时间里，基本规则之一就是：只要他们愿意开口，他们就可以随心所欲地谈论所有问题。他们可以发牢骚，他们可以随意抱怨或哀叹。除非他们主动要求，否则我们不会提任何建议。换言之，作为家长，我们只想了解情况。

所以，我只是倾听。长大成人以后，这个女儿回顾了那段经历，写了如下文字：

辛西娅（我们的女儿）：

我五岁的时候，随父母搬到爱尔兰的贝尔法斯特生活了三年。我被“传染”上了小伙伴们的爱尔兰口音。等到回美国上三年级的时候，我操着浓重的爱尔兰音腔。

由于我此前生活在爱尔兰，所以没学过逮人、垒球、抢旗子、跳绳等美国游戏，我觉得自己与这一切格格不入。我能觉察到，我们班里的同学觉得我不太一样，因为他们无法理解我，我什么游戏都不会玩，而他们玩这些游戏已经有好几年了。

为了纠正我的口音，我的老师安排我参加言语治疗。由于我比较落后，老师还试图帮助我赶上学习进度。我对数学尤其感到头痛，但不敢承认自己连一些基本知识都没有掌握。我不想再与众不同，我希望得到接纳，希望拥有朋友。

我没有请别人给我辅导数学，而是发现，考卷的所有答案都写在放在教室后面的卡片上。我开始把卡片偷出来，然后在不被抓住的情况下把答案抄下来。在一段时间里，我的所有问题似乎都得到了解决。我心知肚明，这样是不对的，但对我来说，只要目的正当，就可以不择手段。由于成绩出色，我开始引起老师和其他同学的注意。事实上，我成了努力学习、答卷迅速、经常拿到班里最高分的模范生。

这真是一段美妙无比的经历，因为我大受欢迎，许多孩子喜欢我。但我的良知在谴责我，因为我知道，我背叛了自己，背叛了父母总在向我灌输的诚实观念。我想罢手。我为作弊而深感羞愧。可我已经陷了进去，不知道怎样才能既不让自己蒙羞又能顺利脱身。我不得不继续作弊，因为老师如今每次都期望我取得好成绩。我痛苦万分。对一个没有退路的八岁女孩来说，这个问题似乎是无解的。

我知道，我应该把发生的一切告诉父母，但我太羞愧了，因为我是家里最大的孩子。我开始在家里耍脾气。由于承受着只身面对这个问题的压力，所以我很容易发火。我的父母后来告诉我，他们能觉察到，我的生活肯定出了大问题，但他们不知道问题何在。

后来，我们家开始了每个月与家长“单独面谈”一次的做法。在这段时间里，我们可以随心所欲地谈论所有问题，抱怨家里的分内家务或者不公正现象，讨论我们的朋友或我们感兴趣的所有事情，为活动出谋划策，倾诉烦恼，等等。规则是，妈妈或爸爸只能听——不得评论或批评，也不得在未经请求的情况下出主意或提建议。我们都盼望着单独面谈。

在一次这样的面谈中，爸爸让我痛快地讲述了我觉得父母对我不公正的地方。他没有辩解，也没有发火。他能觉察到，这不是真正的问题所在，他干脆让我说下去。最后，当我觉得自己得到了接纳而不是谴责时，我小心翼翼地吐露了一点心事，想看看他反应如何。他问，学校里是否一切顺利，我在那里是否开心。出于自卫，我脱口而出："如果知道了实情，您会觉得我不可救药！我不能告诉您。"

在接下来的几分钟里，他表述了对我的无条件的爱和接纳，我感受到了他的诚意。我曾经在其他时候敞开心扉而没有受到斥责，所以我觉得自己可以放心地把可怕的真相讲给他听。

突然间，我不假思索地开口了。我哭喊道："我在数学课上作弊了！"然后，我就扑到了他的怀里。尽管我不知道怎样解决问题，而且对后果感到担心，但说出这番话让我轻松了不少。我把自己可怕的秘密告诉了父亲。尽管如此，我仍然能感受到他对我的爱和支持。

我记得他说："哦，你这么长时间都瞒着这件事，肯定感觉很难受。我真希望你早点告诉我，这样我就能帮助你了。"他问，他是否可以叫母亲到房间里来，然后我把全部经过告诉他们。我觉得事情无可挽回，但令人惊讶的是，他们帮助我想出了完全不会让我蒙羞的解决办法。我们一起去见老师，帮我找了一位六年级的同学辅导我的数学。

他们肯定了我，理解了业已发生的一切。直到现在，我还能体会到当时那种如释重负的感觉。如果我继续装假的话，谁知道我会在生活中建立什么模式，日后又会走上一条什么样的道路呢？但是，我可以把自己的问题告诉父母。他们已经建立了充满信任的家庭关系，形成了不断给予爱和鼓励的记录。多年来，他们已经做了高额"储蓄"，所以尽管我大笔"取款"，我们的情感账户依旧没有完全破产。相反，我在那一天拿到了"利息"。

我经常回想那段经历。我禁不住要想，如果我过于忙碌、过于匆忙、过于焦虑地赶去赴约或者做某件"更重要的"事情，并因此没有时间认真倾听女儿的心声，那会出现什么后果。我的女儿还会经受多少折磨？

她可能会做出哪些不同的选择？

我真庆幸，至少那一次，我们抽时间聚在了一起，关注我们的关系。我们共处的那一个小时对我们双方的生活造成了深远影响。

为人父母者最伟大的成就之一就是：让孩子们了解最终将让他们在生活中获得最大幸福和成功的原则。但是，如果没有良好的关系，你就做不到这一点。“除非我知道你有多关注，否则我不在乎你知道多少。”

一对一培养亲情的时间让你有机会巩固这种关系（充盈情感账户），以便你能实施教育。我和桑德拉发现，如果我们带一个孩子远离其他人，到一个比较安静的地方，给予他或她充分关注（如果我们全神贯注），教育、训练或交流的效果就会好得惊人。但是，如果由于时间紧迫和实际需要，我们试图在别人在场的情况下展开教育、训练或纠正问题，效果通常就会差得惊人。

我深信，许多孩子知道自己该怎么做，但他们没有下定决心去做。人们并不根据自己了解的情况采取行动，而是根据他们对自己所了解情况的感受以及他们的自我感觉采取行动。如果他们自我感觉良好，对这种关系的感觉也良好，他们就会得到鼓励，根据他们了解的情况采取行动。

先把大石头放进去

在因应基本家庭需求、充盈情感账户、在家庭中创建完整文化的过程中，这些每周一次的家庭时间和一对一时间至关重要，甚至必不可少。

那么，我们怎么才能做到这一点？为了抽出每周一次的家庭时间，以及与家庭成员一对一培养亲情的固定而有意义的时间，你该怎样安排自己的时间？

我想请你运用一下自己的想象力。假设你站在一张桌子旁边，桌上有一个很大的广口瓶，里面几乎装满了小鹅卵石。在桌上，广口瓶的旁边放着几块拳头大的石头。

现在，假设这个瓶子代表你今后一周的生活。瓶子里的鹅卵石代表你通常要做的所有事情，大石头代表家庭时间、一对一的时间和其他对你真正重要的事情——也许包括锻炼、拟定家庭使命宣言或者单纯一起享受乐趣。这些石头代表你内心深知应该做，但目前时间“安排不开”的事情。

当你站在这张桌边时，假设你的任务是尽可能多地把大石头装进去。你开始动手了，你试着使劲把大石头摁进瓶子里，却在努力过后只能放进去一两块，于是，你又把它们拿出来。你打量着所有的大石头，研究它们的大小和形状。你意识到，如果你选择不同的石头，你也许就能把更多的石头放进去，于是，你又试了一次。你不停思考，重新安排，直到你最终设法把三块大石头放进了瓶子里，但是，仅此而已。尽管你如此努力尝试，但你只能放进去这么多。

你感觉如何？研究一下这个瓶子。瓶子已经装满，但你还有那么多真正重要的事情（包括这些有关家庭的事情）没有完成。每周都是如此。也许该考虑不同的手段了。

假设你先把这三块大石头拿出来。接着你找来另一个容器，把所有鹅卵石倒进了这个容器里。然后，你先把大石头放进刚刚的广口瓶里！

现在，你能装进多少块石头？肯定多了很多。当你在广口瓶里装满

大石头之后，你可以把小鹅卵石倒进去。看看里面还能装多少！

核心要领在于：如果你不先把大石头放进去，这些大石头恐怕根本就放不进去！关键是先把大石头放进去。

辛西娅（我们的女儿）：

在我成长的过程中，爸爸经常出远门，但我们全家一起活动的次数还是比大多数家庭要多。尽管我的朋友们的父亲有着朝九晚五的工作，但我与父亲的一对一时间比他们当中的任何人都要多。

我觉得原因有两个。第一个是，他总是预先做规划。他笃信“积极主动”“努力使之成为现实”“以终为始”的作用。每个学年开始时，他总想知道：“儿子们的橄榄球赛定在什么时候？女儿们安排的活动定在什么时候？”他很少错过重要的活动。他很少在家庭之夜出远门。他周末总待在家里，以便我们能一起开展活动和去教堂。

有时候，人们会说：“哦，你爸爸又出远门了！”可即使我的许多朋友的父母从事朝九晚五的工作，他们晚上回家后也是坐在那儿看电视，根本不与孩子进行任何交流。

我如今意识到，父母为了让我们享受共同的家庭时间（家庭礼拜、家庭祈祷、家庭活动）付出了多大努力。我的父母从事重要工作，有九个孩子在五所不同的学校学习，他们真是要付出极大的努力。但是，他们做到了。他们的底线是：他们对此很重视，所以他们付出努力，找到这样做的办法。

我想，我们共度时光的第二个原因就是规则。比如，你星期天哪儿也不能去——这是全家在一起的日子，是去教堂的日子。你不能错过星期一晚上的活动——这是家庭之夜。我们通常会在周末的一个晚上开展全家参与的活动，这是要求。有时候，身为青少年的我们对此有点不满。但从某种程度上说，这是已经被我们接受的家庭文化的一部分。不久之后，我们就不再反对了。

早些年，由于未能把孩子的演出、球赛和其他重要活动放在优先位置，所以我感到痛苦和沮丧。这段经历让我养成了习惯，始终要尽量先把大石头放进去。每个学年开始时，我和桑德拉催着学校提供可能涉及我们的子女和孙子（女）的活动时间表。我们认为，安排时间去参加孩子们的活动非常重要。我们还鼓励孩子们参加彼此的活动。如今，我们的家庭中有将近50个人（包括子女、配偶、孙子孙女）了，我们不可能参加所有活动。但是，我们付出了最大努力，总是尽量让所有家庭成员知道，我们是多么重视他们和他们的活动。我们还提前两年、三年甚至四年规划重大的家庭度假活动。家庭之夜和一对一时间在我们家仍然深受重视。

我们发现，什么都比不上把家庭放在优先位置所带来的快乐。由于我们的生活中存在着放弃这种做法的沉重压力，所以做到这一点并不总那么容易。但是，不这样做更是难上加难！在巩固关系时，在努力团结和组织家庭时，如果你不投入未雨绸缪的时间，你稍后就会花费更多的时间试图修补破裂的关系、挽救婚姻或者对那些已经受到家庭以外的社会力量牵引的子女施加影响。

有些人会说："我们没有时间做这些事情。"我要对他们说："你们耽误不起不这样做的时间！"关键是预先规划，意志坚定。记住那句话——

有志者事竟成。

如果你真的先把这些与家庭有关的大石头放进去，你就会开始产生这种内心安宁的感觉。你不会经常觉得自己在家庭和工作之间左右为难。事实上，你会发现，由于这个缘故，你会有更多的精力在其他方面有所建树。

如果坚持遵守这些家庭机制，就实践了高效家庭生活的原则。它创造了美好的家庭文化，使得你不会受到流行文化体系的外在好处的诱惑。如果你处在外围边缘，没有真正体验到这种美好的家庭文化，你就很容易受到干扰，偏离正确路线。但是，如果你处在中心地带，你唯一的问题就是："还有什么能比这更美好呢？"

围绕职责加以组织

我和桑德拉发现，在我们的生活当中，先把大石头放进去的最佳方式不是单纯挑选活动，而是围绕最重要的职责（包括我们的家庭职责）加以组织，每周按照各项职责确立目标。有几个星期，一两个目标就会使人筋疲力尽，所以我们决定不围绕其他职责确立目标。例如，如果桑德拉用一个星期时间帮助我们的一个女儿照顾刚出生的宝宝，这就意味着她决定这一周不参加公开讲话、社区服务或家里的其他活动。但是，这是刻意做出的决定，她放心地知道，在接下来的一周里，她将审视自己的各项职责，再次确立目标。我们发现，通过运用"职责和目标"的办法，我们的生活均衡多了。每项职责都得到了履行，我们不太可能由于所有突如其来的日常压力而感到不知所措。

快速回顾和展望

好了，在开始下面的内容之前，让我们先花点时间从比较广泛的意义上回顾并思考习惯一、二、三。

习惯一——积极主动是最根本的决定。它决定了你将会负责任还是沦为受害者。

如果你决定负责——主动行动，成为生活中的创造性力量，那么你所面临的最根本决定就是你的生活意义何在。这就是习惯二——以终为始，它拟定了你的家庭使命宣言。这就是所谓的战略决定，因为其他所有决定都受到它的制约。

那么，习惯三——要事第一就是辅助性和战术性的决定。它解决了如何先完成最重要的事情的问题。在这个"由外而内"的手段不再奏效的世界里，我们首先关注了两种主要的机制干预手段：家庭成员每周一次的家庭时间和一对一培养亲情的时间。在由外而内的手段奏效时，这样的机制并非必要，因为一切都在自然而然地发生。但是，社会越是偏离自然，技术和市场的全球化越是改变整个经济形势，文化的世俗化越是背离原则，法律和社会意志遭到的侵蚀越是影响到政治意愿（日益把选举变成了基于语言感染力和上镜机会的人心较量），我们就越是要坚定有力地创建并运用新的机制，以保证我们不会偏离正确路线。

当你考虑如何在自己家中实践这些习惯时，我想再次提醒你，你是关于自身家庭问题的专家，只有你了解自己的处境。

最近访问阿根廷时，我与从拉丁美洲各地前来参加会议的父母交谈，就本书的理念听取他们的反馈意见。反馈非常积极，充满了对本书的支持，但这些父母没有谈到形成每周一次的家庭时间和一对一时间的问题。

他们生活在非常重视家庭的文化中，对他们来说，几乎每个夜晚都是“家庭时间”，一对一时间是日常生活的自然组成部分。

但是，对其他家庭来说，拟定家庭使命宣言、形成每周一次的家庭时间和一对一时间的新机制是想都没想过的事。他们不希望生活中存在任何形式的机制。也许他们对生活中业已存在的机制感到愤怒并予以反抗，他们觉得这些机制压抑了他们注重的完全意义上的自由和个性。对他们来说，这些机制也许充满了消极力量和评判意识，进而导致其他所有机制也都受到牵连变得邪恶。他们的社会和心理负担太沉重了。

即使遇到这种情况，你也许还是希望把家庭摆在优先位置。你也许认识到，家庭使命宣言和其中某些机制具有一定价值，但觉得开展其中一些活动就目前而言为时过早。没关系，从你目前立足的地方起步。如果你还没有准备好沿着这个方向行进，不要由于这种相互依赖的必要性而无休止地自责。

作为开端，你也许只想把其中一些理念应用于自己的生活。你也许觉得自己只能做出某个承诺并加以信守，或者选择单一的目标并加以实现。就目前而言，这一机制对你来说也许已经足够了。稍后，你也许会逐渐感到，你可以再承担一项比较重要的任务，或者制定一项比较远大的目标，然后加以履行和实现。**最终，通过做出承诺和信守诺言，你的荣誉感将会战胜你的情绪和你背负的所有负担。**接着，你会发现，你可以进入全新的领域——包括开展拟定家庭使命宣言、组织每周的家庭之夜、规划专门的一对一培养亲情的时间等相互依赖的活动。

关键是要了解自己的现有处境，从目前立足的地方起步。如果你不懂代数，你就不可能掌握微积分。如果你不会走，你就不可能会跑。事情必定要有先有后。你要对自己有耐心。甚至要耐心对待自己的不耐烦情绪。

现在，你也许会说："但我的处境不同！这太难了，挑战太大了。我根本做不到这些事情！"如果是这样，我鼓励你体会一下詹姆斯·斯托克代尔（James Stockdale）将军在他的著作《越南往事》（*A Vietnam Experienc*）中讲述的经历。斯托克代尔将军在越南当过几年战俘。他讲述了被单独囚禁、长期无法彼此接触的美国战俘是怎样形成了一种社会意志。这种意志非常强大，以致他们能按照自己的规则、模式和交流程序创建自己的文化。在无需口头交流的情况下，他们通过敲击墙壁和使用电线建立了彼此间的交流。他们甚至能把这种交流方式教给刚刚进入监狱、不知道密码的新囚犯。

他们彼此几乎无法见面，然而，通过出色地运用他们的四种天赋，囚犯们建立了一种文明——一种难以想象的社会意志构成的强大文化。他们形成了一种社会责任感和可信赖意识，以期能相互鼓励和帮助，熬过难以想象的困难时期。

"有志者事竟成！"这句话太对了。

尽管平常生活不那么富有戏剧性，但你同样可以利用家庭时间和一对一时间在家庭里形成同样强有力的亲情和社会意志。

凯瑟琳（我们的女儿）：

我母亲热爱艺术。她喜欢安排我们到城里去看芭蕾舞、听交响乐、欣赏歌剧或者观看其他所有戏剧或演出。购买这些活动的入场券是最重要的，比用于看电影、吃垃圾食品或者闲逛的钱重要得多。我记得自己有时抱怨说，所有这些文化根本没有用。但是，当我回顾这些经历时，我意识到自己大错特错了。

我永远不会忘记我与母亲的一次经历，这次经历永远改变了我的生活。我们的社区附近举办了一次莎士比亚节，一天，母亲宣布，她给我们所有人买了观看《麦克白》(*Macbeth*)的入场券。当时，这对我毫无意义，因为我只有11岁，对莎士比亚一无所知。

演出当晚，我们挨个儿钻进汽车，前往剧院。我清楚地记得，我们那晚说了很多牢骚话，说我们太累了，根本无法集中注意力。我们问："咱们干吗不去看电影呢？"

但是，母亲只是微笑，耐心地接着开车。她心里明白，莎士比亚的惊人才华会替她做出充分的解释。真是没错！我甚至记得，在任何时候，人世间的情感都不曾像那天晚上一样全部如此生动形象地展现在我面前。在全剧当中，麦克白夫妇邪恶的秘密抓住了我的心。我年少时的那种天真逐渐消失了，在它原有的位置上，只有莎士比亚才能写就的理解和心灵顿悟开启了我的内心，感染了我。我立即意识到，我的生活永远不同了，因为我发现了如此深深触动我的东西。我知道，即使我有这个愿望，我也不可能消除它的影响了。

当我们那晚从剧院开车回家时，我们都一言不发，一种我无法解释的亲情把我们联系在了一起，母亲对世界上美好事物的热爱传递给了我和我的孩子。为了这份美好的礼物，我道不尽对她的感谢。

想想看，这种亲情、这种社会意志的形成、这种家庭中的"我们"的精神具有怎样的力量！当我们讲到习惯四、五、六时，如何进一步在家庭中形成"我们"的精神将是我们的关注重点。

与成年人和青少年探讨本章的内容

把家庭摆在优先位置

• 问问家庭成员：家庭对我们有多重要？我们上个星期用了多少时间开展家庭活动？我们对此感受如何？我们在生活中是否把家庭作为优先重点？

• 重新阅读本章的大部分章节的内容。共同讨论：在很容易毁灭家庭的社会里，存在着哪些作用力？我们怎样才能消除这些作用力？

• 讨论家庭时间和一对一时间的概念。问一问：每周一次的家庭时间会对我们的家庭有什么帮助？它会怎样促进规划、教育、问题解决和乐趣享受？讨论保证每周一次的家庭时间的决心。共同努力，为家庭时间的活动出谋划策。

• 讨论一对一培养亲情的时间。鼓励每个人讲述他们与其他家庭成员度过的专门的一对一时间。想想看：你希望在自己的婚姻当中规划怎样的培养亲情时间？和你的孩子呢？

• 重新阅读关于“大石头”的表述，与家人尝试开展这一实验。讨论一下，对每个人和对整个家庭来说，什么是“大石头”。

进一步思考

• 讨论这种理念：“为人父母最重要的职责也许是：帮助孩子们与自己的天赋——尤其是良知——建立关联。”你能怎样帮助孩子与他/她的四种独特人性天赋建立关联？

与儿童探讨本章的内容

一些有趣的活动

• 和家人坐下来，规划今后一两个月的家庭活动。规划诸如拜访家庭成员、庆祝节日、进行与家庭成员一对一的活动、观看你们想要一起享受的体育比赛或演出、游览公园等内容。确保孩子们集思广益。

• 拜访一位亲戚并且指出，重视大家庭中的每位成员是多么重要。在前往这位亲戚家的路上，讲述你在成长过程中与自己的家人共同有过的好玩和有趣的经历。

• 让孩子们帮你制作一张直观的图表，提醒他们每周要做的家务和你们一起做的有趣的事情。

• 开展“大石头”实验，让每个孩子确定自己的“大石头”——他/她本周要做的最重要的事情。这也许包括足球训练、钢琴课、游泳、参加朋友的生日晚会和写作业等活动。你可以把核桃或软糖当作大石头，把软心豆粒糖当作小鹅卵石，或者让孩子们拿来他们找到的、彩绘或装饰过的真石头。

• 收集家庭照片。

• 下定决心组织家庭时间、规划集会或活动日。如果你们每周回顾前面的成就和活动，然后为下一周进行规划，孩子们会越发感到快乐和自豪。

• 教给会写字的孩子怎样在效率手册里记录他们的活动。此外，让他们安排时间开展以强化关系为目标的具体活动和服务。

提醒他们，始终要带着效率手册参加家庭集会。

• 确认每位家庭成员会喜欢什么样的一对一活动。每周安排与你的一个孩子的一对一活动。你可以称之为“苏珊的特别一天”，或者你觉得能突出这位家庭成员的任何名字。

• 讲述“幽灵之家”的故事，确定你可以用何种聪明独特的方式为你的邻居和朋友服务。

HABIT 4

习惯四 | 双赢思维

THE 7 HABITS of Highly Effective Families

从“我”到“我们”

在开始本章前，我想先向你概述一下习惯四、五和六的内容。你可能会问："为什么我们在开始习惯四的同时却又进入习惯五和六？"这是因为这三个习惯是紧密相连的，它们共同构成了一个帮你实现目前为止我们所谈到的所有目标的步骤。实际上，我常常先教授这些习惯，因为一旦你领会了这个步骤的精髓，你就掌握了与别人有效合作，从而解决任何问题或是实现任何目标的关键。

为了说明这个步骤的作用，先来看看我在教授这些习惯的作用时常用的范例。我从听众中有选择性地找了一位身材高大，看上去非常结实健康的年轻男子，邀请他上台，然后提出同他进行角力比赛。当他向台上走来时，我告诉他，我从未输过，可我不想马上开始比赛，他输定了，他要做好输的准备。等他上台后，我和他面对面地站着，又把刚才说过的话重复了一遍。这时我做出一副争强好胜、咄咄逼人，而且还有点令人讨厌的样子。我的表情显得有些夸张，让他明白片刻之间他就会趴在地上了。我盯着他的腰带告诉他，我是黑带，而他只不过是棕带，和我根本不是一个级别。我还对他说，尽管他的块头比我大一半，我还是能战胜他。我这种挑衅的态度在绝大数情况下都会激起对手将我打败的决心。

这时我会向坐在前排的人问道，他们愿不愿意赌一把，如果我赢了，我得一毛钱，如果他赢了，他得一毛钱。大多数情况下观众都会同意打这个赌。我请一名观众充当裁判，因为每次有一方获胜的话，他就会得到一毛钱。我要求观众为我们做30秒的倒计时，然后发出比赛开始的指令。随后我抓住对手的右手，站在他身边，当我们双手握在一起等着比赛开始的指令时，我还朝对手做鬼脸并以威胁的眼神盯着他。

这时对手几乎已经跃跃欲试了。比赛开始的指令一发出，我的胳膊马上就松了劲，对手轻而易举地将我推倒了。对手常常会设法将我按住，有时他会对我如此不堪一击感到困惑不解，这时他会让我抬起一点身来，然后又将我推倒。我会很快让他做到这点，随后又挣扎着要站起来，开始新一轮的角力。不出意外地，他又将我推倒了。

这个过程往往会持续几秒钟的时间，然后我向对手说："你看，为什么我们不能双赢呢？"对手听到后常常会让我也将他推倒一次。但我们依然表现得很认真，全力以赴。这时我会放松力量，让他再次将我推倒。几秒钟后我们又开始角力，但我们两人都没用力气，只是快速前后移动，将对方的手臂压倒。

这时我看着前排的观众说："好了，你们现在欠我们多少钱了？"人人都明白了这是怎么回事，笑了起来。

你能看出这场比赛开始和结束时的迥然不同之处了吗？最初我们两人是势不两立的对手，而比赛也是一场"你死我活"的"输赢之争"。那时不存在相互间的理解与合作，也不存在寻求一种对我们双方都有利的解决办法。只有竞争和获胜，以及将对方推倒的想法和愿望。你能看出这种争"输赢"态度而导致的紧张局面是如何演化为典型的家庭争吵（配偶之间、父母与孩子之间或者家庭其他成员之间）的吗？

然而在竞赛结束时，竞赛双方的想法已经有了很大的改变。这已不再是“你死我活”的竞赛，而是成了一场“嗨，我们可以双赢，而且赢得都很开心的竞赛。通过相互间的理解和创造性的合作，我们可以以完全不同的方式行事，而这对于双方来说都有利。并且从另一种意义上来说，收获的好处远超过只有一方获胜”。当这成为解决家庭问题的一种典型做法时，你可以感受到因此而带来的某种自由、创造精神、团结感和共同的成就感吗?

在某种程度上我们都有这种类似于那场竞赛刚开始时的家人间的相互摩擦，可是如果你越是朝可以使大家双赢的那种创造与合作的方向努力，那么你的家庭文化就会变得越“健康”和令人印象深刻。

我经常喜欢从根源、途径和结果方面对这三种习惯进行思考。

• 习惯四：双赢思维——就是根源。这是一种对双方都有利的基本模式，或者一种“黄金法则”。它是产生理解和加强合作的潜在动力和有教养的态度。

• 习惯五：知彼解己——就是途径。这是方法，是通向荣辱与共的相互影响的道路。这也是一种摆脱自我，真正打动别人的能力。

• 习惯六：统合综效——就是结果。这是对你所做出的努力的奖励。它创造出一种超越一般的第三种选择的解决方式，它并不是“以你为主”或“以我为主”的解决方法，而是一种更好的和更高层次的解决方法。

所有这三个习惯造成了一种可导致家庭生活中出现最不同寻常魅力的作用——一种共同创造新思想和新的解决方法的能力，而如果由家庭中某个成员独自来做则显得势单力薄。此外，这些习惯还通过相互尊重、相互理解将道德权威融入到家庭教养中，将创造性合作融入到家庭的结构、体系和作用之中。这超越了人类的仁慈友爱和人与人之间关系的性质，它使这些原则化为文化传统本身的标准和道德观念，从而变为永恒的、放之四海而皆准的制度化的原则。

这变得多么的不同啊！现在我们再次用飞行来进行比喻，在你飞往目的地的过程中，飞机外面的恶劣天气是一种挑战；然而飞机内的糟糕气氛——驾驶员与驾驶员之间，或者驾驶员与地面塔台人员之间争吵不休、相互指责甚至拳脚相见将是一种更为严重的挑战。

在驾驶舱中创造一种良好的气氛是习惯四、五和六主要探讨的问题。而这些问题本质是为了帮助家庭成员学会提出问题和做出承诺。

问题是："你愿意寻找一种比我们两人所提出的建议更好的解决方案吗？"

承诺是："让我先听你的意见。"或"请让我明白你的意思。"

如果你能保证真诚和始终如一地做到这两点，并且你愿意做和会做到这两点的话，那么你就能够身体力行习惯四、五和六。

现在大部分过程都已在你的影响控制范围之内，让我们再回过头来说说角力竞赛一事。请注意由一个人，而不是两个人想到双赢就使一切都发生了改变。这点非常重要—— 一旦一方提出双赢的想法，大多数另一方就都愿意考虑双赢。但这也表明，一个人主动认真地考虑和真诚地希望找到一种最终出现双赢结局的解决方案是极其重要的。即便是在别人没想到双赢和由于别人不考虑双赢时，你也会考虑到双赢，而不是我赢你输或你赢我输。

只要一个人首先理解别人。那场角力比赛证明了这一点——有一个人在比赛一开始就放弃竞争，并首先理解对方的利益所在。而在生活中，这意味着首先理解别人的利益，理解别人的需要，理解别人希望和关心什么。

因而一个为他人考虑的人是可以做到习惯四和五的。

但是习惯六——统合综效需要两个人共同努力。要同别人创造新的事物是一种令人兴奋的冒险，这促成了在习惯四和五中所创造的双赢和理解。统合综效的神奇之处在于它不仅可以创造出新的选择方案，而且还是人与人之间关系的一个坚强的纽带，因为你们一同创造了新的事物。这就好像养育了孩子的父母之间所遇到的情况。孩子成为父母之间的一个强有力的纽带，这种纽带将父母凝聚在一起，使他们之间有了共同的纽带、共同的看法、超越其他利益的共同利益，并使其他利益退居其次的共同的伙伴关系。你能看出它是如何建立起人与人之间的相互关系，如何建立情感账户的吗？

这三种习惯代表了“家庭”的基本构成要素——从内心深处的“我”变成“我们”。让我们现在从习惯四——培养双赢思维开始，好好研究一下这些习惯。

没有人愿意失败

一位父亲在逐渐明白他的儿子为什么不快乐时有过这种经历：

我们的两个儿子在处理与他人关系方面时特别争强好胜，这使得两人之间经常发生争吵。在大儿子12岁，小儿子10岁时，我们去进行了一次盼望已久的休假。但正当我们玩得开心时，两个孩子之间又爆发了矛盾，而且吵得非常激烈，以致影响到了全家人。我认为问题主要出在大儿子身上，于是我带大儿子一起散步，这样我们就可以好好地谈一谈。当听到我对他的行为提出批评后，大儿子突然说：“你不明白的是我不能容忍弟弟。”

我问他为什么，他回答说：“他总说一些让我心烦的话，而这次度假我们两人一直待在一起，无论是在车中还是到什么地方，我们都待在一起，我认为我无法再容忍和他在一起了。我希望你能给我买一张车票，这样我就再也不会见到他了。”我为他居然对自己的弟弟有如此强烈的不满而感到意外。在他改变自己看问题的角度前，我什么也不能说。等我们回到野营的帐篷时，我让小儿子和我们一起散散步，可当他发现哥哥也在时，就不想去了。大儿子也是如此反应，但我还是鼓励兄弟两人一起走一走。他们最后同意了，我们走了很远，一直登上附近的山顶，随后我们坐下来开始谈心。我对哥哥说：“你已经谈了一些有关弟弟的事，现在他就在这里，我希望你能亲口把对我说的话再告诉弟弟。”

大儿子直截了当地说：“我讨厌这次度假，我想回家，不再见到你。”

小儿子听到哥哥这些伤感情的话后感到伤心，眼泪夺眶而出，他低着头轻声问到：“为什么？”

哥哥马上以坚定的口吻喊道：“因为你总是说一些让我生气的话，我不想和你在一起。”

弟弟叹了一口气：“我之所以那么做是因为我们在一起玩时总是你赢。”

哥哥马上接口说：“当然总是我赢，因为我比你棒。”

听到这句话后弟弟无言以对，可是他却发自内心地说：“是的，每次都是你赢我输，但是我不能容忍我每次都输，所以我才会说一些让你心烦的话……我并不想让你回家，我喜欢和你在一起，可我就是不能忍受每次都输。”

弟弟含泪说的话打动了哥哥的心，当哥哥再次说话时语气已经变得柔和起来：“好吧，我不回家了，但是请你不要再说和做那些让我讨厌的蠢话和蠢事了。”

弟弟回答说："好的，那你能不能不再想着总是赢我呢？"

这次短暂的谈话挽救了我们全家人的假期，虽然谈话并没有从根本上解决兄弟俩的矛盾，却使两人开始相互容忍。我认为大儿子永远也不会忘掉弟弟的话："我就是不能忍受我每次都输。"

我知道我也永远不会忘掉小儿子的话。每次都遭遇失败，或者大多数时候都遭遇失败会使任何人都说和做一些让人讨厌，甚至也令自己烦恼的话和事。

没有人愿意失败——特别是在关系非常亲密的家人面前。可是我们常常落入争输赢的思维定式之中而难以自拔，而且在大多数时候我们并没有意识到这点。

大多数人都出自总是把我们与兄弟姐妹相比较的家庭。在学校也是，学生的成绩呈"正态分布曲线"样式就说明了这一点：你之所以得A，是因为有人得了C。我们这个社会的确到处都充满了输赢——强制性的等级制、正常的学校分配、竞赛运动、就业机会、政治方面的竞争、选美、电视游戏和诉讼。

而这一切也都反应在家庭生活之中，因而当我们遇到学龄前的孩子要求自由、十几岁的孩子要求保留自己的个性、兄弟姐妹之间竞相争取父母的宠爱、做父母的想要维持家庭的秩序和自己的尊严、夫妻间为了让对方听从自己的主张时，我们会自然而然地采取我赢你输的态度。

我赢你输的后果

我还记得我参加女儿三岁生日聚会那天的情景，那天我回家看到女儿待在客厅的角落中，挑衅般地抓着所有的礼物，不让其他小朋友玩。我的第一反应是，在场那么多家长都在目睹女儿的自私表现，这让我十分难堪。再想到我本人就在大学里讲授人际关系，这种难堪情绪又多了一重。我很清楚，至少感觉得到这些家长们都在期待着什么。

当时的气氛十分紧张，所有的孩子都挤在女儿身边，伸手要玩他们刚刚送出的礼物，而女儿就是不肯答应。我对自己说：我真应该给女儿传授一下分享的理念，这可是最基本的价值观之一。

我先从简单的要求开始："宝贝，把小朋友送的礼物分给大家一起玩好不好？"

"不！"她断然拒绝。

我的第二招是讲道理："亲爱的，如果你肯在自己家里把玩具分给小朋友们玩，那么等你到他们家里时，他们也会把玩具分给你玩。"

她又说了一个"不"。

我感觉更尴尬了，很明显我管不了女儿。第三招就是，我轻声说："宝贝，你把玩具分给小朋友们玩，爸爸就奖励你一片口香糖。"

她大叫："我不要口香糖。"

我忍无可忍，第四招就只有恐吓和威胁了："你再这样子，看我怎么罚你！"

女儿哭道："我不管，我的东西不要分给别人玩！"

最后我只好采取强硬手段，从她手里抢过一些玩具分给其他小朋友："孩子们，玩吧。"

在女儿的生日之后，桑德拉和我花了很长时间才逐渐明白了那些在成长期中的孩子们的感受。现在我们明白了指望一个五六岁的孩子懂得和别人分享的道理是不现实的。即便过了这个年龄段，由于疲劳、困惑或是归属权的特殊问题，与别人分享可能也会变得更难。

如果你遇到了类似的情况的话，由于情绪和压力，你也会觉得这变得非常难处理！你认为你是对的，实际上你知道你就是对的，因为你年纪更大，身体更强壮，似乎更易于陷入“我赢你输”的意识之中，更容易采取以自己主观意志为主的行动。

可是在人与人之间关系、在情感账户方面，做出这种选择会造成什么样的结果呢？如果你今后总是抱有争输赢的想法将会出现什么情况呢？具体到婚姻关系又会出现什么情况呢？当我赢你输成为典型的相互影响时又会出现什么情况呢？

我认识一个男人，他的妻子对他所从事的职业不感兴趣，她不喜欢丈夫的工作和同事，因为这些人不是“她那一类的人”。当同事们计划举办一次圣诞节聚会时，这个男人满怀希望但同时又犹犹豫豫地请妻子与他一同去参加这次聚会。妻子断然拒绝了，她说，让她和那些令她讨厌的人在一起聚会根本没门。于是丈夫独自参加聚会去了。妻子赢了，丈夫输了。

两个月后，妻子的同伴举办了一次演讲会，还有一位著名的作家要来参加。在演讲开始之前要举行一个招待会，而妻子是这次招待会的女主人。妻子希望丈夫和她一起参加，但是那天早上妻子听到丈夫说他不想去时大吃一惊。妻子以生气的口吻问道：“你为什么不去？”丈夫三言两语草草答道：“和你一样，你不愿意在圣诞聚会上和我的朋友在一起，我也不想和你的朋友在一起。”这次丈夫赢了，妻子输了。

结果妻子在招待会结束时没和任何人打招呼就离开了。丈夫下午下班回到家时，妻子也没理他，他独自到客厅里打开电视看起了橄榄球比赛。

当夫妻间想到的只是自己时，当父母只关心以自己的方式行事，而不关心同孩子建立起良好的关系时，这会对他们之间的关系和家庭产生什么样的影响？真的是有谁“赢了”吗？

我输你赢的后果

而在另一方面，如果典型的相互影响是我输你赢又会怎样呢？

一个女士就有这方面的经历：

我在中学时一帆风顺，是学校辩论队的队长，学校年鉴的编辑，首席单簧管演奏员。无论我决定做什么，似乎我总是比别人优秀。但是等我中学毕业上大学后，我知道自己真的不想成为女强人，我认为当一个妻子和母亲是我生活中最重要的事情。

大学一年级结束后，我和从我14岁起就开始约会的史蒂夫结了婚。作为超级优等生小姐，我在很短时间里就生了几个孩子。我还记得自己因生育这么多孩子而不堪重负的情形。

而使我感到最困难的是实际上我根本得不到丈夫的帮助。他的工作性质决定他要将大量的时间花在外面，即便他在家，他也认为这是他的工作需要，所有照顾孩子和操持家务的事情都落在了我的头上。

我的想法却迥然不同，我认为我们应该共同承担家务，虽然我在家照顾孩子，照料孩子们的身体需要，可我还是认为身为夫妻的我们应该共同决定我们的生活。但情况根本不是这样。

我记得我度过的那段岁月，我一边看着表一边想：“好了，现在九点了，在一刻钟内我该做这件事了，我要好好做。”我几乎不得不安排好这额外的一刻钟时间，因为如果我整天都在看表的话，我真是受不了。

我丈夫对我的要求还很高。他希望我是一个能干的家庭主妇、烹调高手和称职的母亲。当他在外工作了一周回家时，发现家里被打扫得干干净净，收拾得井井有条，孩子们已经睡了，我给他端上一块他最爱吃的樱桃馅饼，他坐在桌边，看着馅饼对我说："你看，馅饼的皮烤得有点过了。"我有一种失败感，觉得自己百无一用。无论我做得有多好，却似乎永远不够好，丈夫从没有轻轻地拍拍我的背，称赞我几句，他总是没完没了地批评指责，最后演变成辱骂。

丈夫变得越来越暴虐，并且还开始与别的女人私通。他在出差时会到一些色情场所寻花问柳。后来我甚至还发现他有全国八个不同城市夜总会的会员卡。

一次我求他和我一起去找人咨询一下，最后他虽然同意了，可对此根本就不感兴趣。一天晚上我们去咨询时，他显得非常生气。当我们来到咨询师的办公室坐下后，咨询师转向我丈夫问道："你好像非常激动，你有什么想法？"

丈夫说："是的，我有点儿不舒服，烦透了别人洗漱完了之后，最后打扫卫生间的总是我。"

我听后心中一凉，想到这些年来我为了营造一个美满家庭而付出的所有努力和精力，家中所有的窗帘、枕头和孩子的衣服都是我亲手缝制的，面包是我烤的，家里之所以能那么干净也是我打扫的，我总有洗不完的衣服……难道我做错什么了吗？

那位咨询师对史蒂夫说："你能否让我确切地知道你是怎么为其他人收拾卫生间的？"史蒂夫沉默了好久，我们可以感到他在想怎么回答。他想了好半天，最后才怒气冲冲地脱口说道："今天早上我洗澡时，有人没有把洗发水瓶的盖子盖好！"

我还记得我当时的感受，我的心好像抽紧了，我坐在椅子上想一定是出了什么差错，有什么事不对头。

咨询师又问："史蒂夫，今天你还不得不打扫什么？"又是一阵长时间的沉默，我们感到史蒂夫又在思考，随后他回答说："好了，这就够了！"

这就对了，我开始放心了，我生平第一次知道无论我做了什么，我的丈夫都会对我说三道四，唠叨个没完，认为我做得不对。我第一次开始认识到问题出在他身上，而不在我。

这些年来我内心一直在斗争着，我花费了很大精力来让史蒂夫高兴，让我来适应他，我甚至到医院急诊室求那里的人收留下我。当医院的人问我为什么必须住院时，我说："我找到了解决自身问题的办法，可是这个办法让我感到害怕。"

他们问："你这话是什么意思？"

我说："我决定买支枪，等孩子们放学回家时，把他们一个个都打死，然后我再自杀，因为我再也无法忍受这种生活了。"那时我认为虽然世界很大，但充满了邪恶，最好的解脱办法就是我带着孩子一起离开这个世界。当我意识到我做出了这样的决定时，我吓坏了。幸运的是，我还没丧失理智，能够及时到医院求医，并告诉医生："我决定杀掉孩子并自杀，我能这样做，我也想这样做。但我知道这样做不对，帮帮我吧。"

现在回首往事，我意识到没有杀掉史蒂夫是多么庆幸的一件事。不是我在犯错，不是我！

这个女士最终认识到问题出在自己的丈夫身上，并收获了极大的勇气。她接着读完了大学课程，拿到了毕业文凭，搬了家，开始建立起一种新的生活——一种没有"史蒂夫"的新生活。但是看看当这个女士在家庭问题上基本上采取一种逆来顺受的态度，依附于一个一身大男子主义和毫无家庭责任感的丈夫时所发生的事情吧。

对大多数人来说，逆来顺受的态度就是"我是一个殉道者，踏着我向前，让我按你的意志办事，别人也会这样做的"。可是这种为人处事的态度会带来什么结果呢？它会使人与人之间形成信赖与爱的长久关系吗？

双赢——唯一长期可行的选择之道

的确，唯一长期可行的选择之道就是双赢。实际上，这是形成良好家风的根本所在，争强好胜和逆来顺受最终只能导致两败俱伤。

如果你已有了孩子，争强好胜肯定会使你的情感账户破产。或许在短时期内你可以以自己的意志为人处世，尤其是当你的孩子还小时更是如此。你比孩子大，比孩子强壮，你可以让孩子一切都得听你的。但是当孩子长到十几岁时会怎么样呢？孩子会成为有思想、能够独自做出正确选择的人吗？孩子会积极为保持他们的独立性而奋斗吗？或者孩子会在人与人的关系中只看重"获胜"，从而失去了运用自己独特天赋或是将你作为真正可以信赖的对象的机会吗？

而另一方面，争强好胜或许可以使你得意一时，因为你基本上将反抗程度控制在最小范围之内，并且在一段时期内使别人按你的意志行事，但是这样做既无远见，也与普遍的为人处事原则相悖，并且丝毫得不到别人的尊重。由于没有目光远大的父母的指导，而自己又毫无经验和决断能力，最终孩子在做决定时只能鼠目寸光。**这无疑对一个在没有以原则为依据的价值观、没有与父母相互尊重的关系的情况下成长的孩子来说是一个永久性的失败**，当孩子和父母之间的关系不是建立在相互信任，而是建立在控制和服从的基础之上时，这对他们双方来说都是一种失败。

而这又会为夫妻间的婚姻关系带来什么后果呢？当夫妻间因自身利益而发生冲突，当夫妻间更关心的是谁是对的，而不是什么是对的时，这会对他们之间的关系和家庭文化产生什么样的影响呢？或者当配偶中的一方成了逆来顺受的受气包和殉道者时，这又会产生什么影响呢？这时没有胜利者，你们家里的每一个人都是失败者。

20年来，我一直从七个习惯之间的相互关系方面来研究双赢思维，有许多人就此问题向我求教，特别是当双赢的想法涉及家庭时，他们会询问我这种想法是否适用。以我的经验，努力尝试形成一种双赢的关系永远是适用的，不过并非所有的决定和协议都必须要双赢。

有时你会对孩子做出某个他不喜欢或强制性的决定，因为你知道这样做是明智的。例如你知道对孩子来说，不去上学、逃避打预防针或是在街头而不是操场玩耍是不对的，尽管孩子的确希望做这些事情，但你可以用一种和颜悦色而不是粗暴的方式来向孩子解释，这样就不会因为孩子的拒绝而不得不收回你的决定。如果在遇到某个对孩子来说非常重要的问题时，你可以用更多的时间来理解孩子和向他做解释，尽管在短时期内孩子可能会不喜欢这个决定，甚至你自己也不喜欢这个决定，但是最终孩子会感受到双赢的精神。

另一些时候，由于时间紧迫，问题不是很重要或不是当务之急，而人是第一位和最重要的，所以你可能会选择看上去逆来顺受的做法。而原则是：对于其他人来说重要的问题必须也是对你与其他人来说很重要的问题。换言之，你心中一定要认为“我对你的爱是如此之深，我们的快乐和幸福是如此密不可分，以致如果我强迫你做某事，你不会快乐，尤其是当你非常看重此事时，我也不会感到快乐”。

现在也许有人会说，这样一来你会让步、屈服或者妥协。可事实并非如此，你只不过是将你的情感注意中心从某个问题或决定转移到你所爱之人的价值和你与这个人的关系的价值之上罢了。如果是这样的话，表面上看是逆来顺受，实际上却是双赢。

在其他情况下，对某个人非常重要的问题，可能对你也非常重要，因而你必须寻求协作——发现某些超越于其他之上的意图和价值观，它们使你们团结一致，能够释放出创造力，从而找到实现这种价值、达到目的或意图的更好途径。但是正如你所看到的，在所有列举的这些例子中，精髓和最终结果永远是双赢。

双赢确实是家庭间实现有效互动的唯一的坚实基础，是建立起永久性关系和无条件爱的唯一的思维和相互影响方式。

从“我”到“我们”

一个男人曾有过这方面的经历：

几年前的一天，我和妻子得知我的母亲和继父在一次飞机失事中遇难，我们伤心欲绝，家里的人从全国各地赶来参加父母的葬礼。葬礼结束后，我们满怀悲痛地开始整理他们留下的财产。

在整理财产期间，我的几个同胞兄弟姐妹表现出想要得到某些财产的强烈愿望，而且他们毫不隐讳地说出了这些愿望。

“你是谁呀，就想得到那个柜子？”

“我简直不能相信他居然想得到那幅古画！”

“看看她有多么贪婪，她又不是亲生的。”

我发现我也被卷进了这个是非圈，但很快我就意识到如果分了家产，这个家就会分崩离析，家人也会受到伤害，互相之间离心背德。为了不让这种事情发生，我决定以一种积极方式来施加影响。

首先，我向大家建议我们先等一段时间再决定谁得到什么财产，这段时间可能是几个星期，也可能是几个月。在此期间，所有的东西先封存起来。

其次，我建议我们共同制定出一个分家产的方法，而这个方法应有助于使大家作为一个家庭团结起来，加强我们之间的关系，还应使我们得到我们需要或是真正喜欢的财产，有助于我们不会忘记母亲和继父约翰。大家都挺喜欢我的主意，并都同意了。

但事情并不是这么简单。过了几个月后，家里人又产生了一些新的想法："嗨，等一等，我也想要那件东西。"不过我总是反驳说要先想下后果。我说："什么是最重要的？人与人之间的关系最重要，结果最重要。因而我们该怎么办？"我总是努力坚持我们必须协商合作，这样才能取得皆大欢喜的圆满结果。

最后我们整理出一份家中所有财产的清单，好让大家都知道能得到什么财产。我们发给每个人一份清单，同时还附上一张便条，提醒他们我们的最终目标是家庭，而不是财产。我们说："你们愿意看一看这个清单并列出你们最喜欢的五样东西吗？在你们这样做时，请考虑一下家里的其他人，因为我们希望人人都高兴。"

我们要求大家都做好准备，如果家中另一个成员不好意思说出自己想要什么东西的话，大家要懂得他的心思，使他能得到他想要的那件东西。

等到分家产那天，我知道虽然大家都抱有良好的意愿，但是出现意外的可能性依然非常大。我感到有必要再重申一遍我们的意图，于是说："请记住，我们到这里来是因为我们都爱两位去世的老人，我们也彼此相爱。我们希望大家能高高兴兴地分完家产，希望假如母亲和约翰还在世的话，以后的几个小时将会给他们带来快乐。"

大家都赞同我的话："在大家都满意前我们谁也不要离开。"我们唤起了大家对母亲和约翰的爱以及每个人的责任感，从而维护了大家的爱心、友善和为别人考虑的精神。我们唤醒了每个人内心的最高思想境界，由此带来的结果非常令人满意。

在谈到我们以前整理的家庭财产清单以及这为什么对我们大家都非常重要时，所有人的想法都变了。当我们面对着父母留下的东西，一同回忆父母时，我们记起了同母亲和约翰一起度过的美好时光。我们又开始谈笑风生，真正分享一家人在一起的乐趣。

等大家的想法都有了改变后，我们发现有些东西是别人也想要的。当有两个人表示想要同样的东西时，其中一个人会说："其实我也想要这个东西，不过我完全明白你为什么想要这个东西，我真心希望你能得到它。"

直到最后，我们感受到兄弟姐妹之间已经变得非常相亲相爱，对母亲和约翰也充满了爱和感激。这次分家产变成了一次对母亲和约翰表示敬意的活动。

请注意这个男子是如何促成全家人的转变的，他是如何做出积极主动的选择的。他追求的最终目标是全家的幸福，他真正想到了双赢。

在这种情况下，大多数人都会产生一种匮乏心态："只有一张饼，你分的多了，我得到的就少了。"因而最后的结果是我赢你输。

但是这个男子却能促成一种富足心态，即想着人人有份，有着做出第三种选择解决方案的无限空间，更好的办法是合作，使人人都成为赢家。

这种富足的心态就是"家庭"精神，"我们"的精神。而这正是婚姻和家庭所追求的。

有人会说："结婚或养育孩子的最难之处在于要改变整个生活方式。你再也不能随心所欲，按照你自己的意愿行事了，你必须做出牺牲，想到别人，满足他们的需要，使他们感到快乐。"

的确如此。美满的婚姻和家庭需要付出和牺牲，但是当你真正爱上另一个人，拥有创造“我们”这种超凡的意志感——比如生儿育女时，那么牺牲只不过是舍小求大而已。真正的圆满来自牺牲，正是这种从“我”到“我们”的转变造就了家庭。

正如J. S. 柯特利（J. S. Kirtley）和爱德华·博克（Edward Bok）所说的：

一个对婚姻抱有错误想法，怀有私心，或者坚持错误的私心的人，他会使得或者发现婚姻是烦恼和无法忍受的……一个指望在婚姻中只有得到而没有付出的人，他只会以一种使整个生活错乱不堪的原则行事。一个只想得到，而不想给予的人，他从一开始就进入了歧途……“婚姻从来没有固定模式，作为丈夫或妻子，使别人快乐才是他们的主要目标。”

希望人人都幸福，并愿意为此付出爱和牺牲的精神才是真正的双赢精神。

而现实却是，婚姻对大多数人来说，都是一种挑战，一场塑造真正快乐和完美品德的严峻考验。正如迈克尔·诺瓦克（Michael Novak）所说的：

婚姻是对孤独的极端自我的打击，是对独身者的威胁，是对人的惩罚，使人自卑和困惑，给人带来挫折的重负，然而如果一个人认为所有这一切恰好是真正解脱的前提，那么婚姻就不再是成年人道德形成道路上的敌人。恰恰相反……

我不禁要感激婚姻和生儿育女带给我的影响，最重要的影响恰是它们所造成的困难和束缚。我作为一个人的尊严也许在更大程度上取决于我是一个什么样的丈夫和父亲，而不是我所要从事的职业。家庭使我失去了许多机会（或许我的妻子失去的更多），可是这并没给人一种束缚感，我知道，这是我的解脱。它们迫使我变成一个不同类型的人，这也是我希望和需要的。

看过充满了欢乐、支持、美丽和浪漫气氛的盛大婚礼，又看到这些婚姻出了麻烦，最后走向痛苦、相互报复；看到曾经那么热情友好、亲密的家庭和朋友走向对立，这真是令人悲哀和意外。

其实仔细想想，婚姻并没有使配偶双方发生多大改变，真正的转变是他们开始从独立变得相互依赖，而这种转变最终使情况完全改观。随着孩子的出生和承担起为人父母的责任，生活上的艰苦和对身体、智力、社会/情感和精神方面相互依赖的需要远远超过了当初新婚夫妇之间的理解和想象。如果这些需要对双方来说都在不断增长（且相互叠加）的话，这种日益增加的责任感和义务将会使夫妻双方团结一致，更有凝聚力。如果不是这样的话，这将会使夫妻双方最终分道扬镳。

此外，请注意每一段破裂的婚姻总是因为夫妻双方都有错，而夫妻双方又总是认为自己是对的，对方是错的。这也是非常有趣的。再比如，夫妻双方认为自己都代表了基本优秀的个人，所以不需因婚姻改变自己。但是独立的精神状态并不会在相互依赖的关系和环境中简单地发挥作用，婚姻和家庭生活是精神方面真正的“大学”。

一位30岁结婚的男子说：

当我第一次结婚时，我想我是一个最具有付出精神、最体贴、最慷慨大方、最好交际、最无私的人，但我慢慢认识到我在周围人中是最自私、最任性、最只考虑自己利益的。我受到的教育一向是不要这样做，因为这样做必然会遇到挑战：在短时期内是做我懂得的事好还是做我希望做的事好。

每天的工作已经使我很疲惫了，所以每当下班回家后，我想做的就是赶快回到我的小屋里。我想逃避与家人的接触，不想再为我与妻子的关系或者其他人和事操心。我只想专心于我喜欢做的事，或者我不用动脑筋的事。

但是我知道我应该关心我和妻子的关系，花时间与妻子沟通交流，我必须明白她有她的需要和想法，我必须倾听一下妻子的想法。

妻子为我而不是为其他人操劳了30年。我已经结婚了，我的生活再也不只是我一个人的了，而是我和妻子共有的。如果我在婚姻生活中积极一些，那么我就应该做出这样的承诺："我的生活不再只是我一个人的生活，而是我和妻子两人的共同生活。"当然每个人都会有自己的事情，我也应该拥有属于自己的时间，可是除此之外，我还需要关心我和妻子的关系。如果这对我很重要的话，我就必须在婚姻方面付出时间和精力，即便我不喜欢也要这样做，即便我累了或是脾气不好也要这样做。

凯瑟琳·约翰逊（Catherine Johnson）在她的《爱情的幸运：幸福夫妻的秘密和他们是怎样长相厮守的》（*Lucky in Love：The Secrets of Happy Couples and How Their Marriages Thrive*）一书中提供了她有关什么因素使得婚姻幸福和长久的研究结果。在这些因素中她突出了两个美好的想法：

1. 夫妻双方不要貌合神离，要实现真正的心灵结合。两颗心真正融为一体，将对方看作自己最好的朋友。

2. 夫妻双方要多加呵护彼此之间的健康关系，而不要想着在争执时占上风。他们应该有自知之明，能够倾听对方的意见，并从对方的看法中对自己做出正确的评价。

这种牺牲和付出需要升华为一种良好的家庭文化，在道德品质和满足需要方面为那些付出爱和得到爱的人创造最终的"胜利"。这才是真正的双赢精神。实际上这是一种三赢——既是个人之间的胜利，又是婚姻和家庭的胜利，还是通过满足个人要求和促成家庭稳固的社会的巨大胜利。

怎样培养双赢思维

拥有双赢思维意味着你要在所有的家庭互动中保持双赢，你总是希望与你有关的每一个人都幸福快乐。

作为父母，你知道你的孩子有时想做一些并不能给他们带来胜利的事情。大多数年轻而没有经验的人往往会按照自己的意愿，而不是他们的需要行事，但照料他们的长辈则比他们成熟、有经验、明智，更关心需要而不是愿望。因而，长辈们常常会做出一些不被孩子们喜欢而带有强迫性的决定。

但是为人父母并不是为了取悦孩子，向他们每一个突发的奇想和愿望让步，父母应该做的是能够真正双赢的决定，而且这些决定对孩子来说可能是及时的。

永远记住，为人父母基本上是个“吃力不讨好”的事，对于父母来说，他们要认识到这点，并根据情况调整他们对孩子们的期望，这要求他们要更加成熟和承担更多的义务。请记住，使孩子快乐并不是不做使他们不高兴和不满的事。例如，缺少“气氛”就是一种令人不满的因素，气氛并不会使你真正感到快乐，但是如果没有气氛，你会非常不满意。“气氛”在家庭中就是作为父母的你们在理解、支持、鼓励、爱和言行一致方面的付出和给予。没有这些就会造成不满因素，孩子们就会不快乐，但有这些也不一定就会使孩子快乐。因而为人父母者需要根据具体情况调整他们的期望。

弗雷德里克·赫茨伯格（Frederick Herzberg）在他的“双因素理论”

（hygiene motivation theory）中首先提出了满意与不满意的想法，这对为人父母者具有极大的意义：

1. 不要指望从你的孩子那里得到许多赞扬和感谢。如果孩子做出了这些举动的话，那对你来说就是锦上添花，但不要对此抱有奢望。

2. 保持快乐的心情，尽可能排除不满因素。

3. 不要为你的孩子定义何为满足，你不能干预孩子人生中必须经过的自然过程。

作为父母，你将会遇到你的孩子表示不满的种种方式。但是你要记住，你要做的就是使孩子拥有享受快乐和安全感的基本基础，因为孩子们在这些问题上常常是不会向你敞开心扉的。因此不要错误地认为你的孩子表示不满就代表你为人父母的失败。

关键在于人与人之间的关系。当孩子信任你，知道你真心地关心他们时，他们一般会乐于让你处理他们的需要，而不是他们的希望。因此如果你尽可能地培养孩子们的双赢思维的话，孩子们是会理解你的一片苦心，从而接受那些对他们来说似乎带有强制性的决定的。你可以用以下几种方式来做到这点。

你可以在小事上向孩子让步。当孩子还小时，90%的事情都是小事。在家中，如果我们的孩子想在房间里架秋千、出去玩耍、把衣服弄脏，或者把他在屋子里搭的堡垒保留几周时间，一般来说我们都不会阻拦他们这样做。他们的胜利也是我们的胜利。这样做加强了我们与孩子之间的关系。一般来说，我们要设法分清原则与偏爱之间的区别，只在真正有价值的问题上表明我们的立场。

你可以在大事上和孩子相互影响。通过这种方式孩子会知道你把他们的幸福放在了心上，你不会凡事以自己为中心或只关心自己的利益，你会乐于接受他们的影响。你要尽量使孩子也参与到解决问题的过程中来，并与他们共同研究寻找解决问题的办法，或许他们会提出比你更好的想法。或者你们可以通过相互之间的影响加强合作，从而找到一种比你们双方的办法都要好的其他办法。

你可以采取一些办法来抵消竞争焦点。我的孙女是一名优秀的足球运动员，有一次我去观看她的一场足球比赛。大家都非常兴奋，因为这是一场来自两个不同城市的两个最棒的球队之间的比赛。当小选手们在场上厮杀得难解难分时，双方运动员的家长也非常投入。最终比赛以平局而告终，这个结果对于孙女所在球队的教练来说虽然还不至于像输掉那样糟糕，但也和输掉差不多。

比赛结束后两队队员在握手时例行公事般地说："比赛很精彩。"但是孙女的球队却士气低落，你可以从她们的脸上看出这点。虽然球队的教练想给小队员们打气，但是她们知道教练对比赛的结果也非常失望，因此她们在走过球场时都低着头。

当她们来到我们这群家长面前时，我兴奋地大声说："踢得好，孩子们！真是一场精彩的比赛！你们本来有五个目标：拼尽全力、玩得开心、友好合作、积累比赛经验以及取得胜利。现在你们实现了四个半，也就是90%的目标！这值得大大庆贺！"

你可以看到她们的眼睛顿时充满了光彩，很快双方队员和家长为选手们所取得的成绩庆贺起来。

一个十几岁的女孩有过这种经历：

高二时我参加了一场高中女生篮球赛，虽然我还只是个高二的学生，但是我的球打得非常好，个头也很高，足以成为大学篮球队的首发队员。我的朋友帕姆也是高二的学生，她也有资格成为大学篮球队的首发队员。

我擅长在距篮筐10英尺外处投篮，每场比赛我都可以投进四五个这样的球，并赢得大家的认可。不久后，显然帕姆不喜欢我成为全场的注意中心，因为她总是有意无意地不向我传球。不管我身前有多大空隙，帕姆就是不把球传给我。

在某天晚上的激烈比赛中，帕姆在比赛大部分时间都不向我传球，赛后我像以往一样气得要命。我同父亲进行过多次长谈，什么都向他倾诉，并表示了我对化友为敌的怪人帕姆的愤怒。长谈之后，父亲对我说，他认为最好的办法是我一得球就传给帕姆，并且每次都这么做。我想这是父亲向我提出过的最愚蠢的建议，但是父亲说这样做一定会有效果，让我一个人在厨房餐桌前好好考虑一下。我没有听父亲的话，因为我知道这不会有用的，我把父亲的建议当成了耳旁风。

再次比赛时，我心中早就打好了主意，我一定要毁掉帕姆的比赛。可当我在比赛中第一次传球时，听到了父亲在人群中高声喊叫的声音，他的声音低沉有力，虽然我在打球时专心致志，但我总是能听到这个声音。这时恰好我拿到了球，父亲高声喊道："把球给她！"我犹豫了一下，然后按我认为是对的做法做了。虽然这时我面前没有人阻挡我投篮，但是我看见了帕姆，并将球传给了她。一时间帕姆感到意外，随后她转身投篮，得了2分。

当我退回后场防守时，我突然有了一种以前从未有过的感觉：为另一个人的成功而感到由衷的高兴。更重要的是，我知道这个球使我们的比分领先了，胜利的感觉真好。上半场只要我一得球就继续把球传给帕姆，而且每次都是如此。到下半场时，我还是这样做，除非轮到我罚球或我面前根本无人防守时我才投篮。

这场比赛我们赢了。在以后的比赛中，帕姆开始像我尽一切可能向她传球一样，也尽量把球传给我。我们配合得越来越好，我们之间的友谊也越来越深。我们球队赢得了那一年中大多数场比赛，我们两人也成了小城中带有传奇色彩的一对搭档。当地的报纸甚至专门刊登了一篇我们相互配合传球和对对方站位心有灵犀的报道，好像我们知道对方心里想的是什么。总的说来，每场比赛中我的得分比以往任何比赛都多。每当我得分时，我都能感受到帕姆为我由衷地感到高兴。而她得分时，我也特别开心。

即便是在争输赢的体育比赛中，你依然可以通过一些举动来创造双赢的精神和突出双赢的前因后果。在家庭中，我们也会发现只要我们选择了“集体”得分，我们就经常会享受到快乐的时光。

创造双赢局面的办法很多——甚至年纪很小的孩子也能做到这点。正像我女儿生日聚会上所表明的，孩子要经历成长的过程，其中也包括愿意分享玩具之前的独占欲。作为父母，一旦我们明白了这些理念，我们就可以帮助孩子朝双赢的方向努力。

“因为什么哭呢？噢，看哪，约翰尼伤心了。你认为他为什么伤心？是因为你抢走了他的玩具吗？这些是你的玩具，都属于你。你觉得我们怎么做能让约翰尼高兴，同时令你很开心呢？好主意！现在你们两人都高兴了。”

制定双赢协议

家庭情感账户中一些最大的支出与储蓄问题是你如何去处理你的预期值。有时人们会对人与人之间的关系做出某种假设。这种关系从未经过探讨，而只是存在假设和预期。当这些预期不能得到实现时，就出现了大笔的支出。

关键在于预先建立明确的预期，而家庭“双赢协议”可以协助你实现这些预期。

一位离异的母亲在与她染上吸毒恶习的儿子制定双赢协议时有过这样的经历：

儿子16岁时我和丈夫离了婚，这个事实使儿子很难接受，他因此经受了非常大的痛苦，结果染上了吸毒的恶习，并出现了其他问题。

当我有机会参加一个关于七个习惯的课程时，我邀请具有强烈叛逆精神的儿子和我一起去，儿子同意了。这为他之后的生活出现重大转变奠定了基础。

最初他一个劲儿地走下坡路，但是最终他利用这七个习惯使自己重新奋起。我们一起制定了一项双赢协议。作为协议的一部分，我要帮助他买一辆他特别想要的汽车。我帮他付首付，剩下的贷款他通过自己挣钱来还清。儿子财政拮据，因此无法贷款，而我却可以。他还要接受戒毒治疗。我们非常详细地讨论了五六个需要注意的问题，儿子都同意了。儿子拟好了协议，我们两人在上面签了字，并且都非常清楚我们应该做什么。

虽然儿子非常绝望，面对着非常困难的挑战，但是他对自己的过去采取了一种完全负责的态度，并勇敢地改变了他的人生道路。他兑现了自己所做的每一个承诺，仅三个月时间就使他的生活完全变了样。

现在他有份很好的工作，并且很快就要到大学深造。他是班里最优秀的学生，他希望成为一名博士，使自己的生活重新步入正轨，而这在以前似乎是绝不可能实现的目标。

你可以看出在以上案例里，协议是如何培养家庭文化中的双赢精神的吗？

你可以看出协议是怎么帮助建立起情感账户的吗？协议建立在相互理解的基础之上，帮助创造出共同的愿景，明确了希望，做出了承诺，建立了信任。协议让所有参与其中的人获得胜利。

让协议来做主

一位母亲的经历向我们展示了，她如何通过一项双赢协议从孩子的拖累中解脱出来，并且让孩子学会负责任：

在我们的孩子还小时，我总要为他们的衣服操心，把他们的衣服洗干净、叠好并收拾得整整齐齐。等孩子们年纪大了一些，我教他们收拾整理自己的衣服。但是等他们长到十一二岁时，我们认为该让他们为自己的衣服负责了。我们一起决定孩子和我们各自负责的范围，制定了一项有关衣服问题的双赢协议。

我们同意每周给孩子一定数量的"服装零花钱"，也就是去买衣服的交通费和帮助我们将衣服送去修补的费用。而孩子则同意每周自己洗、叠和收拾衣服，保持自己放衣服的抽屉整洁，不把衣服乱扔。我们还设立了一个专门收集到处乱扔的物品的"无人认领箱"，他们要赎回被放进这个箱中的东西的话，每赎回一件就要从他们的服装零花钱中扣除25美分。

我们还商定每周举行一次说明会议，他们在会上交出一份列有他们在本周中因做家务所挣得的零花钱细目清单，不论他们是否自己洗了衣服，清单上都要留有供他们核查的栏目。

刚开始一切顺利。我们教孩子怎么使用洗衣机，他们很高兴有钱买自己的衣服，而且一连几周他们的衣服都洗得干干净净，叠放得整整齐齐。可是当他们把心思更多地投入到学校的活动中时，他们开始三天打鱼两天晒网，甚至一度晒网的时间超过了打鱼的时间。

我忍不住因此而唠叨批评他们，有时我的确也这样做了。他们总是表示抱歉，总是说他们打算改进。但过了一段时间后我认识到我给了他们责任，然后又收回了他们的责任，只要我还把责任握在手中，这就是我的错，而不是他们的错。

于是我咬紧牙关坚持住，让协议发挥作用。每周我都高高兴兴地和他们坐在一起，接受他们交给我的清单。凡是他们挣的钱我都支付，如果他们洗了衣服，我就付给他们服装零花钱，如果没有，我就不给。周复一周，他们做了什么就得到什么奖励。

不久后，他们的衣服穿破了，鞋子小了，他们开始向我说："我真的需要几件新衣服了。"

我说："好啊！你们有自己的服装零花钱，你们想什么时候让我带你们去买衣服？"

看来他们突然要面对现实了。他们认识到他们在时间分配上所做的一些选择并非最佳选择，不过他们并没有抱怨，因为这项协议是他们首先协助制定的。不久之后他们开始对洗自己的衣服产生了比以前大得多的兴趣。

这件事本身的绝妙之处是协议让我变得心平气和，让孩子们开始自发学习。孩子的选择是：接受事情的结果。我爱他们，支持他们，但是我不干预他们。我不会为他们"妈妈，请给我买件新衬衫吧"或是"我们能不能到商场去买几条新裤子"这样的话所动。协议做主，他们知道他们不能来求我给他们买衣服的钱。

请注意这位女士是如何让双赢协议主导她与孩子的关系的。你可以看到在出现问题时，她是如何不做出消极被动反应的吗？协议给了她安全感，她并没有因孩子的一时想法和说辞而妥协。当孩子遇到问题时，她没有因母爱而心软。

你能看出这种方法是怎么建立起情感账户的吗？由于有了协议，他们之间的关系便没有成为一场权力之争。这位女士做了她同意做的，让孩子通过了解他们的选择造成的后果而接受了教训。在孩子们没有得到他们所希望的结果时，她也不必表示出同情和母爱。

请注意，这个女士是如何通过这个双赢协议使她的孩子学到几个重要的原则的。她给孩子树立了一个榜样：他们从此以后要学会叠衣服和保持服装的整洁。她使孩子受到了他们要想在人生取得成功所必需的教育和训练：她教会孩子怎么收拾衣服和使用洗衣机。然后她通过协议确立了孩子的责任感，而且使孩子永远保持这种责任感。她用耐心和母爱教给孩子人生经验。

双赢协议的五大因素

多年前我和桑德拉遇到过一次有趣的经历，这次经历使我们掌握了许多如何与自己的孩子制定双赢协议的经验。也许这次经历教会我们最重要的事是：**如果由你来监督指导别人的待人处世方式，你就不能让他们为所造成的结果负责。**

这是我最常引用的一次经历。事实上，由不同的人参加的会议都是以这次经历为基础的。当你听到这个故事时，请注意双赢协议的五大因素——预期结果、指导方针、可用资源、任务考核和奖惩制度是如何发挥作用的。

干净整洁、满园苍翠

我们的小儿子史蒂芬自愿提出收拾院子，而我在让他承担这个工作前已开始对他进行训练了。

（注意以下几段将表明我们是怎样确定预期结果的。）

我希望他在心中对一个精心照料的院子应该是什么样的有明确的构想，于是我带他到邻居家的院子里，对他说："儿子你看，我们邻居的院子是多么整洁和苍翠如茵啊！这就是我们希望的院子：干净整洁，满园苍翠。现在回去看看我们家的院子，是不是颜色杂乱？我们的院子不应该这样，干净整洁和满园苍翠是我们所希望的（我们是如何确定指导方针的）。现在该由你来使院子变得满园苍翠了。除了不能用油漆把院子刷绿之外，你爱怎么干就怎么干。不过我可以告诉你如果我来干的话我会怎么做。"

"爸爸，你会怎么做？"

"我会打开喷水装置来给院子浇水，不过你可能想用水桶或胶皮软管浇水，或者你还可以整天用口水来浇院子，这对我来说没有区别。我们关心的就是院子的颜色要是绿的，懂了吗？"

"懂了。"

"现在我们再说一下'干净整洁'的问题。干净整洁就是说院子不要乱七八糟的，不能有纸、绳子、骨头、树枝，或者其他使院子显得杂乱的东西。我会告诉你我们怎么做。我们先把院子的右半边打扫干净，然后看看左、右半边有什么不同。"

于是我们拿来两个纸袋，开始在院子的右边把乱七八糟的东西都捡到纸袋里。"现在我们再看看院子的左、右半边，看出有什么不一样了吗？右半边才是干净整洁的。"

儿子叫道："等一等！我看见矮树丛后面有些废纸！"

"好的！我都没注意那里有报纸。儿子，好眼力！"

“在你决定做不做收拾院子的工作前，让我先告诉你几件事，因为当你干了这个工作后，我就不会再帮你了，这就是你的任务了，这就叫工作。工作的意思就是‘一项抱有信任的事情’。我相信你能把院子收拾好，能做好这个工作。”

“现在谁是你的领导？”

“是你吗，爸爸？”

“不是我，是你。你是你自己的领导。难道你想要爸爸妈妈总对你唠叨个不休吗？”

“不想。”

“我们也不想，有时这会让人烦，对不对？所以你是你自己的领导（我们是怎么明确他的可用资源是什么的）。现在你再猜猜谁是你的助手。”

“是谁？”

“我，你领导我。”

“我领导你？”

“对。不过我帮忙的时间有限，有时我要离开。但是我在的时候，你告诉我该干什么，你让我干什么我就干什么。”

“好的！”

“再猜猜谁来检查你的工作。”

“是谁？”

“你自己检查你自己的工作。”

“我检查？”

“对（确定了责任）。每周我们在院子里转两次，你可以向我展示你是怎么收拾院子的，你又是怎么检查自己的工作的。”

“干净整洁，满园苍翠。”

“说得对！”

我用这两句话训练了儿子两个星期，直到我认为他做好接下这个工作的准备了。这一天终于到了。

“这是个交易吗，儿子？”

“是的。”

“工作是什么？”

“干净整洁，满园苍翠。”

“什么是满园苍翠？”

儿子看了看院子，院子看上去比以前好些了，然后他指着邻居的院子说：“就是他院子的颜色。”

“什么是干净整洁？”

“不是乱七八糟的。”

“谁是领导？”

“我是。”

“谁是你的助手？”

“你，当你有时间时你就是我的助手。”

“谁来检查你的工作？”

“我。我们每周在院子里转两次，我向你展示院子是怎么收拾的。”

“我们希望的结果是什么？”

“干净整洁，满园苍翠。”

那时我还没有建立诸如工作做得好就奖励零花钱之类的外在形式的因果关系，而是着重帮助他明白工作做得好所产生的内心的满足感和自然而然的结果（明确和解释了奖惩制度）。

只用了两周时间和两句话，我想儿子就明白了该干什么和该怎么干。

今天是星期六，儿子什么也没干。星期日，什么也没干。星期一，什么也没干。当星期二我开车驶出家里的车道去上班时，我看到的是一片枯黄和凌乱不堪的院子，七月的夏日正在升起。我想："今天他肯定会开始干了。"我为儿子的举动寻找理由，星期日不干是因为那天我们刚制定了协议，他有别的事要做，但是我看不出他星期一不干的理由。现在是星期二了，他今天肯定会干的。现在是夏季，他还有什么别的事要干吗？

那天一整天我都盼着回家，看看儿子干了些什么。当我的车转过弯快到家时，我看到的情形和早上离开时一模一样，而儿子正在街对面的公园里玩耍。

这是我不能接受的。在经过长达两个星期的训练和做出所有承诺之后，他还如此表现，这是我不能接受的。我们为家里的院子付出了许多努力、精力和金钱，我却看到所有这一切都将付之东流。而旁边邻居的院子却修剪得整整齐齐，非常美丽，这使我感到难堪。

我正要收回给儿子的权力而自己来当领导："儿子，过来，立刻把垃圾收拾好！"我知道我可能因此而得到金蛋，但是下金蛋的鹅怎么办？儿子的承诺怎么办？

于是我强作欢颜，朝着街对面大声喊道："嗨，儿子，事情做得怎么样了？"

儿子回答道："很好！"

我又问："院子收拾得怎么样了？"这时我知道我这么说破坏了我们之间的协议，我们不是这样建立责任制的，我们也不是这样商定的。

因此他认为他不履行协议并没错，他说："很好，爸爸。"

我忍着没说话，直到晚饭后我才对他说："儿子，我们做我们商定的事吧，一起到院子里转转，你可以告诉我你是怎么履行你的责任的。"

我们正走向门口时，儿子的嘴唇抖动起来，泪水盈眶。等我们走到院子中间时，儿子抽泣着说："爸爸，这工作太难干了。"

我暗自思量，怎么难干？你一件事还没做呢！可是我知道儿子的难处是什么——他要自己管理自己，自己监督自己。于是我说："我有什么能帮你的吗？"

儿子不以为然地说："你愿意吗，爸爸？"

"我们的协议是怎么定的？"

"你说只要有空就帮我的忙。"

"现在我就有空。"

儿子飞奔进屋拿了两个袋子出来，递给我一个，指着星期六晚上我吃烧烤后留下的垃圾说："把你那些东西捡起来，这些垃圾让我恶心。"

我照着儿子的话做了，他让我干什么我就干什么，而这些活儿都是他在签协议时记在心里的。现在院子成了他的院子，责任也成了他的责任。

整个夏天儿子只指使我干了两三回活儿，实际上是他一个人在打理院子——把院子打理得比我照管的时候还要干净和郁郁葱葱。如果兄弟姐妹们把口香糖或是包装纸扔在院子里的草坪上的话，他看见了甚至还会呵斥他们。

坚持我们所制定的协议是非常困难的！但是我懂得了坚持的力量所在—— 一个包括五大因素在内的双赢协议的力量所在。事实上，你早晚都会应对这五大因素的。如果你没有选择在你负责时预先处理这五大因素的话，那么你后来也要在管理的关键时刻应对这五大因素。

"哦，那是我应该做的吗？我不明白。"

"好啊，你为什么不告诉我该那么做？"

“我不知道说明书在哪儿。”

“你从没说过我必须在今天做完这件事。”

“你说我今晚不能出去是什么意思？你从没说过如果我没做这件事就不能出去。莎伦也没做完她的工作，可你让她出去了！”

刚开始时似乎要花很长的时间才能规定出五大因素，他们也常常是这样做的。但是早些把时间花在规定五大因素上远比处理因为没做这项工作而造成的后果要有效得多。

“大照片”——双赢思维的关键

显然，想到双赢是决定成为什么样的“家庭”的核心。正如我在本章刚开始时说的那样，当你陷于某种情感或行为之中时，要做到这点可能会变得非常困难。因此在我们遇到问题和做出反应之间的距离就变得至关重要了。

在我们的家庭生活中，我和桑德拉发现坚持习惯四的唯一关键在于利用这种距离与“大照片”联系起来。

几年前桑德拉用我们家庭成员生活中各个时期的照片贴满了家里屋子的墙壁——有我们父母的、爷爷奶奶的、曾祖父和曾祖母的照片，有我们婚礼时拍摄的黑白照片，有我们9个孩子婴儿时期的照片，有他们没牙时、带着一脸雀斑时、出疹子时、戴着牙套时的照片，有他们上高中、上大学时的照片，有他们做祈祷时的照片，有他们婚礼时的照片，还有一些全家福照片，孙子孙女在一起的照片，甚至还有我刚长出头发时的照片。

桑德拉希望建立一个家庭照片墙，因为她希望所有的家庭成员都像她看待他们一样相互看待。比如当她看到我们已经结婚、33岁的儿子和他的4个孩子的照片时，她依然把他看作4时岁回到家里寻求安慰和找绷带包扎擦伤膝盖的儿子，把他看作12岁时第一天上初中怕得不行的儿子，把他看作17岁时在一场橄榄球冠军赛上半场输了，但仍鼓起勇气担任四分卫继续比赛的儿子，把他看作19岁时离开家到国外求学两年的儿子，把他看作23岁时拥抱着他的新娘的儿子，把他看作24岁时抱着他第一个孩子的儿子。

你看，对桑德拉来说，她所看到的家中每一个人的东西远远超过了家中任何人在特定时间内所能看到的东西。她希望通过沟通和使别人参与，令家里的人欣赏她对她所爱的人的看法。

桑德拉：

看到每个到我们家来的人马上就被墙上的照片所吸引真是让我太高兴了。他们注意到我们家里的人长得像的地方，并指出一个孙子辈的孩子长得与他的妈妈或爸爸过去的模样简直一模一样，我们的儿女和孙子孙女们常常聚集在墙前一起看着照片。

“哦，我还记得那件粉红色的衣服，那是我最喜欢的衣服。”

“你妈妈那时是不是长得很漂亮？”

“看，我也不得不戴着牙套。”

“这张照片是我们球队在州橄榄球赛上夺冠时拍的。”

“那是我当选为男孩节女王那天穿的礼服。”

当我抓拍儿子做完滑水运动登上码头时的照片时，他们显得非常兴奋。我把照片放大，然后作为圣诞节礼物送给儿子。他们来到屋里后会把这些照片骄傲地指给他们的孩子看。

“看我那时候的肌肉多么发达！”

照片上儿子的皮肤晒得呈古铜色，身上的肌肉在阳光下一条条隆起。

他们对自己的孩子说："那个人就是你爸爸，我练了三年的举重才把肌肉练成那个样子。"

每当我想起我的孩子们时，我想到的并不是他们现在的样子和行为，而是他们从前的表情和他们以前最喜欢穿的衣服。当我看着这些照片时，脑海中闪现出他们婴儿时、蹒跚学步时、还没上学时、十几岁时和刚刚成年时的样子。我依然记得他们在各个年龄段和人生各个阶段的模样、快乐的笑容、伤心的眼泪、成功和失败。

浏览这堵贴满了照片的墙就好像整个人生在眼前闪现，心中充满了对往事的回忆、怀旧之情，充满因他们的不断进步而感到的欢乐与骄傲。生活还在继续，生活是多么美好。我们保留了很多本有关家庭和孩子的照片簿，我从这些照片簿中享受到无穷的乐趣。这就是我们的家庭和生活，我爱这个家。

我常常希望在这面墙上能有我们未来的照片，看到10年后、20年后，甚至是50年后的我们自己、我们的配偶和我们的孩子们。如果我们能看到他们将要面对的挑战、他们身上所形成的人格魅力、他们所做出的贡献的话，那时我们会怎么想啊！如果我们当时能看到未来，如果我们以家中每个人后来变化的角度对待他们，无论他们在某些时候做过什么，尽我们的一切努力帮助他们成为后来的自己，那我们之间的相互影响将会变得多么不同啊。

如果我们能从这种角度，而不是根据当时他们的情感或行为对待他们的话，这将会使我们为人父母的方式变得完全不同。例如以处罚孩子这类严重的问题来说，我和桑德拉通过"大照片"想法得到的最有价值的经验是惩罚与训导之间的不同。也许我会举出把孩子关进"休息室"的通常做法来举例说明这点。

许多家长会把“休息室”作为关犯错误的孩子的地方，直到孩子平静下来才放他们出来。而如何使用休息室清楚地表明了惩罚与训导之间的不同。惩罚就是对孩子说：“好了，你到休息室来关半个小时的禁闭。”训导则是对孩子说：“好了，你需要到休息室里待一会儿，直到你决定照我们同意的方法做事再出来。”孩子关一分钟还是一个小时的禁闭并不重要，关键是孩子必须要以积极主动的态度来做出正确的选择。

例如，如果儿子犯了明显的错误，他需要到休息室里关上一会儿，直到他决心再也不这样了。如果他出来后还继续犯同样的错误的话，那就意味着他还没想通，因而这个问题还要再讨论。但关键在于你要向他显示出你对他的尊重，相信他会做出与协议中原则一致的选择。训导不带感情色彩，只是以一种非常直接的和对事不对人的方式解决问题，实现预先同意的结果。

无论孩子在什么时候犯了错误，重要的是要记住习惯二，对你想要做什么心中有数。作为父母，你的“后行”有助于使孩子接受经验教训和成长，把孩子培养成为一个负责任的人。训导的目的是帮助孩子形成自我约束的能力，使孩子即便在受到其他外界影响时也能做出正确的选择。

鉴于此，你所能做的最重要的事情之一是根据孩子的情况灵活运用习惯一（积极主动），相信孩子有能力“负责”。向孩子讲清楚问题在于他的行为，而不是孩子本人，肯定而不是否定孩子有能力做出选择。你还可以通过鼓励孩子养成记日记的习惯，从而帮助他们提高自己做出正确选择的能力。这种方法会使孩子通过观察自己的行为和培养他们的道德品质，从而加强他们的个人天赋。你还可以运用习惯四来运用预先制定一个有关规矩和结果的双赢协议。

我和桑德拉发现当孩子有过这种被训导的经历后，他们的精神面貌就变得完全不同了。他们的精力都集中在完善他们的道德品质，而不是与我们周旋之上。他们变得更愿意接受批评，更具可教育性了。训导实际上常常会在你和孩子之间建立起情感账户，使你们对相互之间的关系抱有良好的愿望，而不是拒绝改变或导致关系恶化。孩子可能还会做出错误的选择，但是他们终究会相信原则和以原则为指导的家庭环境是具有信赖性和牢固性的。

看“大照片”使得所有家庭的相互影响都出现了巨大的变化。或许当我们看到家庭成员（也包括我们自己）时，我们应该想象每个人都穿着印有“耐心些，我还没完呢”字样的T恤衫。我们应该永远对别人抱有充分信任的设想。如果我们设想别人看到这点时尽了全力，就可以对实现他们心中最美好的东西施加有力的影响。

如果我们总是能看到彼此的不断变化与成长，并真诚地行动，如果我们能保持我们的目标和三思而后行的态度的话，我们将永远会有走向双赢的动力和因此而承担的义务。

与成年人和青少年探讨本章的内容

培养双赢思维

•讨论一下关于角力比赛的内容。为什么角力比赛中双赢的做法和想法对家庭会有这么大的好处？

•讨论一下具有双赢思维的人是怎样改变局面的。

•向家里人提出这样一个问题：为什么家庭内部发生的争吵比

来自家庭以外的巨大压力更具破坏性？

相互依赖是目标

•向家里人提出这样一个问题：家庭成员需要做什么才能通过合作提出比单独靠自己所能提出的更好的解决方案？“一个问题，一种承诺”的想法有什么样的作用？

•讨论一下我赢你输或是你赢我输想法造成的后果。提出这样一个问题：你能想到一个比双赢效果更好的其他方法吗？

从“我”向“我们”努力

•重温葬礼后分财产的故事，以此作为一个目光远大和成竹在胸的人是如何在一种非常敏感的局面中创造人人都双赢的结果的范例。讨论一下你怎样在生活中的某些情况下形成和塑造双赢思维。

•探讨一下“匮乏心态”与“富足心态”之间的区别，确定一种富足心态将会有益于你的家庭的情况，设法在一周之内保持富足心态，谈一谈这能使你的家风出现什么变化。

与家庭成员制定出双赢协议

•讨论一下本章中所讲述的有关形成家庭双赢协议的经过。谈论一下这些协议对孩子和家长有什么不同。设法与另一家人建立起一项双赢协议，并将这个协议试行一周时间。探讨协议的好处和造成的挑战。

•讨论一下训导和惩罚之间的不同。提问：我们如何做到训导而不是惩罚？

•讨论一下看“大照片”是什么意思。当一个家庭成员难以相处时，如何才能通过就事论事的态度来使你想到双赢？

与儿童探讨本章的内容

人人有份

• 在一个阳光明媚的下午带着孩子到海滩、公园游玩，或是去爬爬山，和孩子讨论一下阳光的重要性，阳光对每个人都是公平的，人人都可以享受阳光。告诉孩子无论是一个人还是一百万人在享受阳光，都丝毫无损于太阳。阳光是无处不在的，就像爱是无处不在的一样，爱一个人并不意味着你就不能再去爱别人了。

• 和孩子做一个游戏，告诉孩子这次“胜利”意味着所有人的胜利。制定一些新的规则，新规则要求对其他参与游戏者的友善和考虑周到比获最高分更为重要，看看孩子会怎么做。孩子可能偶尔会放弃上场的机会，与别人分享游戏的奖励或是糖果，为全队得分而努力，或是提出如何才能取得更好的成绩的建议。游戏结束后，让孩子们讨论一下他们认为怎样才能帮助每个人都取得胜利，帮助孩子明白世界上为胜利者提供的空间是无限的。

• 邀请家里人参加一场球赛，但在去的路上向大家解释你的计划是使每个人都记下他们在赛场上所看到的“最佳”——最佳场上表现、最佳配合、最佳运动道德、最佳合作，而且这些最佳不仅包括本队的最佳表现，还有对手的最佳表现。赛后，将各自的记录加以对照，让家里的人指出他们所看到的所有的好的东西，要求他们交换彼此的看法和感受。

• 将两个因竞争关系而不能享受在一起的乐趣的兄弟故事讲给孩子听。讨论一下他们形成的双赢思维是如何帮助解决你与你的孩子之间可能发生的问题的。

• 选择一个使你和你的孩子之间发生冲突的问题，这个问题可能关乎孩子非常想要的秋千架、去游乐园或者孩子想做的你不希望他们做的事。和孩子坐下来一起讨论这个问题，将所有话都摆在明面上，确定怎样才能让涉及此问题的人都取得胜利，设法达成一个双赢的解决方案。一起讨论当达成这样一种解决方案时，你们的想法是什么。

• 在你的家庭生活中选择一些需要进行团队合作和团队精神的问题。将每个问题记在一张纸条上，然后把这些记录放在帽子里。让孩子每次从帽子中抽取一张纸条，然后解释他们怎么做才能实现每个人都能取得胜利的结局。

HABIT 5

习惯五 | 知彼解己

通过同理心沟通解决家庭问题

知彼解己，也就是学着先理解别人，再争取别人理解自己。这样你就能打开以心换心的家庭生活的闸门。如同名著《小王子》中的狐狸所说的那样：“这就是我的秘密，它其实非常简单：只有用心灵才能看清事物的本质，真正重要的东西是肉眼无法看见的。”

在本章的开始，我想先让你做个试验。请花几秒钟的时间看看本页的这幅图画。

现在再来看看这幅图画，细致描述一下你看到了什么。

你是否看到了一个印第安人？他长什么样？有着怎样的装扮？他面向何方？

你可能会说，这个印第安人长着一个大鼻子、戴着一顶羽毛战帽，正注视着页面的左侧。

但是，如果我告诉你，你错了呢？如果我告诉你，你看到的不是印第安人，而是一个穿着大衣、兜帽罩头、手持长矛、背对着你、朝向页面右侧的爱斯基摩人呢？

到底哪个是对的？再看看这幅图画，你是否看到了一个爱斯基摩人？如果你看不出，再试试看。你看到他的长矛和带兜帽的大衣了吗？

如果我们正在面对面地交谈，我们可以讨论这幅图画。你可以向我描述你看到的东西，我也可以向你描述我看到的东西。我们可以不断交流，直到你使我看到你在图画中看到的东西，我使你看到我在图画中看到的东西为止。

由于我们无法这样做，所以请你把书翻到第256页，仔细看看那幅图画。然后，再看看257页的图。现在你能看到这个爱斯基摩人了吗？在继续阅读之前，你一定要清楚地看到他，这非常重要。

多年来，我一直利用这种感知图片帮助人们意识到，他们对世界的看法未必就是别人对世界的看法。其实，**人们并没有按照世界的本貌看待它；他们的看法受到了目前或一直以来所受的熏陶的影响。**

这种感知试验几乎无一例外地使人们变得更谦逊、更尊重他人、更恭敬，并且能以更坦诚的态度理解别人。

在讲授习惯五时，我通常会走到听众中去，拿来其中一位听众的眼镜，并试图劝说另一位听众戴上它。我通常会告诉听众，我将采用几种人为影响的方法，尝试让此人戴上这副眼镜。

当我让她（我们假定这是一位女士）戴上眼镜之后，她通常会迅速表现出某种形式的畏缩，在眼镜度数很深的时候尤其如此。这时，我会激发她的动力，说道："再努力试试看。"她会变得越发畏缩。或者，如果她有点怕我，她会在表面上表现得很合作，内心其实还在抵触。所以，我会说："嗯，我感觉到你有些反抗情绪。你有'意见'。你应当积极一点，更积极地思考。你肯定能行。"于是，她会露出几分笑意，但那根本不奏效，她很清楚这一点。所以，她通常会说："那根本没用。"

然后，我会尝试制造一点压力，或者以某种方式吓唬她。我扮演起家长的角色，对她说："哎，你知不知道你妈妈和我为你做出了多少牺牲——我们为你做的这一切，我们为了帮助你而损失的一切？而你居然采取这种态度！现在就把它戴上！"有时，这甚至会引发更为强烈的反抗情绪。我又扮演起老板的角色，试图施加一些经济压力："你的简历到底有几分属实？”我会施加社会压力：“你到底要不要成为这个团队中的一员？”我会诉诸她的虚荣心：“噢，可是你戴着它多漂亮啊！大家看看，这副眼镜使她看起来完美无缺，不是吗？”

我诉诸动力、态度、虚荣心、经济和社会压力，我威吓，我给她制造负罪感，我要她积极思考，努力尝试。但是，这些影响手段无一奏效。为什么？因为它们都来自我，而不是源于她和她独特的视力状况。

这使我们意识到，先理解别人、再争取别人理解自己是多么重要——就像验光师所做的一样，先诊断，后开方。如果没有理解，那你的话不过是耳旁风，没有人会听你的话。你的努力只会暂时满足你的自我，但它不会产生丝毫影响。

我们每个人都在透过自己的眼镜看世界——这副眼镜就是我们的独特背景和所受熏陶，它决定了我们的价值观体系、期望、对世界现状和理想状况的固有设想。想想本章开头关于印第安人/爱斯基摩人的实验。第一幅图画决定了你的思维会以相同的方式去“审视”或解读第二幅图画，但是，还存在另一种正确的看图方式。

沟通失败背后的主要原因之一是，交流者对相同事件有着不同的理解。他们迥然相异的性格和背景经历促使他们如此行事。在交流时，如果他们不首先考虑自己为何会以不同的方式看问题，他们就会开始互相评判。我们以一件小事为例，比如对房间温度的不同看法。墙上的温度计显示温度为华氏75度（约24摄氏度）。一个人抱怨说：“太热了。”于是打开了窗户。另一个人抱怨：“太冷了。”于是关上了窗户。谁对谁错？到底是太冷了还是太热了？其实两个人都对。从逻辑学角度看，当双方发生分歧时，如果一方是对的，另一方就是错的。然而，这并非逻辑学，而是心理逻辑学。从各自的角度看，他们都是对的。

如果我们把自己所受的熏陶引申到外部世界，我们以为自己看到了世界的本貌，但事实并非如此。我们受到了目前或一直以来所受的熏陶的影响。除非我们有能力脱离自身的背景，抛开自己的眼镜，透过别人的眼睛审视这个世界，否则我们就永远无法与别人建立深切而真挚的关系，也无法以积极的方式影响别人。

这就是习惯五所要讲述的全部内容。

家庭烦恼的根源来自误解

多年前，我有过一次影响至深，几乎是震撼内心的经历，它以一种有力而令人羞愧的方式让我了解了习惯五的实质。

那时，为了安心写作，我带着全家离开自己从教的大学，去夏威夷休假，在瓦胡岛北岸的拉耶住了整整一年。

每天在海滩上晨跑后，我和桑德拉就把两个还光着脚、穿着短裤的孩子送到学校，而我则到甘蔗地旁边一所僻静的房子里写作，那是我的办公室，美丽而且静谧——没有电话，不用开会。

快到中午的时候，我就骑着摩托车去接她，带上两个学龄前的孩子——一个坐在我们之间，另一个坐在我的左腿上，穿过我办公室旁边的甘蔗地。我们就这样慢慢骑着，除了谈话什么都不做。

路上车很少，而且摩托车声音很小，我们都能清楚地听到彼此说话。最后我们总会来到一片人迹罕至的海滩，停下车，找一个僻静的地方野餐。

沙滩和岛上的小河彻底吸引了孩子们的注意力，所以，我和桑德拉可以不受干扰地继续交谈。我们每天至少花两个小时深入交流。

但这个过程并非总是甜蜜而轻松，我们偶尔也会谈及一些敏感的问题。

有一件事已经困扰我多年，那就是桑德拉固执的偏好。她似乎对某品牌电器有一种我绝对无法理解的痴迷，她从来不考虑购买其他牌子的电器。即使在我们经济尚很拮据的时候，她还是坚持要驱车50英里到“大城市”去购买该品牌的电器。

她对这个品牌的痴迷还并不是困扰我的最大问题，她为这个品牌辩护的那些莫名其妙的理由才真的让我难以接受。如果她干脆承认自己的做法缺乏理性，完全是感情用事，我大概还能容忍，但是她却一再辩解，实在让我烦心。

早春的一天，我们终于谈到了这个话题。

我永远都不会忘记那一天。我们没有去海滩，而是一直在甘蔗地里兜风，大概是因为我们不想彼此对视吧，毕竟这个问题牵扯到太多心理矛盾和不愉快的感受。

尽管这个问题已经潜藏了许久，但还没有严重到导致关系破裂的程度，所以我们当时谈话的态度都非常坦率。我们说到了其他品牌的家电，她也肯定了那些品牌家电的功能，并且开始敞开心扉，向我坦白她痴迷于那个品牌的原因。她谈到了自己的父亲，说他曾经在中学担任了多年的历史教师，后来为了糊口，进入了家电行业。经济衰退使他陷入了严重的经济困境，而没有濒临破产的唯一原因就是那个品牌的公司允许他赊账进货。

桑德拉和父亲的感情无比深厚，劳累一天的父亲一回到家里，就会躺在沙发上，而桑德拉则为他按摩双脚，给他唱歌，两个人每天都沉醉于这样的美好时光，持续多年。每当这时候，父亲就会对桑德拉坦言他在生意上的烦恼，并告诉她幸亏那家公司允许他赊账进货，他才得以渡过难关，为此他对这家公司十分感激。

父女之间的这种交流自然而率直，所产生的影响力也是难以想象的。在那样一个轻松的环境下，任何心理戒备都不会存在，因此父亲的话在桑德拉的潜意识里印上了深深的烙印。她原本或许已经忘记了这一切，直到我们能够无拘无束地进行沟通的那一刻，往事就自然而然地重现。

这次谈话让我们热泪盈眶。我终于开始理解她了。我从不曾给予她足够的安全感来谈论这件事，我从不曾对她产生同理心。我只是武断地加以评判。我满脑子都是自己的逻辑、意见和谴责之辞，根本不曾尝试着真正理解她。但是，正如布莱士·帕斯卡（Blaise Pascal）所说的那样："心灵世界自有其理，非理智所能企及。"

那一天，我们在甘蔗地里逗留了很久。最后，当我们来到沙滩上时，两个人都感觉焕然一新，彼此亲密无间，更加珍惜我们的关系。我们拥抱在一起，根本不需要交谈。

没有真正的理解，我们就无法建立充实和富有意义的家庭关系。家庭关系可以是肤浅的，可以是功能性的，也可以是互相影响的，但是，除非以真正的理解为基础，否则它们就不可能具有变革意义，不可能令人由衷地感到满意。

事实上，大多数真正的家庭烦恼的根源来自误解。

不久前，一位父亲向我讲述了他的经历。他年幼的儿子总是不听他的话，在街角跑来跑去，为此他经常惩罚儿子。每次儿子这样做时，父亲都会对他施以惩罚，并警告他不要再在街角跑来跑去了，但小男孩仍然不断地这样做。最后，在一次惩罚结束后，男孩眼泪汪汪地注视着父亲说："爸爸，'街角'是什么意思？"

凯瑟琳（我们的女儿）：

在相当长的一段时间里，我一直想不通，为什么我们三岁的儿子不肯到小伙伴的家里去玩。他的这个小伙伴每周到我们家来玩好几次，他们相处得很好。然后，他会邀请我们的儿子到他家院子里去玩，那里有沙堆、秋千、大树，还有一大片碧绿的草坪。每次，儿子都表示自己愿意去，但总是在半路上眼泪汪汪地跑回来。

我倾听了儿子的话，并且试图发现他的恐惧感何在。他最终敞开心扉告诉我，他害怕在小伙伴的家里上厕所。他不知道洗手间在哪儿，害怕自己会不小心尿了裤子。

我拉起儿子的手，和他一起来到小伙伴的家里。我们与小伙伴的母亲谈了谈，她带我们看了看洗手间在哪里，怎样打开门，还主动提出在儿子需要时给他指路。儿子如获重释，决定留下来玩耍，此后没有出现过任何问题。

我们的一位邻居讲述了他与自己上小学的女儿之间的一段经历。他的其他孩子都非常聪明，学业对他们来说易如反掌。令他吃惊的是，这个女儿起初数学成绩很差。全班在学习减法，而她好像根本听不懂。她眼含泪水，沮丧地回到家中。

这位父亲决定拿出一个晚上的时间和女儿一起找出问题的根源。他仔细解释了减法的概念，并让女儿试着做了几道题，但她还是搞不懂，就是想不明白减法是怎么一回事。

他耐心地把五个闪亮的红苹果摆成一排，从中间拿走两个。忽然之间，女儿的脸上焕发了光彩，就好像她的体内燃起了一盏明灯。她脱口说出："噢，从没有人告诉过我，我们要做的就是拿走。"从未有人意识到，她不明白"减法"就是"拿走"的意思。

从此，她豁然开朗。在与小孩子打交道的时候，我们必须要理解他们的起点以及他们的想法，因为他们通常不具备解释这一切的语言能力。

我们的子女、配偶以及所有家庭成员所犯的大多数错误并非出于恶意，只不过我们没有真正理解他们，我们没有清楚地看到彼此的内心。

如果我们能做到这一点，如果整个家庭都能形成我们所说的这种坦诚态度，90%以上的困难和问题都是可以解决的。

家庭问题的见证者

人们已经开始意识到，家庭中的大部分烦恼源自缺乏理解。

如果看一看当今市场上最为热销的家庭类图书，你就会明白这种烦恼和这种日渐增强的意识是多么不可小视。

包括德博拉·坦嫩（Deborah Tannen）的《男女亲密对话：两性互动必修课》（*You Just Don't Understand*）和约翰·格雷（John Gray）的《男人来自火星，女人来自金星》（*Men Are from Mars, Women Are from Venus*）在内的图书之所以风靡一时，是因为它们触及了这种烦恼，这些图书的出现恰逢人们对这个问题的认识处于巅峰之时。最近还出现了诸多其他的家庭问题作家，包括卡尔·罗杰斯（Carl Rogers）、托马斯·戈登（Thomas Gordon）和海姆·吉诺特（Haim Ginott），他们注意到并且试图解决这个问题。他们罗列了一大批见证者，这些人证实，努力理解他人是至关重要的。

这些书籍、课程和运动有着持久的价值，这一事实表明了人们是多么渴望得到理解。

围绕期望产生的满足感和评判

这些材料的最大贡献也许在于它们能帮助我们意识到，通过理解人们之间的差异，我们能够学会体谅这些差异，并且相应调整我们的期望。

许多材料集中关注性别差异，但造成差异的还有其他一些重要因素，比如过去和现在的家庭和工作经历。我们可以通过理解这些差异来调整自己的期望。

我们的满足感主要来自我们的期望，因此，如果我们了解自己的期望，就可以做出相应的调整，同时从非常实际的意义上调整我们的满足感。比如接下来这个例子：我认识一对夫妇，两个人在结婚时对生活有着全然不同的期望。妻子希望一切都能像阳光和水仙花一样美好，“从此过上幸福的生活”。但当婚姻和家庭生活的现实一股脑儿地显现出来之后，她经常感到失望、沮丧、闷闷不乐。另一方面，丈夫虽然预料到必将面对婚姻和家庭生活的挑战，但对他来说，婚姻中的每一刻欢乐都是一次美妙的惊喜，他为此心存深深的感激之情。

正如英明的领导人戈登·B. 欣克利（Gordon B. Hinckley）所评论的那样：

当然，并非所有的婚姻都是幸福的，暴风雨有时会袭击每个家庭。整个过程不可避免地引发了莫大的痛苦——身体上的、精神上的和情感上的。它会导致沉重的压力、奋力的抗争、极度的恐惧和深切的忧虑。对大多数家庭而言，还有永恒的经济斗争，似乎总也没有足够的财力去满足家庭的需要。疾病会定期袭来，事故时有发生，死神之手可能会伸入家庭，悄悄带走我们所爱的人。但是，这一切都是家庭生活的一部分。事实上，生活中没有此类经历的人少之又少。

从很大程度上讲，如果要理解这一现实，并且相应调整期望，就要控制我们自身的满足感。

我们的期望也是我们做出判断的基础。例如，如果你知道，处于成长阶段、大约六七岁的孩子有着夸大事实的严重倾向，你就不会对此类行为反应过激，因为你能够理解它。正是出于这个原因，我们有必要了解成长阶段和未满足的情感需求，以及环境中的哪些变化激发了情感需求并引发了特定行为。大多数儿童问题专家认为，成长阶段、未满足的情感需求、环境变化、遭受忽视以及所有这些因素的综合作用几乎能解释所有的“发泄行为”。

这不是很有趣吗：**一旦你理解了，就不会再妄加评判了。**我们甚至会向对方说：“噢，只要你理解了，就不会妄加评判了。”那就是为什么古代睿智的所罗门王会祈求得到一颗善解人意的心，为什么他会写道：“应牺牲一切去争取明智。”这种明智能产生智慧。缺少了它，人们就会做出愚蠢的行为。然而，按照他们自己的参照标准，他们的所作所为是绝对合理的。

我们评判他人是为了保护自己。我们不一定要直接与某个人打交道，只需给他/她起个绰号即可。此外，如果你没有任何期望，你就永远不会失望。

但是，评判别人或者给他们起绰号的弊端在于，你会在解读全部信息的时候力图验证自己的评判。这就是所谓的“偏见”和“臆断”。例如，如果你断定一个孩子忘恩负义，你就会下意识地在他的行为中寻找证据以支持你的判断。而另一个人可能会在完全相同的行为中看到这个孩子的感激和谢意。如果你依据自己认定已经再次得到验证的评判来行事，情况会变得越发复杂，会引发更多的相同行为。那会成为自我实现的预言。

例如，如果你认为自己的孩子很懒惰，并且基于这种评判来行事，你的孩子也许就会认为你专横、盛气凌人、过于挑剔。你的行为本身会引发孩子的抵触反应，你则会认为这种反应是表明孩子懒惰的进一步证据——进而使你有正当的理由变得更加专横、盛气凌人和挑剔。这就形成了一种恶性循环，一种自我助长的相互依赖和关联的关系，乃至双方都坚信自己是对的，需要用对方的恶劣行为来验证自己的正确性。

正因如此，评判他人的倾向会成为健康关系中的重大障碍。它使你在解读一切信息时都以支持自己的评判为目的。在这种关联所包含的情感力量的作用下，先前存在的所有误会都会扩大十倍。

交流中的两大问题分别是感知（也就是人们怎样解读相同的信息）和语义（也就是人们如何给相同的词语下定义）。同理心沟通可以使这两个问题都得到解决。

努力理解是最基本的"储蓄"

请阅读下面这段文字，它讲述了一位父亲努力理解女儿的过程，思考它对双方产生了怎样的深远影响：

在大约16岁时，我们的女儿卡伦开始以非常粗鲁无礼的态度对待我们。她经常会对我们冷嘲热讽或大加奚落。这种行为开始对她的弟弟妹妹产生了影响。

我对此没有采取什么行动，直到一天晚上，事情终于发展到了让人忍无可忍的地步。我和妻子、女儿待在我们的卧室里，卡伦发表了一些非常不得体的评论。我觉得自己已经受够了，于是对她说："卡伦，听着，让我来告诉你这个家里的规矩。"我展开了一次长时间的训诫，并且深信自己能说服女儿从此尊重父母。我提到了我们为她最近一次生日所做的一切，我们为她买的裙子，我们是怎样帮助她得到了驾照，而且还允许她开车。我说啊说啊，列出了相当多的事实。等到停下来的时候，我以为卡伦几乎要跪下来膜拜我们，但她却带着几分挑衅说："那又怎么样？"

我被彻底激怒了，气愤地说："卡伦，回你的房间去。我和你母亲要讨论一下。我们会让你知道结果的。"她气冲冲地离开了，还"砰"地一声关上了卧室的门。我怒不可遏，来回踱步，怒气在心中翻腾。突然，我想到了一个问题——我根本不曾试着理解卡伦。我当然也没有想到双赢，我满脑子都是自己的想法。意识到这一点后，我的思维以及我对卡伦的看法发生了重大变化。

几分钟后，我走进她的房间，首先为自己的行为向她道歉。我没有原谅她的任何行为，但我首先为自己的行为道了歉。我直接向她说："嘿，我知道你可能有什么不顺心的事，但我不知道是什么事。"我让她知道，我确实愿意理解她，而且我最终营造了可以让她敞开心扉的气氛。

她开始吞吞吐吐地讲述自己作为中学新生的感受：她为取得好成绩和结交新朋友而付出的努力。她说，她对开车顾虑重重。这对她是一种全新的体验，她很担心自己是否安全。她刚开始从事一份新的兼职工作，不知道老板对她的看法如何。她正在上钢琴课，还在教学生弹钢琴。她的日程满满当当。

最后，我说："卡伦，你已经忙得完全透不过气来了。"对了，问题就在于此。她觉得自己得到了理解。所有这些挑战压得她喘不过气来，她对家人的冷嘲热讽和不尊重其实就是为了得到关注。她在说："求求你们，谁都行，听听我说话吧！"

于是，我对她说："那么，当我要求你给予我们一点尊重的时候，好像又给你增加了一项任务。"

"没错！"她说，"又给我增加了一项任务——本来需要做的工作就已经让我难以应付了。"

我让妻子也参与了谈话。我们三个人坐下来，集体讨论怎样才能简化卡伦的生活。最终，她决定不再上钢琴课，也不再教学生弹钢琴——她为此感到高兴极了。在以后的几周内，她就像换了个人似的。

通过这次的经历，她变得更加自信，相信自己有能力做出人生中的各项抉择。她知道父母理解她，愿意支持她。此后不久，她决定放弃工作，因为那份工作没有她期望的那么好。她在别处找了一份很称心的工作，并且升至了经理职位。

在我回顾往事的时候，觉得女儿之所以能够产生自信，是因为我们没有说："得了，你这种行为毫无借口可言。我们要限制你的行为作为惩罚！"相反，我们乐于抽出时间坐下来聆听她的内心，并表示对她的理解。

请注意，卡伦的父亲是怎样超越了对卡伦的外在行为的担忧，努力理解她的思想和内心。只有做到了这一点，他才能发现真正的问题所在。

卡伦与父母之间的争论是表面化的。卡伦的行为掩饰了真正的问题根源。只要父母的注意力还一味集中在她的行为上，他们就永远不会发现真正的问题所在。但是，她的父亲摆脱了法官的角色，成为了真正关心她、肯定她的听众和朋友。因为卡伦觉得父亲确实愿意理解她，所以她开始放心地倾吐心声，透露更深层的东西。除非有人乐于倾听并给予她倾诉的机会，否则她自己可能都不曾意识到真正的问题是什么。一旦她明确了问题，感觉自己得到了真正的理解，她才会真心地希望得到父母给予的引导。

只要还扮演着法官和陪审团的角色，我们就很难获得我们希求的影响力。也许你还记得本书前言里讲述的那个"重新找回了儿子"的男子的经历。你还记得他们的关系是多么紧张和岌岌可危，他们的交流是多么缺乏真诚吗？在那个实例当中，父子之间存在着严重而令人烦恼的问题，但他们之间没有真正的交流。只有在父亲停止评判、真正尝试理解儿子时，他才能够着手使局面发生变化。

在这两个事例中，父母都使情况发生了转机，因为他们在情感账户中做了最重要的“储蓄”：他们努力去理解。

给予“心理空气”

寻求理解之所以是你能做出的第一笔和最重要的一笔“储蓄”，主要原因之一在于它能给予别人“心理空气”。

试着回忆一次自己无法呼吸、使劲吸气时的情景。那一刻，还有什么比呼吸更重要的事情？

这样的经历说明了寻求理解的重要性。从情感和心理角度看，得到理解就像吸入空气一样重要。如果人们迫切希望吸入空气——或者急于得到理解，那么在他们如愿以偿之前，其他的一切都毫无意义。

记住这句话：“除非我知道你有多关注，否则我不在乎你知道多少。”当人们急于呼吸到“心理空气”——得到理解时（这是关爱的第一证明），他们不会在乎你所说的任何话语。

想想看，人们为什么会彼此大吼大叫？因为他们希望得到理解。他们实际上是在大叫：“理解我！听我说话！尊重我！”问题在于，这种叫喊的感情色彩过于浓烈，对对方过于粗鲁，所以激发了对方的自卫心理和更强烈的愤怒（甚至报复心理），这就造成了恶性循环。随着交流的继续，愤怒情绪不断加深和加强，人们最终根本无法让对方理解自己的观点，也让两者之间的关系受到了伤害。与从一开始就实践习惯五（采取足够的耐心和自制力，先去倾听）相比，解决彼此大吼大叫造成的问题需要花费更多的时间和精力。

除了生理生存，心理生存是我们最强烈的需求。**人类内心最渴求的**

就是得到理解，因为理解包含着对他人内在价值的肯定、证实、承认和赞赏。当你真正倾听别人的谈话时，你就是在对这种最迫切的需求给予承认和回应。

了解怎样在别人的情感账户中“储蓄”

我有一位朋友，婚姻生活非常幸福。多年来，她的丈夫时常对她说“我爱你”，还经常送她一枝美丽的玫瑰。这种特殊的感情交流令她欣喜不已。这就是在她的情感账户中的一笔“储蓄”。

但她有时也会感到沮丧，因为丈夫没有完成她认为的家务活：挂窗帘、粉刷房间、制作碗橱。当他最终完成了这些活时，她的反应就好像他突然在这个账户里存了100美元，而不是他在送给她玫瑰时存入的10美元。

这种局面持续了很多年。两个人都并不真正明白这有什么意义。后来，有一天晚上，当他们一起聊天时，她开始回忆自己的父亲，讲述他是怎样认真完成各种家务活的：修理损坏的物品、粉刷油漆、制作一些能够为住宅增添价值的东西。在讲述这些内容时，她骤然意识到，对她来说，父亲所做的一切表现了对母亲深深的爱。他总是在为她做事情，帮助她，为了让她高兴而把他们的住宅改造得更漂亮。他没有送给她玫瑰花，而是栽种了玫瑰花丛。提供实际的“服务”就是他的爱之语言。

在毫无意识的情况下，我的这位朋友把父亲的这种交流形式的重要性转移到了自己的婚姻当中。如果丈夫没有及时对家庭需求做出反应，就会造成一次谁也没意识到的高额“取款”。尽管“我爱你”的话语和玫瑰对她而言也非常重要，但还是没能使情感账户实现收支平衡。

有了这一发现之后，她利用自我意识天赋理解了自己原生家庭中的文化对她产生的影响。她借助自己的良知和创造性的想象力，从全新的视角审视了目前的状况。她运用自己的独立意志，对丈夫的表达方式赋予了更大的价值。

与此同时，她丈夫也运用了自己的四种人性天赋。他意识到，这些年来，他认为非常重要的“储蓄”对她而言还不如这些简单的服务来得重要。他开始更加频繁地使用这种迥异的爱之语言与她交流。

为什么寻求理解是你能做出的第一笔和最重要的一笔“储蓄”？这个故事说明了另一个原因：除非你理解对方，否则你就永远不知道怎样在他/她的情感账户中“储蓄”。

玛利亚（我们的女儿）：

一次，我为丈夫精心安排了一次意外的生日晚会，并且希望他会为此欣喜若狂。可他没有！事实上，他很反感。他不喜欢意外的晚会。他不愿意别人为了他而忙成一团。他真正想要的是和我安静地享用一顿美餐，然后去看电影。我接受了惨痛的教训——在尝试“储蓄”之前，最好先弄清楚这个人到底最看重什么。

人们往往倾向于把自己的感受和动机反映到别人的行为当中。“如果这对我有意义，就肯定会对他们有意义。”但是，除非你知道别人看重什么，否则你就永远不知道怎样给别人“储蓄”。人们生活在他们自己的世界里。在他们看来，你视作使命的事情可能只是小事一桩，根本微不足道。

每个人都是独特的，所以每个人都需要以自己特殊的方式得到爱。因此，“储蓄”的关键是理解——并使用——对方的爱之语言。

一位父亲讲述了理解（而不是尝试“补救”）是怎样在他的家庭中发挥作用的：

我的女儿安伯10岁，对马的喜好胜过了其他一切。最近，她的祖父邀请她去骑马。她兴奋极了。她为能骑马而激动，也为能与同样喜好马的祖父相处一整天而狂喜。

就在出发的前一天晚上，我外出回到家，发现安伯患了流感，躺在床上。我问她："安伯，你怎么样了？"

她看着我说："我难受极了！"然后就哭了起来。

我说："天啊，你肯定病得很重。"

她吸着鼻子说："不是因为这个，我没法去骑马了。"说着，她又哭了起来。

我的脑海里闪过了一个父亲应该说的各种话语："嗨，没什么大不了的。你肯定还有机会。我们可以做些别的事情弥补一下。"但是，我只是搂着她坐在那儿，什么都没说。我想到了自己极度失望的时刻。我只是搂着她，体会着她的痛苦。

情感之堤决口了，她开始放声大哭。在我搂着她的几分钟里，她全身都在颤抖。然后，一切都过去了。她在我脸上亲了一下，对我说："谢谢你，爸爸。"事情就是这样。

我再度回想自己当时可以说出口的所有动听话语，以及可以提出的各种建议，但她并不需要这个。她只需要有人对她说："当你失望的时候，伤心痛哭很正常。"

请注意，在以上两个实例当中，人们是怎样在情感账户中做出重要"储蓄"的。因为他们努力去理解对方，所以他们能说出所爱之人的爱之语言。

人们的内心非常脆弱而敏感

几年前，一位匿名者通过邮件发给我一段优美的文字。如果缓慢地高声朗诵这段文字，会给听众带来难以置信的感动。它抓住了习惯五之所以极其有效的核心原因。我建议你缓慢而仔细地阅读它，努力构想一个能让你极为关心的人敞开心扉的安全环境。

不要被我欺骗，不要被我所戴的假面欺骗。我戴着假面，戴着一千层假面——我不敢摘掉它们——它们都不是我。伪装是一门艺术，也是我的第二天性，但是，不要被我欺骗。

人们觉得我无忧无虑——从内到外都活泼开朗，四平八稳；自信是我的名字，冷静是我的消遣；沉静如水，一切事情尽在掌握，不需要任何人帮助。但是，不要相信这些，请不要相信。

我的外表看似平和，但外表只是我的假面——我始终在变化、在掩饰的假面。假面之下不存在骄矜、冷静或自满，那里存在着真正的我——混乱不堪、忧虑重重、孤独难耐。但我把它们藏了起来，我不想让任何人知道。只要想到我的弱点会被别人发现，我就会惊恐不安，因此，我才疯狂地制造一个掩藏自己的假面。那是一个帮助我伪装的外表，冷漠、世故，让我躲避了洞察一切的目光。但是，这样的目光恰恰是对我的救助——我唯一的救助。我知道，只有它能使我摆脱自我，摆脱自己修筑的狱墙，摆脱我如此苦心树立的屏障。但是，我不会告诉你这些。我不敢，我害怕。

我怕紧随你目光而来的不是爱和包容，我怕你会把我看低，怕你会嘲笑我，怕你的嘲笑会要我的命。我怕自己从骨子里开始一钱不值，一无是处，而你会发现这一点，并且厌弃我。所以，我玩起了自己的游戏——

拼死伪装的游戏。我是个外表自信，内心却在战栗的孩子。假面游行就是这样开始的，绚丽夺目但空无一物的假面游行，我的生活成了装模作样。

我用肤浅谈话的温和语调与你闲散地聊天。我告诉了你一切，但它们实际上空无一物——与我内心的呼喊毫不相干。所以，在我进行着例行谈话时，不要被我的话语所欺骗。请你仔细倾听，试着听到我没有说出的话语……我希望自己能够说出的话语……为了生存我需要说出，但又不能说出的话语。我不喜欢藏匿，说实话，我真的不喜欢藏匿。我不喜欢这种欺骗性和表面化的游戏。我确实希望能变得真诚。

我确实希望自己能变得真诚、自然、本色，但你必须帮助我。你必须帮助我——伸出你的双手，即使我看似根本不需要它。每当你以亲切、温和、鼓励的态度对待我，每当你出于真切的关心而努力理解我时，我心灵的翅膀就会开始生长，尽管非常幼小和软弱，但它们毕竟是翅膀。由于你的敏感和体谅，由于你的理解，我能够开始成长。你为我注入生机，但这对你而言并不容易。长期以来深信自己毫无价值，让我已修筑起坚固的墙壁，但是，爱的力量远远胜过了坚固的墙壁，我的希望也就寄托在这里。请试着用你坚定的双手摧毁那些墙壁，但你也要温和些，因为孩子是非常敏感的，而我就是个孩子。

我是谁？你可能会问。我是一个你非常熟识的人。因为，我就是每一个男人、每一个女人、每一个孩子……你所遇到的任何人。

所有人都是非常脆弱和敏感的。有些人学会了保护自己免受伤害——掩盖、伪装、摆出种种姿态、戴上安全的“假面”。但是，无条件的爱、善意和礼貌通常会穿透这些表面现象。一旦它们在别人的心中安家，别人就会开始有所回应。

正因如此，我们有必要在家庭中营造一个充满温暖和关怀的环境——一个能够让大家放心表现脆弱而不设防的环境。事实上，几乎婚姻、家庭关系和儿童成长领域的所有专家都一致认为，**你能为家庭所做的最重要的事情也许就是营造一个充满温暖、关爱、支持和鼓励的环境。**

这并非仅仅针对小孩子而言，它适用于你的配偶、（外）孙子女、姑姑（阿姨）、叔叔（舅舅）、侄女（外甥女）、侄子（外甥）和（堂）表兄弟姐妹——所有人。建立这种文化——无条件的关爱和呵护备至的感情——几乎比其他一切事物的总和还重要。从非常实际的意义上讲，建立这种呵护备至的文化等于拥有了其他一切。

如何处理消极负担

建立这样的文化有时非常困难——尤其是当你需要处理过去遗留的消极负担和现有的消极情感时。

一位男子讲述了如下经历：

我认识我未来的妻子简时，她的儿子贾里德只有六个月大。简和汤姆在结婚时都非常年轻，都对婚姻毫无准备。婚姻生活的现实和压力对他们造成了沉重打击。两人开始爆发肢体冲突，汤姆在简怀孕大约五个月时离开了她。

我认识简时，汤姆已经申请离婚，并要求与简共同监护他从未见过的孩子。当时的局面非常艰难和复杂，简和汤姆两人闹得很不愉快，彼此之间毫无交流可言。法官的判决完全倒向了简。

简和我结婚后，由于我新工作的需要，我们搬到了另一个州去居住。汤姆每隔一个月来看望贾里德一次。在其他几个月里，我们会把贾里德送到加利福尼亚州去。

一切都开始安定下来了，但这似乎只是表面现象。我承担了简和汤姆之间的大部分交流。汤姆打来的电话有三分之一会被简挂掉。简经常会在汤姆到来之前离开，每次送走贾里德的也是我。汤姆经常会给我打电话说："这个问题我应该和你说，还是和简说？"我觉得非常别扭。

今年春天，汤姆给我打来电话说："嘿，贾里德八月份就满五岁了。依照法律，他那时就可以独自乘坐飞机了。我也就不用跑到你们那儿去看他了。在你们那儿，我只能一个人住旅馆，没有车，也没有朋友。我支付贾里德的机票钱，让他到我这儿来怎么样？"我告诉他，我会与简商量这件事。

简断然拒绝："不行！绝对不行！他只是个小不点，连飞机上的洗手间都不会用。"她甚至不肯跟我讨论——更不用说跟汤姆讨论了。有一次，她说："交给我来办吧。我能处理好。"但是，几个月过去了，她还没有行动。最后，汤姆给我打来电话说："怎么样了？贾里德会飞过来吗？你们怎么决定的？"

我深信，简和汤姆都具备很多优秀的潜质。我相信，只要他们能以贾里德的幸福为重，他们就能相互交流和理解，达成解决方案。但是，两个人之间存在太多的个人恩怨和愤怒情绪，以致他们根本看不到除此以外的东西。

我试着鼓励他们展开讨论。我告诉他们，他们必须确立严格的规定，避免言语攻击或类似的行为。他们都很信任我，并且答应这样做。可是，我开始变得越来越紧张，担心自己无法推进这次讨论，因为它与我的关系太密切了。我担心，他们中的一方或双方最终都会因为这样或那样的原因而憎恨我。过去，当我和简展开讨论时，每当我试图客观地看待问题时，她就会责备我站到了汤姆那边。另一方面，汤姆觉得简和我在联手对付他。我真不知该如何是好。

最后，我决定给我的朋友和同事亚当打个电话。他就在倡导七个习惯。他答应和他们谈谈。亚当向他们介绍了同理心倾听的原则。他教给他们怎样把个人经历放在一边，真正倾听对方正在表达的话语和感受。简讲述了自己的一些感受之后，亚当对汤姆说："汤姆，现在你说说，简刚才告诉了你什么？"他说："她害怕我。她怕我哪天发起脾气会打贾里德。"简睁大了双眼。她意识到，汤姆听到了她言语以外的东西。她说："这确实是我内心深处的感受。我担心这个人哪一天很可能会失控，伤害到贾里德。"

汤姆自我表述之后，亚当又问简："汤姆刚才说了什么？"她回答说："他说，'我害怕遭到抛弃。我害怕孤单一人。我害怕根本没有人关心我'。"尽管简认识他已有15年，可她从不知道汤姆小时候遭到了父亲的遗弃，所以下定决心不以同样的方式对待贾里德。她从未意识到，在离婚之后，汤姆感觉与她的家庭是多么疏远。对汤姆来说，这就像是再次被人彻底遗弃。她开始意识到，汤姆在过去的五年中是多么孤独。她开始了解到，由于几年前宣告破产，汤姆无法申请信用卡，所以来看望贾里德的时候连辆车都没有。他孤单一人住在旅馆房间里，没有朋友，没有交通工具。她还意识到，我们只是把贾里德送到那儿就完了。

一旦简和汤姆感觉自己得到了真正的理解，并且静下心来讨论问题，他们就发现，对方列出的内容都是自己所赞同的。他们交谈了三个半小时，探望孩子的事连提都没提。他们后来分别告诉我："你知道吗，我们谈论的不是贾里德，而是我们两个人之间的信任。一旦解决了这个问题，贾里德的问题就不在话下了。"

与亚当见面后，气氛变得轻松惬意多了。我们所有人一起去餐馆吃饭。简对汤姆说："你知道，有孩子在这儿，说话不太方便。但是，下个月我送孩子过去的时候，咱们可以找个时间谈谈。”

我暗自想，说话的是简吗？之前我从未听她说过类似的话。

当我们把汤姆和贾里德送到汤姆住的旅馆时，简说：“明天我们什么时候来接贾里德？”

他说：“噢，去机场的大巴下午四点开车。”

她说：“我们送你去机场。”

“如果你愿意，那真是再好不过了。”

她答道：“没问题。”

我不禁再次想，天啊！这可真是一次重大的转变！

两周后，简送贾里德到汤姆那儿去。过去，她争吵的理由之一就是他从不承认自己对她的所作所为。但是，他们谈话时，汤姆首次极为详尽地为他所做的一切向她道了歉：“我为揪了你的头发向你道歉，我不该吸毒，我不该遗弃你。”这一切促使她说：“我也非常抱歉。”

那次到我们这里探望之后，汤姆开始说“谢谢你”了。汤姆以前从不因为任何事说“谢谢你”，现在，他在谈话中不停地说“谢谢你”。在这次探望过去一周后，简收到了他的一封短信：

亲爱的简：

我一定要把对你的感谢之情落实到文字。过去，我们之间充满了敌意，但是，我们为消除这些敌意而在上周六共同迈出的最初几步是值得纪念的，所以……谢谢你。

感谢你同意与亚当见面，感谢你讲述那些东西，感谢你倾听我的话，感谢你的爱。我们凭借这种爱创造了我们的儿子，感谢你成为他的母亲。

无比真诚的汤姆

同时，他也给我写了一封信。

亲爱的迈克：

我想郑重地向你道谢，感谢你通过亚当让我和简重归于好。这件事大大改变了我在与贾里德和简的关系问题上的态度，我简直无法用语言来描述我的感激之情……

无论是在过去还是现在，你公正行事的愿景都非常值得赞扬。如果没有你的帮助，我和简的关系还不知道会恶化到什么地步。

深深感激你的汤姆

收到信后，我们简直目瞪口呆。在后来的电话交谈中，简说："我们聊得像傻乎乎的学生一样。"这种理解、这种宽恕和这种谅解使人如释重负。

如今，一切都是那么和睦融洽，简甚至对我说："汤姆再来的时候，也许可以让他用咱们的一辆车。"其实我已经考虑过多次，但是一直不敢说出来，我怕简会责备我站在他那一边，我以为她会是这样一种态度："你怎么敢这么干！你想给敌人行方便。"但是，现在提出建议的是她，她甚至说："让汤姆住在咱们的空房间里吧，这能帮他节省开支，你觉得怎么样？"我暗自想，这真的是简？她的性格简直发生了180度的大转变。

我相信，前方还存在挑战，但基础已经打好。我们已经掌握了正确的交流方法，简和汤姆之间几乎已经形成了发自内心的彼此尊重。我看得出，他们真诚地关心对方，真诚地关心我们的孩子。

当时，那确实是个严峻的挑战，但是，在经历了这一切之后，我已经十分清楚，如果达不到互相理解的层次，所有人的生活都会一团糟。

请注意汤姆和简是怎样超越了仇恨、埋怨与指责的，他们化解了冲突，基于原则行事，而不是做出消极被动的反应。他们是怎样做到这一点的?

在努力理解对方的过程中，两人都呼吸到了“心理空气”，这使他们停止了相互对抗，并且与自身的内在天赋（尤其是良知和意识）建立了关联，他们变得非常坦诚和敏感。他们各自承认了自己在当时的局面中发挥的消极作用，道歉并且原谅对方。这种救治和净化行为创造了一种可能性——让他们有可能建立更加真诚的关系，统合综效，为子女、他们自己以及相关的所有人创造更美好的环境。

你可以通过这个实例（还有本章中的其他所有实例）发现，如果不谋求理解别人，就会导致评判（通常是错误的评判）、厌弃和控制。如果谋求理解别人，就会促进理解、包容和合作。很显然，其中只有一种途径的基础是创建高品质家庭生活的原则。

克制愤怒情绪和冒犯行为

在导致家庭偏离正确路线、实现统合综效过程中遭遇阻碍的所有原因里，消极情感（包括愤怒情绪和冒犯行为）也许居于首位。**愤怒使我们陷入麻烦，骄傲使我们难以脱身**。就像C. S. 刘易斯（C. S. Lewis）所说的那样：“骄傲本身就具有竞争意味。骄傲不会因为拥有而感到愉悦，只会因为比别人拥有得更多而感到愉悦……使你感到骄傲的是这种对比：超越他人而产生的愉悦。一旦丧失了竞争的因素，骄傲也就不复存在了。”骄傲情绪最常见、最害人的形式就是自己必须“正确”，必须让事情按你的方式运作。

再次提醒你记住：即使愤怒情绪只在千分之一的时间里发作了出来，

其余时间的家庭关系质量也会受到影响，因为人们无法确定他们何时又会触痛那根敏感的神经。

我认识这样一位父亲：他在大部分时间里又亲切又随和，但有时候脾气会很暴躁。这影响到了其余所有时间的家庭关系质量，因为家庭成员必须要做好准备，防止同样的情况再次发生。由于担心出现尴尬局面，他们会躲避社交活动。他们整天绕着“雷区”走，以免触痛他敏感的神经。他们不敢表现出真诚，也不敢敞开心扉。他们绝对不敢对他做出反馈，生怕引得他的愤怒情绪出现空前爆发。由于得不到回馈，这个人对家里的实际情况一无所知。

当家庭中的一员发脾气和失去控制时，严重的伤害、恐惧、威胁和压制会使其他人感到不知所措。他们往往要么反击（这只会使问题激化），要么屈服，对这种非胜即负的态度让步。接着，甚至连妥协都不太可能。更有可能出现的局面是：人们就此疏远，各走各的路，完全拒绝就任何有意义的事情进行交流。由于相互依赖似乎非常困难、遥远且不切实际，所以他们试图从独立生存中得到满足。谁都不具备实现相互依赖所需要的思维定式和技巧定式。

正因如此，在形成了这种文化之后，人们有必要挖掘自己的内在自我。然后，他们可以在内心下一番必要的功夫：承认自己的消极倾向，消除这些倾向，向别人道歉，修补关系。最终，这些既有观念就会逐渐消除，人们就会恢复对基本机制和基本关系的信任。

当然，最重要的内在努力之一就是预防工作，包括下决心不说我们知道会冒犯别人的话，也不做我们知道会冒犯别人的事，学着克制愤怒情绪，或者在更合适的时候以更具建设性的方式加以表达。我们必须非常诚实地面对自己，并且意识到，在大多数时候，我们的愤怒来自我们的弱点被别人发现后的内疚。我们同样可以下决心不受别人的冒犯。**冒犯别人是一种可选择的行为。我们可能会受到伤害，但受到伤害与冒犯别人之间存在着巨大差别。**受到伤害是指我们的感情受伤，疼痛会持续一段时间，而冒犯别人是指选择对这种伤害采取行动：反击、报复、愤然离去、向他人抱怨或者评判“冒犯者”。

冒犯大多是无意的。即便是有意的，我们也要记住原谅（像“爱”一样）是个动词。原谅就是选择从消极被动变成积极主动（无论是你冒犯了别人还是别人冒犯了你）寻求和解。原谅就是选择形成并依靠内在的个人安全感，以免在受到外来冒犯的时候频频受伤。

原谅首先是选择把家庭摆在优先位置，并且意识到家庭是最重要的，所以不能让冒犯行为阻碍家庭成员之间的交谈、妨碍成年的兄弟姐妹参加家庭活动、削弱或破坏几代人之间和大家庭中的亲情纽带（这种纽带提供了重要的力量与支持）。

相互依赖很困难。它需要巨大、长期的努力和勇气。在家庭中维持短期的独立生活要容易得多——做自己的事、来去自由、满足自己的需求、尽可能少地与别人来往。然而，这样会使你丧失了家庭生活的真正乐趣。如果孩子们在长辈这种榜样的作用下长大，他们就会认为家庭本该如此，这种循环就会继续下去。这种循环式冷战的灾难性后果与大吵大闹造成的破坏别无二致。

修补消极的关系往往非常重要——全面加以讨论、解决问题、对彼此充满同理心、寻求原谅。无论何时有了不愉快的经历，你都要承认自己在其中发挥的作用，通过同理心倾听来了解别人的看法和感受，从而加以化解。换言之，如果你现身说法地显示自己脆弱的一面，你就能帮助别人显示他们脆弱的一面。这种共同的脆弱当中会产生最深的亲情。

你把精神和社会创伤减小到了最低限度，为创造广泛的统合综效扫清了障碍。

成为“忠实的译者”

真正的倾听能够进入别人的头脑和心灵，称为同理心倾听，即以理解为目的的倾听，要求听者站在说话者的角度理解他们的思维方式和感受。在五种不同的倾听方式当中，这是唯一一种真正采纳别人的参照标准的方式。

你可以对别人不理不睬。你可以假装倾听。你可以选择性倾听或者专注地倾听。但是，除非你能学会同理心倾听，否则你就仍然在坚持自己的参照标准。你不知道“胜利”对别人而言意味着什么内容。你并不真正知道他们怎样看待世界、看待他们自己、看待你。

5 同理心倾听 （采纳别人的参照标准）
4 专注地倾听 3 选择性倾听 2 假装倾听 1 不理不睬地倾听 （坚持自己的参照标准）

一次，我在印尼的雅加达讲授同理心倾听的原则。当我俯视听众席时，发现很多人戴着耳机。我忽然产生了一个想法。我说：“如果你们需要一个例子来说明什么是同理心倾听，只需想想翻译人员此刻通过你们

的耳机开展的工作。”这些翻译人员正在做同声传译，这意味着他们要倾听我的谈话，同时复述我刚刚说过的话。这需要极度的脑力和注意力，需要两名翻译人员根据各自的疲劳程度轮流工作。事后，两位翻译人员都前来告诉我，我所说的话是他们得到过的最高赞扬。

学会同理心倾听的最有效方法之一是：改变你对自身角色的看法——把自己看作“忠实的译者”。

在与别人的特定交流中，尽管你可能投入了自己的感情，但如果你改变了对自身角色的看法——如果你把自己看作“忠实的译者”，你就可以按下暂停键，脱离这种情感。那么，你的任务就变成了诠释，用全新的语言反馈他人向你传达的内容要点（言语的和非言语的）。在这种情况下，你不会把自己置于别人的谈话场景之中。你不过是反馈了他/她的谈话要点。

心理学家和作家约翰·鲍威尔（John Powell）曾说过：

对话中的倾听更多地关注含义，而不是字句……在真正的倾听中，我们会超越字句、看穿字句，发现那个逐渐展现出来的人。倾听就像寻宝，寻找通过言语和非言语展现出来的真实的人。当然，这里还存在语义问题。同样的词语对你我而言有着不同的含义。

因此，我永远无法告诉你你说了什么，而只能说出我听到了什么。我不得不转述你的话，并且与你核对，从而确定这些内容在从你的头脑和心灵进入我的头脑和心灵之后完好无损，不曾受到扭曲。

应该怎样做：同理心倾听的原则

让我们一起体验如下情况，这能帮我们发现理解（或者是“忠实的译者”）的核心：回应。

设想一下，这几天你一直觉得十几岁的女儿不太高兴。你问她出了什么事，她却回答说："没什么，一切都挺好。"但是，一天晚上，你们一起洗碗的时候，她开始倾诉了。

"按照咱们家的规定，我得再长大一些才能约会，这让我尴尬得要命。我所有的朋友都在约会，她们整天除了这个不谈别的。我觉得自己成了局外人。约翰一直想约我出去，我也只能告诉他，我的年龄还不够大。我知道他肯定会约我去参加这个星期五晚上的晚会，如果我再次拒绝他，他就不会再邀请我了。卡罗尔和玛丽也不会再约我了。所有人都在议论我。"

你会怎样回应？

"别担心，宝贝儿。没有人会不理你的。"

"坚持自己的想法，别在意别人说什么和想什么。"

"告诉我，他们说了你些什么。"

"他们那样说你的时候，其实是在佩服你能够坚持己见。你产生的只是正常的不安全感。"

以上都是强调自身经验的"自传式回应"（Autobiographical Response），而不是善解人意的充满理解的回应。

"别担心，宝贝儿。没有人会不理你的。"这是基于你的价值观和你的需求做出的评估性或评判性回应（"价值判断"式回应）。

"坚持自己的想法，别在意别人说什么和想什么。"这是根据你的观点或你的需要提出的建议（"好为人师"式回应）。

"告诉我，他们说了你些什么。"这种回应是在探究你认为重要的信息（"追根究底"式回应）。

"他们那样说你的时候，其实是在佩服你能够坚持己见。你产生的只是正常的不安全感。"这是你在按照你的看法诠释女儿的朋友们以及她自己的想法（“自以为是”式回应）。

我们大多数人都会首先寻求别人的理解，而且即使我们谋求理解别人，我们也会经常边“听”边准备回应。所以，我们依据自己的观点对他们产生“价值判断”“追根究底”“好为人师”“自以为是”式的回应。但是，这些都不是充满理解的回应。它们都源自我们的经历、我们的世界和我们的价值观。

充满理解的回应是怎样的？

首先，它要努力反馈女儿的感受和话语，从而让她感到你真正理解了她。例如，你可以说：“你感到左右为难。你了解家里关于约会的规定，但是别人都能约会，你却不得不表示拒绝，所以你又觉得很尴尬。是这样吗？”

她可能会回答说：“是的，我就是这个意思。”她可能还会继续说：“可我真正担心的是，一旦开始约会，我可能不知道在男孩子面前该怎么表现。别人都在学习如何做，可我没有。”

这里同样要以充满理解的回应作为反馈：“你怕自己在时机到来时不知道如何是好。”

她可能会表示同意，并且进一步深入表达自己的感受，她也可能会说：“并不完全是这样。我的意思是说……”她会继续试着比较清楚地向你表述自己的感受和处境。

如果回顾一下其他回应，你就会发现，它们无一能够达到充满理解的回应所能达到的效果。如果你做出一个充满理解的回应，你和你女儿都会对她的真实想法和感受产生更深入的理解。你使得她能够放心地倾诉，能够安心地运用自己的内在天赋解决问题。你们建立了关系，这种关系在她今后的人生道路上将发挥重大作用。

让我们看看另一个事例，它展现了自传式回应与充满理解的回应之间的差异。想一想大学拉拉队队长辛迪与母亲之间这两段对话的差异。在第一段里，辛迪的母亲希望自己能首先得到理解：

辛迪：哦，妈妈，我有个坏消息。梅吉今天被拉拉队除名了。

母亲：为什么？

辛迪：她的男友酒后在校园里开车被人发现了，她当时也在车里。如果你在校园里酒后驾车，那麻烦可就大了。这其实很不公平，喝酒的又不是梅吉。喝醉酒的只有她的男友。

母亲：不过，辛迪，我觉得梅吉罪有应得，谁让她结交坏朋友。我警告过你，人们会根据你结交的朋友来评判你。我对你说过不下一百次了。我不明白为什么你和你的朋友们对此感到难以理解。我希望你从中吸取教训。生活本身已经很严酷了，还要与那种人混在一起。她为什么没去上课？我希望这些事情发生的时候你在上课。你在上课吗？

辛迪：妈妈，够了！放松点儿，别这么小题大做。出事的又不是我，是梅吉。天啊，我不过是想告诉你一点儿关于别人的事，而我却因为自己的坏朋友被你教训了10分钟。我睡觉去了。

现在来看看，如果辛迪的母亲首先试图理解女儿，情况会有什么不同。

辛迪：哦，妈妈，我有个坏消息。梅吉今天被拉拉队除名了。

母亲：天啊，宝贝儿，你似乎很不安。

辛迪：妈妈，我觉得糟透了。那又不是她的错，是她的男朋友惹的祸。他是个傻瓜。

母亲：噢，你不喜欢他。

辛迪：我当然不喜欢，妈妈。他总是惹麻烦。梅吉是个好女孩，他总是拖累她。这真让我难过。

母亲：你觉得他对她产生了不良影响，而你很难过，因为她是你的好朋友。

辛迪：我希望她能甩掉这家伙找个好男友。坏朋友会给她带来麻烦。

请注意，这位母亲第二次回应女儿的方式表明她渴望理解女儿。尽管她原本也许能补充一些有价值的东西，但她并没有试图阐述自己的经验和想法。她没有采用价值判断、追根究底、好为人师、自以为是式的回应。尽管她也许并不赞同女儿似乎正在表述的意思，但她没有对辛迪采取盛气凌人的态度。

她所做的就是在回应时采取这样一种方式——这种方式有助于澄清她对辛迪的谈话内容的理解，同时把这种理解反馈给辛迪。由于辛迪不必与母亲展开一次非胜即败的谈话，所以她能与自己的四种天赋产生关联，逐渐依靠自己的力量了解到真正的问题所在。

冰山一角和冰山主体

为了学会拥有同理心，我们并不总需要用言语来反馈别人的话语或感受。同理心的核心在于理解别人对情况的看法、感受以及他们试图表达的基本意思。这不是模仿，也不一定是总结，甚至不是在所有情况下都试图反馈。也许你根本不需要说什么，也许一个面部表情就能表明你理解了。关键在于，你不要拘泥于反馈的技巧，而是要集中关注真正的同理心，让这种诚恳真挚的情感决定你的反馈方式。

如果人们认为同理心本身就是一种反馈技巧，就会由此产生一些不好的问题。他们模仿，反复使用相同的短语，以带有操纵或者污辱意味的方式重新叙述别人的话。这就像那个军人向牧师抱怨自己痛恨军队生活的故事。

牧师回应说："噢，你不喜欢军队生活。"

军人说："没错，还有那个指挥官！我一点儿都不信任他。"

"你觉得你一点儿都不信任指挥官。"

"对。还有伙食——太乏味了！"

"你觉得伙食确实太乏味了。"

"还有这儿的人——他们的能力太差。"

"你觉得这儿的人能力太差。"

"是的……见鬼，我说话的方式有什么不对吗？"

运用这种重复技巧可能很有好处。它可能甚至会进一步增强你的愿望。但是，一定要记住，在能使你拥有同理心的方法中，**反馈技巧只是冰山一角，冰山的主体是深切的、真诚的、理解他人的愿望。**

这种愿望归根结底建立在尊重的基础之上，这种尊重使得同理心倾听免于沦为单纯的技巧。

如果没有这种充满理解的真诚愿望，同理心倾听就会让人觉得带有操纵和虚伪的意味。操纵的意思是：尽管运用了良好的技巧，但真正的动机却隐藏了起来。如果人们感觉受到了操纵，他们就不会诚心实意。他们可能会说"是"，但他们的本意是"不"——他们后来的行为就可以证明这一点。伪装色最终显出了本色。如果人们感觉受到了操纵，就会拒人于千里之外。即使你的下一步努力是真诚的，也会被看作另一种形式的操纵。

如果你愿意承认技巧背后的真实动机，诚恳和真挚就会取代操纵。其他人可能不同意或是不赞成，但你至少做到了坦率。就对方而言，没有什么比简单直接的诚实更能让诡计多端、口是心非的人困惑不解了。

除了像上文中牧师那样的"反馈式回应"以外，基于尊重和理解他人的真诚回应同样可以让你拥有同理心。如果有人问你："休息室在哪儿？"你不应该仅仅回应："你确实伤得不轻。"

还有些时候，如果你确实理解别人，你就会感到他/她希望你继续"追根究底"问下去。他们希望了解你提问时所依据的其他观点和见识。这就好比去看医生。你希望医生探究、询问你的症状。你知道这些问题是基于专业知识提出的，对做出准确诊断至关重要。所以，在这种情况下，"追根究底"式的回应是带有同理心的，而不是控制和一味强调自身经验。

如果你感到别人确实希望你提出问题并帮助他们探究实情，你可以考虑如下的提问方式：

你在担心什么？

你真正重视的是什么？

你最希望坚守哪些价值观？

你最迫切的需求是什么？

在这种情况下，你最优先关注的是什么？

这种行动计划可能引发哪些意外后果？

你在提出此类问题时可以结合反馈式陈述，比如：

我感到你潜在的忧虑是……

如果我说错了，你可以纠正我，但我觉得……

我正试着从你的视角看问题，我觉得……

你说的意思是……

你觉得……

我觉得你的意思是……

在合适的时候，这些问题和短语都能表示你的同理心。因此，最重要的是要记住，在学着充满同理心地与他人沟通时，首先要有真诚理解他人的态度或愿望，而技巧是次要的，源自愿望。

有关同理心的一些问题和原则

在努力实践习惯五的过程中，你可能会希望知道其他人多年来提出的一些问题的答案。

充满同理心总是合时宜的吗？答案是："当然！"但是，反馈式回应、总结和如实反应有时会非常不得体和无礼。它们甚至会被理解为操纵。所以，请记住，真正的问题核心是你是否能发自内心地理解对方。

如果对方不肯敞开心扉，你该怎么办？记住，**70%～80%的交流是通过非言语方式开展的。**从这个意义上讲，你不可能不交流。**如果你确实拥有一颗渴望理解别人的心，你就总能察识对方的非言语暗示。**你会注意到对方的身体和面部语言、声调和语境。在电话里，音调和语调是理解对方内心的关键。在试图理解对方的情绪和心理时，不要强迫他们敞开心扉，要有耐心。你可能甚至会觉得自己有必要为一些不当行为道歉或做出补偿。基于理解行事，该做就做。换言之，如果你感到情感账户已经透支，那就基于理解行事，做出适当的"储蓄"。

除了如实反应、总结和反馈技巧之外，还能通过什么方法表达同理心？重复一遍，答案就是按照冰山主体给你的指示去做——按照你对此人的理解、需求和目前处境的指引去做。有时候，沉默无语是同理心。有时候，提问或者依据专业知识表达概念上的理解是同理心。还有些时候，点点头或者说一个字就是同理心。同理心是一个非常真诚、不具操纵性、灵活和谦逊的过程。你意识到对方对你充满了尊重和理解，而他甚至可能比你更脆弱。

以下原则可能会对你有所帮助：

• 信任程度越高，你们就越能轻松地交叉运用充满理解的回应和自传式回应——尤其是反馈式回应和追根究底式回应。负能量和正能量通常（尽管并非永远如此）是信任程度的关键指标。

• 如果信任程度非常高，你们就可以极为坦诚和高效地相处。但是，如果你正试图重建信任，或者你的信任态度有些摇摆不定，以致对方不肯冒险让自己受伤害，那么你就需要在同理心状态中更耐心地多停留一段时间。

• 如果你无法肯定自己是否理解对方，或是无法肯定对方是否感觉得到了理解，那就实话实说，再试一次。

• 正如你的出发点是水下冰山的最深处一样，你要学会倾听对方内心冰山的最深处的声音。换言之，要集中关注潜在的含义。这些含义通常隐藏在感受和情感中，而不是对方讲话的内容和措辞中。用双眼和"第三只耳朵"——心灵去倾听。

• 关系的质量也许是决定哪种技巧比较合适的首要因素。记住，家庭中的关系需要始终如一的关注，因为人们始终期望得到情感上的呵护和支持。人们通常会在这个问题上陷入麻烦——他们拿别人（尤其是他们深爱的人）不当回事，对擦肩而过的陌生人比对自己生命中最亲近的人还要好。家庭成员必须时常努力去道歉、请求原谅、表达爱、赞赏以及对别人的珍视。

• 充分理解背景、环境和文化，以免别人误解你所采用的技巧的初衷。有时候，你必须非常坦率地说："我会试着理解你的意思。我不会评估、赞同或是不赞同。我不会试着'揣摩你'。我只是想理解你希望我理解的东西。"往往在了解了"全局"之后，你才能实现这种理解。

如果你真正产生了同理心，你也就理解了你们之间的关系和交流本质的现状——而不光是对方试图表达的言语中所传递的意思。你理解整个故事背景，理解交流中传达的意思。然后，这种更广泛的理解就成了你的行动基础。

例如，如果你们之间的关系一直都是评判性和评估性的，那双方也许就会体会到在这段关系中引入同理心的重要性。为了改变这种关系，你也许需要道歉并在内心下一番功夫，以确保你的态度和行为与道歉是一致的，然后要坦诚而敏感地抓住一切机会表示理解。

我记得有一次，我和桑德拉连续几周都在解决儿子的家庭作业问题。一天晚上，我们问他是否愿意赴一个专门的约会——和我们一起出去吃饭。他表示愿意去，询问同去的还有谁。我们说："没有别人。这是与你共度的专门时间。"

他听后就说自己不想去了。我们说服了他，但是，尽管我们竭尽全力表示理解，他却基本没有吐露实情。晚餐几近结束时，我们开始谈论另一个与家庭作业间接相关的话题。当时的情感力量太强了，所以促使我们转入了这个敏感话题，每个人都感觉很不愉快，形成了进一步的自卫心理。后来，当我们道歉后，儿子才告诉我们："这就是我不想来吃晚饭的原因。"他知道自己将再次受到评判。我们花了相当多的时间才做出足够的"储蓄"，让儿子重新信任我们的关系并与我们坦诚相待。

我们在这方面了解到的重要事实之一是：进餐时间应该始终都是幸福愉快的，这是让大家进餐、愉快交谈和学习的时间，有时甚至可以就各种学术和精神问题展开严肃讨论，但绝对不应该成为管教、惩戒和评判的时间。在极度繁忙时，人们也许只有在进餐时才能与家人团聚，因此，他们会试图在此时处理所有重要的家庭问题。但是，还有其他更好的时机来处理这些问题。如果进餐时间非常愉快，不存在评判或训诫，人们就会期待这样的团聚时光。它完全值得我们悉心规划和严格自制，以保持进餐时间的幸福愉快，让进餐时间成为家庭成员享受相互之间的陪伴、感受放松和心境祥和的时间。

如果关系良好——双方能够真正理解对方，人们通常就能以异乎寻常的坦白态度迅速展开交流。有时，点几下头或是一声“啊哈”就已经足够。在这种情况下，人们之间能够迅速交流大量信息。作为旁观者，如果在目睹这一切的时候不了解谈话双方的关系，那他就看不出反馈式回应或者充满理解的回应的发生。其实，这是一种深层的同理心沟通，效率极高。

在夏威夷度假时，桑德拉和我在婚姻中达到了这一层次的交流。多年来，我们偶尔也会恢复昔日的错误做法。但是我们发现，通过努力，我们能够迅速重新实现这种交流。所以，问题在很大程度上取决于由此引发的情感强度、问题的本质、一天中的具体时间、我们个人的疲劳程度以及我们精神着重点的性质。

很多人觉得采取这种同理心沟通法很吃力，因为它不像培养技能那么容易。它需要开展大量的内心工作，需要更多地采取由内而外的态度。而就培养技能而言，你只需练习就能做得更好。

如何争取别人理解自己

“先理解别人”并不意味着仅仅去理解，也并不意味着你要放弃教育和影响他人的责任。它只是要你首先去倾听和理解。就像你在所给实例中看到的一样，这其实是影响他人的关键。如果你以开放的态度接受他们的影响，你就会发现，你对他们几乎总是具有更大的影响力。

现在，我们要谈谈知彼解己的另一半——“再争取别人理解自己”。这涉及讲述你看待世界的方式、给予反馈、教育子女、积聚面对爱的勇气。当你尝试做其中任何一件事的时候，你都会轻而易举地看到先理解别人的一个非常实际的原因：如果你真正理解了一个人，交流、教育和面对爱都将容易得多。你知道怎样用别人能理解的语言与他们交谈。

给予反馈

我认识一位男子，人们普遍认为他很随和，很能包容别人。一天，他的妻子说：“咱们那已经结婚的孩子告诉我，他们觉得你对他们控制得太紧了。他们在许多方面都很喜欢你，但是，他们讨厌你引导他们活动和精力的方式。”

这位男子彻底垮了，他的第一反应是：“孩子们不可能说出这样的话！你知道实际情况不是这样。我从不曾以任何方式干涉过孩子们的愿望。你和我一样清楚，这些话太荒唐了！”

她说：“不过，这确实是他们的感受。我必须告诉你，我也注意到了这个问题，你习惯强迫孩子们按照你的意志行事。”

“什么时候？我什么时候那样做过？告诉我一次那样的情况就行。”

“你真想听吗？”

“不，我不想听，因为实际情况不是这样。”

有时，“得到理解”意味着对其他家庭成员给予反馈，这可能很难做到。人们往往不希望听到反馈。那不符合他们对自我形象的认识，他们不希望听到别人话语中反映的他们的形象比自己心目中的自我形象差。

每个人都有“盲区”，也就是他们在生活中不曾注意到，但需要改变或改善的区域。所以，**如果你真心爱一个人，你就应该关心他到足以与他对抗——但要采取充满积极力量和尊重的方式。**你需要以一种能够充盈情感账户（而不是从中“取款”）的方式做出反馈。

当你需要给予反馈时，以下五个要点可能会有所帮助：

1. 始终要问自己：“这个反馈真会对此人有所帮助吗？还是说这只是为了满足我自己的需要？”如果你仍然心存怨恨，这也许就不是给予反馈的合适时机和场合。

2. 先理解别人。了解对此人来说什么最重要，你的反馈能怎样帮助他/她实现目标。坚持尝试使用对方的爱之语言。

3. 把人与行为分开。我们必须不断努力这样做，绝对不要评判别人。我们可能会依据标准和原则来评判行为，我们可能会描述自己的感受，观察这种行为的后果。但是，我们绝不能给别人分门别类，这对对方和你们之间的关系都具有灾难性影响。不要说一个人“懒惰”“愚蠢”“自私”“专横”或“大男子主义”，最好描述我们观察到的这些行为的后果和（或）这些行为使我们产生的感受、忧虑和理解。

4. 对待盲区要特别敏感和耐心。它们之所以成为“盲区”，就是因为它们太过敏感，无法被意识接纳。除非人们已经准备好改善他们知道应该改善的东西，否则向他们提供关于盲区的信息就会对其造成威胁，取得适得其反的效果。另外，不要对他们无能为力的问题给予反馈。

5. 使用“我”的信息。你在给予反馈时务必要记住，你在讲述自己的感受——你看待世界的方式。所以，要使用“我”的信息——“这是我的理解。”“我担心的是……”“这是我的看法。”“这是我的感觉。”“这是我所观察到的。”一旦你开始传达“你”的信息——“你太以自我为中心了！”“你制造了这么多麻烦！”——那你就是在扮演上帝。你把自己当成了对方的最终评判者。好像对方就是你所说的样子。这就从情感账户里提走了一笔巨款。对别人的最大冒犯（尤其是在他们无心做了错事时）

莫过于对他们下定论、起绰号、分门别类和加以评判。那意味着他们无法做出改变。**使用“我”的信息则使沟通更为横向——存在于平等的人之间，而使用“你”的信息则更为纵向，表明一个人比另一个人出色，更了不起。**

卡尔·罗杰斯是沟通领域的一位真正伟大而且具有洞察力的研究人员和作家。他创造了一种“一致性”模式，借以告诉人们，在与别人沟通的过程中，自我意识和表达这种意识的勇气是多么重要。他认为，如果人们意识不到自己内心的感受，他们的内心就是“不一致的”。然后，他们就会产生推理和分门别类的倾向，或者会无意识地把自己的动机投射给他人。这种内在的不一致会被别人察觉，并且会导致虚伪、肤浅和乏味的交流——就像那些在晚会上的闲聊一样。

但是，他还告诉我们，即使人们内在一致——也就是说，他们意识到了自己的感受，也会对此予以否认，并且试图以相反的方式行事或表达自己，这种外在的不一致通常被称为不诚恳，装腔作势甚至是虚伪。

这两种形式的不一致都会损害我们全心倾听他人谈话的能力。这就是我们必须展开大量内心工作的原因所在——既要培养自我意识，也要具备足够的勇气，通过真实的“我”的信息（而不是评判性信息）来表达内心真实的感受和想法。

我们必须对别人关心到足以反抗他们。如果要与别人建立稳固深入的关系，关键往往就在于批评他们、用爱之语言道出真相——不要屈从于他们，也不要放弃他们。这需要时间、耐心、大量勇气以及知道何时以何种方式礼貌而老练地（有时甚至是有力而尖锐地）传达“我”的信息的技巧。有时候，真正爱一个人就意味着对他采取“休克疗法”——通过刺激让他意识到自己在做些什么，过后给他更多的爱，让他知道你确实关心他。

回想我多年来教过的学生，与我保持最密切关系以及向我表达最深挚谢意的学生通常是我在适当时机和场合严厉“批评”过的那些学生。我甚至帮助他们了解自己的盲区，以及忽视这些盲区终将导致的后果，并且帮助他们重新走上了正确的成长道路。

乔舒亚（我们的儿子）：

拥有哥哥姐姐的一大好处是，他们能够给你反馈。

每当我参加完中学的篮球或橄榄球比赛回到家里，爸爸妈妈会在门口迎接我，回顾我的所有精彩表现。妈妈热情洋溢地谈论我的运动天赋，爸爸则说，是我的领导才能引导全队取得了胜利。

当珍妮走进厨房加入到我们的谈话时，我问她我的表现如何。她会告诉我，我的表现非常一般。如果我想保住自己的首发位置，最好让动作再协调一些。她希望我下一场打得好一点，不要让她丢脸。

这才是真正的反馈！

每当你给予回馈时，请务必记住，关系（也就是情感账户中的信任程度）决定了交流的层次。还要记住，使用“我”的信息能充盈这个账户。这样的信息是一种肯定。如果你用最美好的“我”的信息给予建设性反馈：“我爱你。我认为你是个极具价值的人。我知道，这一行为只是你的全貌当中微不足道的一部分。我所爱的是你整个人！”这样的反馈更是一种肯定。

毫无疑问，“我爱你”这三个字是最受欢迎的信息。我记得有一天，我乘飞机飞行了数百英里后，走出拥挤的机场，驾车穿过车流回到家中。我真是精疲力竭。

走进家门时，我遇到了我儿子。他用差不多一整天的时间打扫了一个工作间。这是一项颇费气力的“工程”——搬东西、打扫卫生、把“垃圾”扔掉。他只是个小孩，但是，依据我教给他的原则，他已经能够判断出哪些东西应该留下，哪些东西应该扔掉。

我走进房间看到里面的情况，第一反应就是批评："你为什么不这么干？你为什么不那么干？"我现在甚至已经记不清他当时没有做的是什么事。但是，我确实记得（而且永远不会忘记），他眼中的光芒消失了。他本来为自己所做的事情而感到极为兴奋不已——他是如此期待我的赞许。干活儿的时候，这种乐观期待所产生的力量帮助他坚持了好几个小时。而我的第一反应却是批评。

当我看到光芒从他眼中消失时，我马上意识到自己犯了错误。我试着道歉和解释。我试着把注意力集中在他做的好事上，并且表达了我对此的爱和赞赏。但是，我整个晚上都没有再见到那种光芒。

直到几天以后，当我们更加充分地讨论并处理这件事时，儿子才表露了自己的感受。这件事使我强烈地感到，如果人们已经竭尽全力，那么结果是否符合你的标准都无关紧要。此时应该向他们表示嘉许和称赞。当一个人完成了一项重大任务或工程，或者完成了一件需要为之付出巨大努力的事情时，你一定要表示钦佩、嘉许或称赞。不要做出负面的反馈——尽管这种反馈是合情合理的，尽管你的方式是建设性的，尽管你的动机良好，是为了帮助他做得更好。你可以在他有所准备时再做出这种建设性的反馈。

但是，在当时，你一定要称赞他所付出的努力，称赞他全心全意的投入，称赞他的价值以及他融入任务或工作的个人特性。当你采取这种鼓励、嘉许和肯定的方式时，你并没有违背自己的诚实天性。你只不过在集中关注比对“优秀”这个词的死板定义更重要的东西。

在家庭中培养知彼解己的文化

如同其他习惯一样，习惯五并不是在你偶然一次真正理解了别人后，就可以拥有的。习惯五是在这样的过程中养成的：在家庭生活的日常交流中，不断谋求理解别人并争取别人理解自己。你可以通过以下几种方式在家庭中培养知彼解己的文化。

一位女士讲述了如下经历：

几年前，我们那两个十几岁的儿子经常发生口角。学习了习惯五之后，我们感到，这可能就是我们增进家庭和睦的关键所在。

在度过每周一次的家庭时间时，我们把这个理念告诉了儿子们。我们教他们怎样进行同理心倾听。我们用角色扮演的方式模拟两个人发生分歧的情景，并且向他们展示，其中一个人是怎样放弃了评判或表明立场，而只是努力去理解。然后，当对方感觉完全得到了理解之后，他也可以这样做。我们告诉儿子们，如果他们那一周里再发生口角，我们会让他们待在同一个房间里。除非两个人都确信自己得到了理解，否则他们就不能出来。

第一次发生口角时，我让他们单独待在一个房间里。我让他们坐在两把椅子上，对他们说："好了，安德鲁，你确切地告诉戴维你的感受。"他讲了起来，但说了没两句就被戴维打断了："嘿，事情不是这样的！"

我说："等等！还没轮到你说话呢。你要做的就是理解安德鲁的话，你要以让他满意的方式解释他的立场。"

戴维翻了个白眼。我们重新开始了。

安德鲁说了大约五句话，戴维就从椅子上跳了起来："不是那么回事！"他大叫着："是你……"

我说："戴维！坐下。马上就轮到你了。不过，你得先告诉我，安德鲁讲了些什么，你得真正理解安德鲁并让他满意。你最好还是坐下来听听。你不一定要同意安德鲁的话；你只要解释他对这件事的看法，并且让他满意就行。你必须先彻底说清他的看法，然后才能讲述你自己的看法。"

戴维坐了下来。在此后的几分钟里，他会因为安德鲁说的一些话而发出表示异议的怪声。但他后来意识到，除非他按我说的做，否则什么也做不了。于是他就静下心来，努力去理解安德鲁了。

每当他认为自己理解了，我就让他向安德鲁重复安德鲁刚刚说过的话："是这样吗，安德鲁？你刚才是这么说的吗？"

每次安德鲁都会说："没错！"或是："不对。戴维没明白我的意思。"于是，我们就会再次尝试。最后，我们终于让戴维以安德鲁满意的方式解释了安德鲁的感受。

然后轮到戴维了。有趣的是，当他试图回到自己的立场上时，他的感受其实已经发生了变化。他确实有一些不同看法，但是，在了解安德鲁的看法之后，他已经丧失了一大半气势。在感觉真正得到了理解之后，安德鲁也更愿意倾听戴维的观点了。于是，孩子们不再指责控诉，而是交谈了起来。他们在表达了所有感受之后发现，找到双方都满意的解决办法容易多了。

第一次这样的经历用去了我们三个人大约45分钟的时间。不过，那确实值得！第二次发生这样的情况时，他们已经知道我们会怎样处理。在多年的践行过程中，我们有时也会遇到困难。有时候，事情会牵扯到强烈的情感和深刻的问题。有时候，他们甚至会在争吵爆发后突然打住，因为他们意识到，他们宁愿自由自在地与朋友在一起，也不愿在同一个房间里用半个小时解决问题。但是，他们做得越多，关系就变得越好。

作为母亲，我最美妙的经历之一发生在两个儿子离家几年后。他们一个住在别的州，一个住在国外，已经有几年没见面了。他们到我们家里来处理曾祖父留给他们的一些物品。他们表现出了亲密的手足之情。他们一起大笑，打趣，乐于彼此相伴。在决定两个人分别获得哪些遗产时，他们都非常周到地为对方考虑："这个对你有用——你拿着吧。""我知道你喜欢这个，你拿着吧。"

很显然，他们抱着双赢的态度，而这种态度产生自他们对彼此的深入理解。我深信，他们在成长过程中谋求理解对方——这一点发挥了重大作用。

请注意，这位女士是怎样耐心地利用家庭时间在家里讲授了同理心倾听的原则。注意她是怎样坚持帮助孩子把这些原则融入他们的日常生活，并且在多年后品尝到劳动成果的。

在我们自己的家庭里，我们发现，以下这条简单的基本规则能够在家庭文化中非常有效地确立同理心倾听的合理地位：一旦出现了争论或分歧，人们首先要复述对方的观点，直至对方满意，然后才能陈述自己的观点。这是极为有效的。为了达到这个效果，首先也许要有个开场白，尤其是当你觉得人们已经下定决心要对着干时，开场白尤其重要："我们要讨论让大家感受非常强烈的重要事情。为了帮助我们开展交流，我们首先就这条简单的基本规则达成一致好吗？"然后你就说出规则。最初，这种方式可能会减慢进展速度。但从长远角度来看，它能节省十倍的时间和精力，挽救十倍的家庭关系。

我们还曾尝试做出安排，以求让所有家庭成员知道，在一对一的时间里或者家庭集会上，他们都将得到"发言的机会"。就家庭集会而言，我们建立了一套解决问题的程序，有顾虑或者有问题的成员负责在整个集会过程中引导全家讨论该问题。我们在冰箱上贴了一张纸，如果有人想谈论任何事项、问题、愿望或计划，他们只需把事由和自己的名字写在纸上即可。这张纸帮助我们确定了家庭集会的讨论内容。所有在议程中添加条目的成员都将负责引导我们完成解决问题和采取相关措施的全过程。

我们发现，如果这种文化主要对先发言的人和先行动的人有利，其他人就会觉得自己永远都没有发言机会。他们会把感受郁积在心里，封闭起来，永远不加以表达。但这些未曾表达出来的感受绝不会消失。它们被生生地隐藏起来，以后会以更糟糕的方式表达出来——过激的言论、愤怒的情绪、激烈的言辞或暴力行为、身心疾病、与别人冷战、极端的言语或评判、以其他失常和伤人的方式行事。

但是，如果人们知道自己有发言的机会——也就是说，他们有机会让别人充分倾听自己的言语，并且根据自己的谈话内容调节别人的反应——他们就会放松心态。他们不会表现得焦躁不安或反应过激，因为他们知道，别人倾听和理解他们的时机终将到来。这消散了他们内心的消极力量，有助于人们形成内在的耐心和自我控制。

这是习惯五的巨大优势之一。如果你能建立以习惯五为处理问题核心方式的家庭文化，那么每个人都会感到自己发言的机会终将到来。这就会消除人们由于没人听自己说话而产生的许多愚蠢、冲动的反应。

如果人们知道自己有发言的机会，他们就会放松心态。他们知道，别人倾听和理解他们的时机终将到来。

珍妮（我们的女儿）：

我在一个有九个孩子的家庭里长大，所以我有时很难得到想要的关注。我们家总是热热闹闹的，所有人都在不停地说话或做事。所以，为了得到关注，我必须示意爸爸或妈妈过来，然后轻声说出我想说的一切。我得确保自己的声音非常轻柔，这样他们才会全力关注我，并且让其他人都安静下来。这很管用。

确保自己得到倾听和理解，这是知彼解己中很重要的内容之一。

了解发育阶段

在家庭中实践习惯五的另一种方式就是，通过了解孩子的“年龄和阶段”来理解你的孩子看待世界的方式。

孩子成长以人类发展的普遍原则为基础。孩子先学着翻身、坐、爬，然后才会走和跑。每个步骤都非常重要，哪一步都不能省略，而且必定要有先有后。

这个道理在物质世界千真万确，在情感和人际关系领域同样正确无误。但是，物质世界的一切是看得见的，而且会不断出现各种迹象。而其他领域的东西大多是看不见的，迹象也没有那么直接和明显。因此，我们不仅要了解孩子的生理成长阶段，还要了解他们的智力、情感和精神成长阶段，绝对不要试图走捷径，不要干扰或回避这个过程。

如果我们没有诚心诚意地了解孩子的成长过程，没有根据他们的意识水平与他们交流，我们往往就会对他们抱有不合理的期望，并且在无法实现这些期望的时候感到沮丧。

我记得有一天下午，我因为年幼的儿子把他所有的衣服都堆在房间的地板上而批评了他。我说：“你不知道自己不该这样做吗？你不知道这样做的结果吗？不知道衣服会变得又脏又皱吗？”

儿子没有反抗，没有提出异议，他接受了我的指责。我甚至能感觉到，他其实想按我希望的那样做。但是，他依然天天把衣服扔在地上。

有一天，我终于意识到，他可能只是不知道怎样把衣服挂起来。他还是个小不点。于是，我用了半个小时训练他怎样把衣服挂起来，我教他把星期天需要穿的西裤从裤脚处拎起来，挂在衣架的横杆上，然后把衣架挂在衣柜低层的架子上。我陪他练习扣衬衫正面的扣子，把衬衫翻过来，把两侧的三分之一折向中线，把袖子折起来，然后把衬衫放在抽屉里。

他很喜欢这种训练。事实上，当训练结束后，我们甚至把他所有的衣服都从衣柜里拿出来重新挂了一遍。我们太开心了，我们之间产生了亲密的感觉。他学会了挂衣服，他从此可以把这件事做好了。

正如我在儿子身上发现的那样，问题并不在于他不知道挂衣服的重要性，甚至不在于他不愿意挂他的衣服。他只不过是没有这个能力，不知道该怎样做。

多年后，当他十几岁的时候，同样的问题再次出现了。不过，在那个时候，问题的核心已经不在于能力，而在于动机。如果要解决问题，就必须诉诸动机。

解决训练问题的第一个关键就是正确识别问题。如果脚出了毛病，你不会求助于心脏病专家。如果房顶漏水，你不会去找水管工。诉诸价值观或动机都无法解决能力问题——反之亦然。

如果我们想让孩子在家庭中执行一项任务，我觉得提出以下三个问题会非常有用：

应该让这个孩子去做吗？（价值观的问题）

这个孩子能做吗？（能力的问题）

这个孩子愿意做吗？（动机的问题）

根据问题的答案，我们会知道怎样努力才是有效的。如果是价值观问题，解决办法通常就是充盈情感账户和教育。如果是能力问题，解决办法通常是训练。教育和训练之间存在差别。教育意味着“激发”——在这种情况下，需要做出深入和恰当的解释，激发“我应当这样做”的意识。训练意味着“输入”——在这种情况下，要向孩子灌输完成这项任务所需要的知识。教育和训练都非常重要，你要根据问题的性质来选择加以运用。如果价值观问题是“应该”之间的斗争——“我应该干家务还是和朋友一起去参加晚会”，那么解决问题的关键就在于关系的性质、人的品格和家庭的文化。

如果问题在于动机，解决办法通常就是通过内在、外在或二者结合的方式强化理想行为。你可以提供外在的奖励（比如零用钱、某些特权或“额外的零用钱”），也可以强调内在的奖励（如果人们知道自己正在做的事情是正确的，如果人们倾听并遵从自己的良知，那他们就会实现内心的平静和满足）。或者，你可以双管齐下。确定问题的本质是习惯五（知彼解己）应该解决的问题。

多年来，在了解孩子的发育阶段方面，桑德拉为我们全家带来了难以想象的启迪和直观智慧。她在大学毕业时获得了儿童发育领域的学位，并在之后一直开展相关的研究和实践。由此，就倾听自己的心声、关注孩子经历的自然成长发育阶段的重要性而言，她有着相当深刻的见解。

桑德拉：

一天，我在一家杂货店里看到一位年轻的母亲被自己两岁的孩子搞得不知所措。她试着轻轻地慰藉和安抚孩子，跟他讲道理，但孩子根本不吃这一套——他发抖、尖叫、啜泣、屏住呼吸，然后是一通爆发。可怜的母亲窘迫无比，深感绝望。

当她试图控制局面时，同样身为母亲的我对她产生了同情。我想把自己头脑中快速闪过的所有理性想法告诉她：不要把问题个人化，要以务实的方式来处理。不要奖励这种行为，不要让孩子从这个事件中得到任何好处。提醒自己，两岁的孩子无法处理如此复杂的情感（疲惫、恼怒、压力），因此他们会发脾气，把这次外出搞得一团糟。

仔细思考几遍之后，你就会开始意识到，孩子之所以有这样的表现，部分原因是他们正处在特定的成长阶段。成长是以可预见的步骤一步一步实现的。我们经常听到人们用"可怕的两岁""可信的三岁""可叹的四岁""可爱的五岁"之类的短语来描述儿童行为的各个阶段——通常预言偶数岁的情况会很糟，奇数岁则比较顺当。

每个孩子都是独立的个体，不同于其他所有人，但他们似乎又都遵循着相似的规律。独自玩耍会逐渐演化为与同龄人一起游戏。随着他们的成长和成熟，这些拿着各自的玩具、展开不同对话、并肩站在一起的小家伙最终能够在合作的游戏中相互交流。同样，孩子需要感受到所有权，在分享之前必须先拥有，在走之前必须先会爬，在说话之前必须先理解。我们有必要了解这个过程——去关注、去通过阅读了解、去学会识别自己的孩子及其同伴的成长模式和成长阶段。

如果你能这样做的话，当你两岁的孩子试图造反、用"不！"对你表示藐视，并且试图把自己确立为独立个体时，你就不会把问题个人化。当你四岁的孩子用脏话和不堪入耳的语言吸引你的注意力，对成为自信能干的孩子还是退化为哭哭啼啼的婴儿感到犹豫不决时，你就不会反应过激。你不会再眼泪汪汪地给母亲打电话倾诉，说自己六岁的孩子为了当第一或者拔尖而作弊、撒谎、偷窃；或者你九岁的孩子觉得你不诚实、毫无品格可言，因为你经常超速驾车，说了善意的谎言。你同样不会以成长或发育为理由原谅不负责任的行为，或者按照出生顺序、社会经济状况或智商给孩子定性。

每个家庭都要学着通过运用自己最精华的知识、见解和直觉来了解和解决自身的问题。这也许包括不断对自己重复如下短语："这一切终将过去""她这样做的时候，你一定要冷静""从容应付困难""有朝一日我们会因此大笑的"，或者在做出回应之前先屏住呼吸，默数到十。

关键是顺序

请记住，习惯五的关键在于顺序。它不仅包括怎样做，还包括为什么以及何时这样做。习惯五帮助我们用心倾听和倾诉。它还打开了奇异的家庭统合综效之门。我们会在习惯六中谈论这个问题。

与成年人和青少年探讨本章的内容

先理解别人

- 重新阅读关于印第安人/爱斯基摩人的感知实验。探索以下认识的价值所在：人们并没有按照世界的本貌看待它；他们的看法受到了目前或一向以来所受的熏陶的影响。

- 一起讨论：真正地对每位家庭成员充满同理心有多重要？我们对自己的家庭成员有多了解？我们了解他们的压力，他们的脆弱之处，他们的需求，他们对生活以及他们自身的看法，他们的希望和期望吗？我们怎样才能更好地了解他们？

- 问问家庭成员：我们是否看到了家庭当中由于缺乏理解而导致的一些后果，例如：由于不明确的期望而产生的挫折感、评判、摔门、责备与指责、粗鲁、糟糕的关系、悲伤、孤独或哭泣？讨论一下，怎样做才能确保每个家庭成员都得到发言的机会。

• 思考一下你与家庭成员交流的方式。讨论四种最主要的自传式回应——价值判断、追根究底、好为人师、自以为是。一起通过实践学习，怎样才能做出充满理解的回应。

• 重新阅读“有关同理心的一些问题和原则”和“给予反馈”两节的实例。讨论一下，这些内容对你在家庭中实践习惯五有怎样的帮助。

再争取别人理解自己

• 重新阅读本章内容。讨论一下，为什么先理解别人是得到理解的基础，它能够怎样帮助你以听者的语言实现更好的交流。

• 一起思考，怎样在自己的家庭里建立习惯五——知彼解己。

与儿童探讨本章的内容

• 带孩子做印第安人/爱斯基摩人的感知实验。如果他们能看出两幅画面，那就告诉他们，看待事物通常有两种或更多的方式，而我们看待或体验事物的方式其实并不总与其他人一样。鼓励孩子讲述他们感觉遭到了误解的所有经历。

• 找几副眼镜—— 一些矫正视力的眼镜和一些太阳镜。让每个孩子戴上不同的眼镜观察相同的物体。根据他们戴上的不同眼镜，孩子可能会说物体变得模糊、黑暗、发蓝或是清晰。向他们解释，他们看到的差异代表着人们在生活中看待事物的不同方式。让他们交换眼镜，从而了解别人眼中看到的物体是什么样的。

• 准备一个“味觉”托盘，里面放上不同的食物。让每个孩子尝一种食物，比较他们的反应。告诉他们，某些人可能真的非常喜欢某种食物，比如酸泡菜；而其他人则觉得它又苦又难吃。指出，这象征着人们对生活的迥异体验，并且说明，我们所有人都有必要真正明白，其他人对事物的体验会与我们有所不同。

• 拜访一位年长的家庭成员或朋友，请他/她向孩子讲述一段过去的经历。拜访结束后，通过讲述你知道的所有情况帮助孩子了解该家庭成员或朋友年轻时的样子。“你知道吗？雅各布先生过去是个又高又帅的警察。”“史密斯夫人过去是老师，所有的孩子都喜欢她。”“祖母过去是全镇公认馅饼做得最好的人。”告诉孩子，对别人的了解和理解能帮助你更清楚地认识他们。

• 请一些有东西可以与大家交流的朋友到家里来——有音乐天赋的人、最近旅行过的人、有着有趣经历的人。告诉孩子，我们可以通过倾听和理解他人学到很多东西。

• 下定决心，通过更专注的倾听和更仔细的观察建立一个更具理解力的家庭。教孩子倾听——不仅是通过双耳，还要通过双眼、头脑和心灵。

• 展开“猜心情”游戏。让孩子表现出一种情绪，例如：愤怒、悲伤、开心或失望，让其他家庭成员猜测孩子的感受。指出，你只需观察别人的面部表情和身体动作就能了解他们的很多情况。

HABIT 6

习惯六 | 统合综效

通过庆祝差异建立家庭和谐

我的一位朋友讲述了他与儿子之间一段发人深思的经历。在你读这个故事的时候，想一想如果你处在他的那种情况，你会怎么办。

儿子在校篮球队训练了一周后，告诉我他想退出。我告诉他，如果他现在放弃篮球，以后就会不断放弃生活中所有的东西。我告诉他我年轻时也曾想放弃一些事情，但是我没有，这样做完全改变了我的生活。我还告诉他，他的哥哥们从前也都是篮球运动员，训练的艰辛和场上的合作让他们受益匪浅。我相信，打篮球同样也能帮助他。

我儿子似乎根本不愿意理解我。带着压抑的情绪，他回答道："爸爸，我不是哥哥。我不是一个好球手。我对教练的挑剔烦透了。除了篮球，我还有其他的兴趣。"

我听后难过极了，走开了。

在接下来的两天里，一想到儿子愚蠢又不负责任的决定，我就很沮丧。我跟他关系很好，但是一想到他在这件事上不考虑我的感受，我就很伤心。有几次我都想跟他谈谈，但他就是不想听。

最后，我开始琢磨是什么让他做出放弃的决定。我决定要找出原因来。刚开始，他谈都不愿谈这件事，于是，我转而问其他的事情。他只对我简短地回答"是"和"不是"，除此之外，他什么都不说。过了一会儿，他眼睛湿润了，说道："爸爸，我知道你自以为理解我，其实不是，谁也不知道我感觉有多糟。"

"很糟？"我回答到。

"很糟！我有时甚至不知道这一切有什么意义。"

接着，他开始倾吐心声。他说了很多我以前不知道的事情，他表达了别人拿他和哥哥做比较时他的那种痛苦。他说，他的教练希望他打得能和哥哥们一样好。他觉得，如果他走另一条路，尝试新的东西，这种比较就会结束。他说我更喜欢他的几个哥哥，因为他们带给我的荣誉比他带给我的多。他还告诉我，他感觉不安全——不仅在篮球方面，还有他生活中的所有方面。他还说，在某种程度上，他感觉他和我之间失去了联系。

我必须承认他的话让我感到羞耻。我有一种感觉，他所说的人们拿他和哥哥们对比是真的，我很内疚。我承认我为他感到难过，而且真诚地向他道歉。但是，我还是告诉他我认为他会从打球中受益匪浅。我告诉他，如果他还想打球，家人和我会为他创造更好的条件。他耐心地听着，并且对我的话表示理解，但他还是不愿改变退出篮球队的决定。

最后，我问他爱不爱篮球。他说他爱，但是讨厌在校队打球带来的所有压力。交谈中，他说他更愿意为教堂球队打球。他说，他只想开开心心地打球，不想征服全世界。随着我们交谈的深入，我的感觉没有先前那么糟了。我承认，对于他退出校队的事，我还是有点失望，但让我高兴的是，至少他还想打球。

他开始告诉我教堂球队队员的名字，在他说的过程中，我能感觉到他的兴奋和热爱。我问他教堂球队什么时候打球，我可以参加。他说他不确定，他又说："不过，我们需要一个教练，否则，他们根本不会让我们参加比赛。”

就在那一刻，非常神奇地，我们之间的问题解决了。我们同时想到一个主意，我们几乎同时喊出：“我/你可以成为教堂球队的教练。”

突然，我感到如释重负。成为教堂球队的教练，而我的儿子是其中的一名队员，这是多么有趣的一件事啊。

后来的几个星期是我运动生涯中最开心的日子，它们带给我作为一名父亲所能拥有的最值得回忆的东西。我们队打球只为了高兴。哦，当然，我们想赢，也确实取得了几场比赛的胜利，但是，没有人感到压力。每当我喊出“传球，儿子！传球！投得好！过人真漂亮”时，我的儿子——讨厌校队教练对他大吼大叫——就会对我眨眨眼睛。

篮球赛季转变了我和儿子的关系。

这个故事展示了习惯六——统合综效，以及采取习惯四、五、六实现统合综效这个过程的本质。

注意，这对父子一开始如何在输与赢的处境中困扰。父亲希望儿子打球，他的动机是好的，他认为打球对他儿子来说是一个长久的胜利。但是，儿子的感受不同。为校队打球对他来说不是赢，而是输。人们总是拿他和哥哥们做比较，他不愿承受这种压力，这似乎是一个“要么照你说的办”“要么照我说的办”的问题。不管做出怎样的决定，一方都会输。

但是，父亲的想法随后发生了重要的改变，他试图理解为何这对于儿子来说不是胜利。随着谈话的深入，他们超越了各自的立场，深入到真正的问题。他们一同想出了一个更好的办法，一个全新的解决办法，使双方获得了双赢。这就是“统合综效”的所有含义。

统合综效——所有习惯的最高成果

统合综效乃是所有习惯的最高成果，是“至上之善”。当一加一等于三甚至更多时，神奇的事情就发生了。之所以会这样，是因为双方之间的关系本身也是另外一方。这一方具有一种催化动力，它能影响双方的互动关系。它来自创造某种新想法的精神——不是选择互相妥协或折中的办法时的那种互相尊重（双赢）和互相理解的精神。

用身体做比喻是理解统合综效的一个好办法。身体不仅是手、腿、脚、脑、胃和心堆在一起，还是每个器官共同协作而完成许多了不起的事情的神奇综合体。比方说，双手合作比一只手单独工作做的事情多。双眼一起看东西，可以看得更清楚。双耳一起听声音，可以辨别声音的方向，两只耳朵分开听可不能有这种功能。全身可以完成的工作比所有单独器官独立行动要多得多，单独行动时，这些部位只是叠加在一起，而没有联系。

因此，统合综效处理的是双方之间的关系。在一个家庭里，这是家人关系的本质和实质。当丈夫和妻子互动时、父母与孩子互动时，统合综效就存在他们的关系中。这是富有创造性的想法——产生新选择的新想法、第三条道路——出现的地方。

你甚至可以将双方的关系视为“第三者”。在婚姻中，“我们”的概念比两个人独处时更明显；而两人间关系创造了这个“第三者”。父母与孩子之间的关系也一样。在带有深入人心的愿景和以原则为中心的价值体系的家庭关系中，关系创造的这个“第三者”就是家庭文化的本质。

因此，通过实践统合综效，你们不仅会有共同的弱点，和对共同观点、价值观、新方法和更好选择的共同创造，而且，对于共同创造的规范和价值观，你们还有共同的责任感。又一次，这个过程将道德和伦理约束带入家庭文化，它鼓励人们更诚实、说话更坦率、面对棘手的问题时更勇敢，而不是企图逃避、忽视或避免与家人在一起，从而将必须应对困难的几率降到最小。

这个“第三者”成为了拥有更高权力的“人”，它代表了集体良知、共同的观念和价值观、家庭文化在共同领域的习惯和道德标准。它防止家人变得不道德、争权夺势，或以地位、头衔、受教育程度、性别获得优势。只要家人在生活中遵从这个拥有更高权力的“人”，他们就会将地位、权力、尊严、金钱和身份这些东西视为他们“代管工作”的一部分——他们对“他”做出承诺，承担责任，并负有义务。但是，如果人们在生活中不遵从这个拥有更高权力的“人”，各行其是，这个“第三者”的感觉就破裂了。人们变得彼此疏远，生活在以我为主的盔甲里。家庭文化就变成了独立的，而不是相互依赖的，统合综效的奇妙作用也就消失了。

简而言之，要想统合综效发挥作用，关键就在于建立家庭文化的道德威信——每位家庭成员都应对之负责。

统合综效是有风险的

因为统合综效的作用过程是未知的，因此有时该过程会变成一团糟。你开始的“想法”不是你的想法——统合综效从已知向未知发展，创造出全新的东西。统合综效在这个过程中建立关系和能力，因此，你并不是走进寻找自我方式的环境，而是进入一个不知道会出现什么结果的地方，但在这里，你得到的东西要比你带入的好得多。

统合综效是有风险的事情，是一种冒险。它是暴露共同弱点的神奇时刻，你不知道会发生什么。

这就是为何前三个习惯如此重要。它们使你们之间产生一种内部安全感，使你们有勇气面对这一类的风险。谦逊需要很大的自信，这听起来可能很矛盾。但是，一旦人们拥有了自信和以原则为基础的内部安全感（这种安全感会使人们变得谦逊和敢于承认弱点），他们就会停止自以为是，开始进行意见交换的沟通。就是在这种沟通中，存在着释放创造力的动力。

当然，在家庭关系中，没有什么事情比创造更令人兴奋、更有保证了。习惯四和五教给你如何创造的心理习惯和技巧。你必须考虑双赢。你必须首先去理解，再试着寻求被别人理解。在某种意义上，你必须学着用第三只耳朵倾听，创造出第三种思想和第三条道路；换句话说，你必须用尊重和同理心倾听彼此的心灵。你们必须达到双方都愿意被影响、被教化的地步，并且双方都是谦逊和敢于承认弱点的，直至两人思想间的第三种思想变得富有创造力并产生了双方先前都未曾考虑过的选择。这种相互依赖的程度要求两个独立的人意识到，在某种环境、时间、问题或需求上，相互依赖的本质是什么，因此，他们就能选择运用这些相互依赖的能力，促成统合综效的产生。

当然，习惯六使所有习惯达到至善至美的程度。它不是一加一等于二的交易式合作，也不是一加一等于一又二分之一的折中合作。它不是对抗性的交流或消极协作，使一半以上的精力都花费在进攻和防守上，使一加一小于一。

统合综效是一种一加一至少等于三的情况。它是人们相互依赖的最高、最有成就、最令人满意的境界。它代表树上的最终果实。只有你栽下这棵树，为它施肥，让它茁壮成长，否则，你绝对无法收获统合综效的果子。

统合综效的关键：庆幸差异

产生统合综效的关键是学着尊重——甚至庆幸彼此间的差异。回到身体的比喻上，如果全身都是手、心脏或脚，它们就都不可能发挥作用。恰恰是差异让身体具有完善的功能。

我们大家庭中的一位成员与我们分享了一个动人故事，讲述了她如何意识到自己与女儿的差异。

我11岁时，父母送给我一本装帧精美的伟大古典著作。我认真地阅读着这本书，当我翻过最后一页时，我哭了。

我小心翼翼地将这本书保存了许多年，想把它送给我自己的女儿。当凯茜11岁时，我把这本书拿给她。她很喜欢这份礼物，努力读完了前两章，然后将书扔在书架上几个月，碰都没碰过。我失望透了。

出于某种原因，我从前一直认为我女儿像我，也会喜欢我小时候爱看的一些书，因此，她就会有类似我的气质，会喜欢我喜欢的东西。

“凯茜是一个可爱、精力充沛、很爱笑、又有点淘气的女孩儿。”她的老师告诉我。“有她在就有趣。”她的朋友说。“她为生活兴奋，能够很快在任何地方发现幽默。她很敏感。”她父亲这么说。

有一天我对丈夫说：“这一切对我来说太难了。凯茜对事物有着永不终止的热情，她想‘玩’的渴望，她永不停止的笑声和玩笑，都让我无法承受。我从来都不是这样。”

读书是我13岁前唯一的快乐。我知道我对我们两人间的差异感到失望是不对的，但在我内心深处，我确实很失望。凯茜是我的一个烙印，我对此感到难过。

这种没有说明的感觉很快就传递给我的孩子。我知道她会感觉到，而且也会因此难过。我对自己这样的无情感到愧疚。我知道我的失望没有任何道理，但是，即使我是这么爱这个孩子，我的心还是无法改变。

深夜，当所有人都睡着了，房间里又黑又静时，我祈祷获得理解。一天清晨，当我躺在床上时，重要的事情发生了。就几秒钟，一个画面闪过我的大脑，我看到了长大成人的凯茜。我们是两个成年人，手挽手，冲对方微笑。我想到我自己的妹妹，以及我和她之间的差异。但是，我从来不希望她和我一样。我意识到，终有一天，我和凯茜都会是大人，就像我妹妹和我一样。最好的朋友没有必要彼此相像。

我脑子里跳出一句话："你怎么敢把你的个性强加到她身上。欣赏你们的差异吧！"尽管这句话仅持续不过几秒，但就这么一闪而过的念头，就这么一次觉醒，改变了我的内心。其他任何东西都不能完成这一点。

我的感激又回来了。我与女儿的关系得到了全新的发展——内容丰富，充满快乐。

注意，这位女士最初是怎样想当然地认为女儿应该像她，这种假设如何使她苦恼不已，并让她无法注意到女儿宝贵的特点？只有当她学着接受女儿，并享受她们之间的差异时，她才能够创造她希望拥有的丰富、充实的关系。

而每个家庭中的每一种关系都是如此。

我曾为一家公司举办研讨会，题为"左脑主司管理，右脑主司领导"。中间休息时，公司总经理对我说："研讨会很有意思。不过我考虑更多的是怎样才能把它用于我的婚姻而非生意。我妻子和我确实存在着交流上的问题。"他邀请我和他们一起吃午饭，以观察他们是怎样交谈的。

午饭的寒暄过后，总经理对他妻子说："亲爱的，我知道你觉得我应该更细心、更体贴些。可不可以说得具体些，你认为我该做些什么？"

这位丈夫的左脑希望得到事实、数字和细节。

“我早就说过了，不是因为什么具体的事，而是我的一种总体感觉。”这位妻子的右脑提供感觉和概况。

“什么‘总体感觉’？你究竟希望我做什么？”

“啊，那只是一种感觉。”她的右脑只接受印象和直观的感觉，“我只是觉得我们的婚姻并不像你对我说的那么重要。”

“那我能做些什么使它变得更重要？告诉我一些具体的特别该做的事。”

“它很难言说，只是一种感觉，一种非常强烈的感觉。”

总经理说：“亲爱的，这就是你的问题了，你母亲也有这样的问题。事实上，我所认识的每一位女士都有类似的问题。”

然后，他开始用法庭里的口吻审问妻子。

“你是否住在你愿意住的地方？”

“不是这个问题。”她叹了口气说，“根本就不是这个问题。”

“我知道。”他耐着性子，“因为你不确切告诉我原因何在，我要知道它是什么的最好办法就是搞清楚它不是什么，你是否住在你愿意住的地方？”

“我想是吧。”

“只要简单回答‘是’或‘不是’。你是否住在你愿意住的地方？”

“是。”

“那好，这个问题解决了。你是否得到了你想得到的东西？”

“是。”

“好。你是否可以做你想做的事？”

他们就这样一问一答。我知道自己一点儿也帮不上忙，所以就插了一句："你们之间的关系就是这个样子吗？"

"每天如此。"总经理说。

妻子叹了口气，说："我们的婚姻就是这个样子。"

我看着他们，脑子里闪过一个念头：这是两个生活在一起，但各自只有半个头脑的人。我问："你们有孩子吗？"

"有，有两个。"

"真的？"我难以置信地问，"你们是怎么做到这一点的？"

"我们怎么做到这一点的？你指什么？"

"你们是协同的？"我说，"一加一一般等于二，但你们却做到了等于四。这就是协同作用：整体大于各部分之和。你们是怎样做到这一点的？"

"你知道我们是怎么做到的？"总经理问道。

"你们一定做到了尊重差异！"我大声说。

现在比较一下另外一对与上面这对夫妇处境相同的人的经历——只不过他们的角色对调了。这位妻子说到：

我丈夫和我的思考方式差别很大。我更倾向于逻辑有序的思考——更多的使用"左脑"。他更倾向于使用"右脑"，更整体地观察事物。

我们刚结婚时，这些差异给我们的交流带来了问题。他似乎总是左顾右盼，寻找新的选择，新的可能性。如果他觉得自己发现了一个更好的方法，他就会很轻易中途改变主意。另一方面，我要求坚持和精确。只要我们做出明确决定，我就会深入研究细节，而且不管发生什么，都坚持原来的方法。

因此，当我们共同为设立目标、买东西、教育孩子等事做决定时，我们总会面临许多挑战。我们对彼此的承诺都很坚定，但是，我们都固守各自的思考方式，我们很难一起做决定。

有一段时间，我们试图分清各自的责任。比如，在做预算时，他负责进行许多长期计划，而我负责记账。事实证明这样做是有效的。我们在各自力所能及的范围内为婚姻和家庭奉献。

但是，当我们发现用我们之间的差异来创造真正的统合综效时，我们的关系达到了一个新的丰富阶段。我们发现我们能够轮流倾听彼此的心声，并且能够睁大眼睛，以一种全新的方式审视事情。我们能够达成共识，用共同和更强的理解解决问题，而不是以“作对”的方式。

这打开了解决我们难题的各种方法的大门，也让我们能一起做许多美妙的事情。当我们最后发现我们的差异是一个更大的整体的许多部分时，我们便开始寻求将这些部分拼合起来的新方法的可能性。

我们发现我们喜欢一起写作。他提出大的概念、全盘想法和右脑教授的方法。我对他的想法提出意见、做出反应，进而组织好内容，执笔完成写作。我们喜欢这样！这将我们带到了一个全新的奉献阶段。我们发现，正是因为我们之间的差异让我们的生活显得更和谐。

请注意，这两对夫妇是如何处理左右脑思考问题的差异的。在第一个例子中，差异产生痛苦、误解和分歧。在第二个例子中，差异却让夫妻关系更和谐丰富。

第二对夫妇又是如何实现这些正面效应的呢?

他们学会了尊重差异并利用它创造新东西。因此，他们结婚比他们独立生活要幸福。

就像我在习惯五中所说的，每个人都是独特的。而这种独特性和差异性是统合综效的基础。事实上，一个家庭生物创造的整体基础就是的男人和女人之间的生理差异，而这种生理差异可以作为其他产生差异的美好事物的一个比喻。

你必须能够真诚地说："我们看待事物的不同方式是我们关系中的一个优势，而不是弱点。"

在家庭中，简单的容忍差异是不够的。你不能只是接受差异，只是细化家庭功能以适应差异。要具备我们正在讨论的这种创造能力，你就必须确确实实地为差异欢呼。

从爱慕到讨厌

讽刺的是，在一段关系开始时，正是两者间的差异吸引了彼此，那是一种令人愉悦、让人喜爱和兴奋的不同之处。但是，当这些差异进入两人关系后，爱慕在某种程度上变成了讨厌，那些差异中的一些东西造成了最大的伤害。

我记得有一晚我回到家，我已经两三天没有和我们年幼的孩子进行有意义的交流了。我为这种缺乏交流的事实感到内疚，而当我感到内疚时，我就变得有一点任性。

因为我经常不在家，桑德拉为了弥补我的任性，变得有点太坚强了。她的坚强让我变得有点软弱，我逐渐增长的软弱使她变得更强硬。因此，我们家里的秩序有时带有政治意味，而不是被能够创造美好家庭文化的原则所驱使。

那天晚上，当我回到家里时，我走到楼梯口大声叫道："孩子们，你们在吗？过得怎么样？"

我们一个年幼的儿子跑到走廊，抬头看我，然后大声向他们的哥哥喊道："嘿，肖恩，他挺好的。"（换句话，"他心情不错"！）

我所不知道的是，这些孩子已经在生活压力之下上床睡觉了。此前，他们利用每个能够想到的理由不睡觉、玩儿、打发时间。他们一直这样，直到我妻子的忍耐到了极点，把他们送上床，并发出最后的指示："从现在起，待在床上，否则我会给你们相应的处罚。"

因此，当他们看到父亲的车灯从窗户射进来时，一丝新的希望又升起了。他们想看看老爸的心情怎么样。如果我心情不错，他们就能起床再玩一会儿。他们一直等我走进屋里。"嘿，肖恩，他挺好的。"这句话是他们的暗号。我们开始在客厅里嬉戏，玩得很高兴。

这时，我妻子出现了，她带着难过和气恼的口吻，大声说："孩子们还没睡吗？"

我马上回答："嘿，我最近没怎么跟他们待在一起，现在要再跟他们玩一会儿。"不用说，她不喜欢我的回答，我也不喜欢她的反应。然后，孩子们就看着他们的妈妈和爸爸当着他们面吵架。

问题是，我们在这件事上没有协作，没有达成两人都愿意遵守的协定。我只是由着自己的心情和感情做事，态度不坚定。我对孩子们已经上了床并且应该待在床上的事实不管不顾。但是，我确实有一段时间没有见到他们了。最关键的问题是"上床睡觉的时间到底有多重要"。

我们没有马上找到解决这个问题的办法，但是，我们最终得出结论，上床睡觉的时间对我们家庭不重要——特别是当孩子长到十几岁的时候。我们认为，上床睡觉的时间通常对许多家庭都很重要，但这却是我们家的开心时刻。孩子们坐在那里，聊天、吃东西、说笑——主要是同桑德拉一起，因为我一般都睡得比较早。承认彼此间的差异，允许我们每个人去做个人和集体都感觉不错的事情，使我的家庭能够做出统合综效的决定。

有时，面对差异，欣赏他人的独特是很难的。我们总想将人们放进我们想象的模子里。当我们从自己的观点中获得安全感时，听取不同意见——特别是来自像配偶或孩子这样亲近的人的观点——就会威胁到这种安全感。我们希望他们和我们站在同一边，用我们的方式思考，赞同我们的想法。但是，就像有些人说的，“如果每个人的想法都一样，就没有人思考太多的东西了”。还有人说，“如果两人一致，那么其中一个人就没有意义了”。没有差异，就失去了统合综效的基础，就没有了创造新方法和机会的可能性。

关键是学着将差异的精华结合在一起，以一种方式创造出全新的东西。不用多种原料，你就做不出美味的炖菜，做不出好吃的沙拉。是多样性创造了兴趣和风味，创造了融汇不同事物精华的新的结合体。

许多年来，桑德拉和我渐渐意识到我们婚姻最美好的东西就是差异。我们拥有绝对的默契和统一的价值体系和目标，但是在这其中，我们又有很大的差异。我们喜欢这样。大部分时间都是这样。我们依赖彼此不同的观点提高我们的判断力，帮助我们做出更好的决定。我们依赖彼此的优势来弥补各自的弱点。我们依赖彼此的独特给我们的关系锦上添花。

我们知道我们在一起比单身更幸福，而这其中的主要原因之一是我们不一样。

行动中的过程

统合综效不仅是协力或合作，更是创造性的协力和合作。从前没有的新东西被创造出来了，而这种创造不能缺少对差异的欣赏。通过深入的倾听、满怀勇气的表达和新认识的产生，第三条道路就诞生了。

现在，你可以使用习惯四、五和六，在任何家庭环境中创造新的第三条道路。事实上，我建议你要试着这样做。

我准备和你分享一个真实的生活环境，并让你利用你的四种天赋，看你如何解决这个问题。我将在这个过程中打断你，问你问题，这样你就能按下暂停键，仔细思考你怎样利用了自己的天赋、你又是怎么做的。我建议你利用时间深入思考这些问题，然后再往下读。

我丈夫赚钱不多，但是我们终于买到了一座小房子。我们因为能拥有属于自己的家而喜出望外，即便繁重的月供让我们只能勉强达到收支平衡。

在这所房子里住了一个月后，我们觉得我们的前厅因为我婆婆送的一套破旧的沙发而显得寒酸。我们决定买套新的，尽管我们支付不起。我们开车去了家附近的家具店，打算看看那里的沙发。我们看到一套“EarlyAmerican”牌的精美沙发，它就是我们想要的，但是，价格高得让我们吃惊。即便是最便宜的款式的价格也是我们预想的两倍。

售货员问了我们房间的尺寸。我们骄傲地告诉他，我们多么喜欢这房子。然后，他说：“那套放在你们的前厅里怎么样？”

我们告诉他，那看起来会很棒。他说，如果订货，下周三就能送到。我们问他如果不立即付钱我们能拥有这套沙发吗，他说这不成问题，因为他们可以推迟两个月收款。

我丈夫说，“好吧，我们买了”。

（暂停：利用你的自我意识和良知。假设你是这位女士，你会怎么办？）

我告诉售货员我们需要多考虑一会儿（注意，这位女士如何利用习惯一：积极主动，按下了暂停键）。

我丈夫答道，“还有什么可想的？我们现在需要这个，我们可以以后再付钱”。但是，我告诉售货员我们再转转，可能还回来。当我拉着我丈夫的手走时，我能感觉到他很不高兴。

我们走到一个小公园，坐在长椅上。他还是很不高兴，从我们离开那家店之后，他一句话也没有说。

（暂停：利用你的自我意识和良知。如果是你，你会怎么处理这种情况。）

我决定让他告诉我他的感觉，这样我就能理解他的感受和想法（注意，这位女士在利用习惯四：双赢思维和习惯五：知彼解己）。

最后，他告诉我，不管什么人，什么时候到我们家看到那套旧沙发，他都感到难堪。他告诉我他在努力工作，但不知道为什么我们的钱这么少。他认为他的哥哥和其他人的薪水比他高得多是不公平的。他说，他有时觉得自己是个失败者。一套新沙发可以是他生活很好的一个标志。

他的话刺入我的内心。他几乎说服了我回去买那套沙发。但是，我接着问他愿不愿意听我说说我的感觉（注意，这是在利用习惯五的再争取别人理解自己）。他说，他愿意。

我告诉他我多么为他骄傲，对我来说他是全世界最了不起的成功者。我告诉他有些晚上我睡不着，就是担心我们没有钱支付账单。如果我们买了这套沙发，两个月后，我们就得付钱——我们可能付不起。

他说他知道我说的对，但他还是因为不能过得和身边人一样光鲜而感到很难受。

（暂停：利用你创造性的想象力。你能选择第三条道路解决这件事吗？）

后来，我们开始谈论不花那么多钱，也能把我们的前厅布置得很漂亮的办法（注意，这是在利用习惯六）。我提到，附近一家二手商店可能有我们买得起的沙发。他笑着说，"他们可能有一套比我们刚才看的那套

“EarlyAmerican”牌沙发旧得多的沙发”。我伸手握住他的手，我们坐在那里，对视了许久。

最后，我们决定去那个二手店。我们在那里找到一套几乎全木的沙发。靠垫可以拆卸，但是很旧。不过，我想用与我们房子协调的新罩子盖上它不会费什么事。我们花了13美元50美分买了这套沙发，回家了（注意，这位女士是如何使用了良知和独立意志）。

在接下来的一个星期里，我参加了一个家具装潢班。我丈夫翻新了沙发的木质部分。三个星期后，我们有了一套可爱的“EarlyAmerican”牌的沙发。

随着时间的推移，我们坐在金黄色的垫子上，手拉手，微笑着。这套沙发就是我们解决财政问题的标志（最后，注意结果）。

如果你是这位女士，你会做出怎样的决定？如果你运用你的天赋，你可能会做出比这对夫妇更明智的决定。

不管你做出什么样的决定，想一想它会如何改变你的人生。想一想这对夫妇的统合综效对他们人生的改变。你能明白他们是如何运用四种天赋，如何按下暂停键，采取积极主动行动，而不是消极被动行为的吗？你能了解他们如何运用习惯四、五和六，得到了统合综效式的第三条道路吗？你能看到他们在一起开发才智并创造美好事物的同时，给他们生活带来的价值吗？当他们每次看着自己的沙发，想到他们用现金付账并装饰了它，而不是用信用卡付账，每个月都要还利息时，你能想象这给他们的生活带来的不同吗？

一位妻子用下面这段话概括了如何利用这些习惯：

利用习惯四、五和六，我丈夫和我不断设法发现彼此的长处。这就像两只海豚的默契共舞——他们一起自然地移动自己的身体。要在这个过程中利用尊重和信任，以及这些习惯在日常决定中所起的作用——不管是巨大的决定，比如，我们结婚后应该住在谁的房子里，还是晚饭吃什么这样的小事。这些习惯本身已经成为我们之间的一种习惯。

家庭免疫体系

这种统合综效是美好家庭文化的终极体现—— 一种富有创造性和乐趣的文化，一种充满多样性和幽默感的文化，一种尊重每个人以及每个人的兴趣和方式的文化。

统合综效释放了巨大的能量。它创造了新的想法，它以新的多面化方式将你们结合在一起，它在情感账户上存下巨款，因为同另一个人一起创造新的东西是一笔巨大的财富。

它还能帮助你创造出一种文化，在这样的文化中，你能够成功应对你可能面对的所有家庭挑战。事实上，你可以将习惯四、五和六创造出的文化比作健康机体的免疫系统。它决定了家庭处理各种挑战时所具备的能力。它保护家庭成员。因此，一旦你出了差错，或者因为完全意想不到的生理、经济和社会问题困扰时，家庭就不会被这些事情击倒。家庭有能力摆平这件事，重新站起来，适应——并应对生活带给它的任何困难。你应该学会利用家庭、从家庭中学习、适应家庭，使家庭越来越好，最终收获一个更强大的家庭。

有了这种免疫系统，你就能以不同的眼光审视“问题”。问题就变成了类似疫苗接种的东西。它刺激免疫系统产生抗体，因此，你就不会得大病。这样，你就能应付你家庭中的任何问题——你婚姻中的问题，你与十几岁的孩子或一个失业者的争斗，你与年长的哥哥或姐姐的陌生关系——并将其视作一种潜在的疫苗。无疑，它会带来一些痛苦，甚至少许的伤害，但它同时也能激发免疫反应，助力一种战斗力的生长。

然后，不管出现什么困难，免疫系统就用它的双臂拥抱这些困难——挫折、沮丧、深度疲劳或者其他可能威胁家庭健康的任何事——再将它们变成一种成长经历，使家庭更具创造力，更具协作能力，更有能力解决问题、处理你可能面对的各种困难。因此，问题不会让你泄气；它们鼓励你将效率和免疫力提升到一个新的高度。

将问题看作疫苗接种，将带给你一种审视挑战的新角度，甚至是在你面对最难缠的孩子时。它能让你和整个家庭文化强大。事实上，**家庭文化的关键是如何对付最考验你的孩子。**如果你能向最麻烦的孩子表现出无私的爱，其他人就会知道你对他们的爱也是无条件的，而这种想法能建立信任。因此，向最麻烦的孩子表示感激吧，要知道，挑战会使你和你的家庭强大。

如果我们理解了家庭免疫系统，我们就能将小问题视作家庭机体再一次的接种预防——它们使免疫系统发挥作用。通过适当的交流和协作，家庭就建立起更强大的免疫力，问题就不会成为问题。

艾滋病之所以是可怕的疾病，是因为它破坏了免疫系统。人们不会死于艾滋病，而会死于因免疫系统脆弱而带来的其他疾病。家庭不会因为某一次的挫折死亡，而会因为免疫系统出了问题死去。它们透支了情感账户，并且侵入家庭日常生活的处理过程和模式，破坏家庭赖以生存的原则和自然法则。

健康的免疫系统保护你免受四种对家庭致命的“癌症”：挑剔、埋怨、比较和竞争。这些癌症是美好家庭文化的对立面，没有一个健康的家庭免疫系统，它们就会使能量的负面消耗转移并扩散到整个家庭。

“你有不同的看法。好极了！帮我弄明白。”

看待习惯四、五和六的另一种方法是通过飞机的比喻。我们说，出发时90%的时间我们都会偏离正确路线，但是我们能够通过阅读反馈数据重返正确路线。

“家庭”是对人生教训的学习，反馈是学习的自然组成部分。问题和挑战带给你反馈。**一旦意识到每个问题都是让你们做出反应，而不是引发争执，你们就开始学习了，你们就变成了一个好学的家庭。**你要欢迎那些考验你统合综效能力的挑战，并以更高程度的特点和竞争力对之做出反应。如果你们之间有差异，你就说：“你有不同的看法。好极了！帮我弄明白。”这样你还利用了家庭的集体智慧以及每个人的道德和伦理本质。

但是，要做到这一点，你必须要超越谴责和斥责，你必须超越挑剔、埋怨、比较和竞争，你必须想到双赢，寻求理解和被理解，而且要统合综效。如果你不这样做，你得到的结果最多是满意，而不是完美；合作，而不是创造；妥协，而不是协作；情况最糟时，结果还会是吵闹，而不是进步。

你还需要遵守习惯一。就像有的人说的，“这个过程很神奇！需要的所有东西就是特色”。事实确实如此。当你和配偶对于买车想法不一样时，当你两岁大的孩子想穿着粉裤子和橙色T恤去杂货店时，当你十几岁的孩子想凌晨三点钟回家时，当你的岳母或婆婆想重新布置房子时，你需要的就是特色。当你认为你确实知道别人怎么想（实际上，你往往做不到），当你确定对某个问题做出完美解答（实际上，你往往做不到），当你五分钟之后要赴一个重要的约会时，是特色让你首先设法去理解别人。利用自己的特点，你为对方的差异高兴，你寻找第三条道路的解决方案，你与家中成员合作创造文化中的协作感。

这就是为什么积极主动的原则如此重要。只有在你依赖原则发展能力，而不是根据情绪或环境做出反应，只有当你认识到家庭要优先考虑的问题，并围绕它进行规划时，你才有能力创造出强大的统合综效，并为此付出必要的精力。

一位父亲和我们分享了以下这段经历：

当我思考习惯四、五和六并将它们应用到我们家时，我发觉我需要处理与七岁大的女儿黛比的关系。她通常很情绪化，只要事情不按她的想法进行，她就会跑到自己的房间，大哭一场。似乎不管妻子和我做什么，她都会很扫兴。

她的难过也令我们难受，但我们反而开始针对她，不断指责她："冷静点！别哭了！到你屋里去，好了再出来！"而这种负面反馈只会让她闹得更凶。

但是，有一天当我想到她时，一个念头出现了。当我意识到，她情绪化的性格是一种能给她的生命带来力量的源泉时，我心里一动。我经常见她对她的小伙伴表现出异乎寻常的同情。她总是要保证满足每个人的要求，一个也不能少。她心地善良，有一种难得的表达爱的能力。当她情绪不低落时，她的可爱是我们家可以触摸到的阳光。

我意识到，她的"天赋"是能够保佑她一辈子的竞争力。如果我总是以消极、挑剔的方式应对这种天赋，我也许就剥夺了可能成为她最了不起的能力的东西。问题是，她不知道如何处理她的整体情绪。她需要的就是有人在那里陪着她，相信她，帮她走出困境。

因此，当她又一次发脾气时，我就没做出什么反应。当她内心的暴雨停止后，我们坐下来，讨论真正能解决问题、让每个人都开心的方法。

我意识到，为了让她心甘情愿地这样做，她必须得到几次胜利，因此我有意识地给她提供一些统合综效是如何发挥作用的经验。这使她建立了勇气和信心，就好像是她给自己按下了暂停键，选择和我们一起待在那里——这有极大的好处。

我们仍然有属于自己的时间，但是我们发现她现在不但更愿意进行合作，而且更愿意解决问题了。我发现，当她真的出现思想斗争时，不让她走开，而是和我们待在一起，会带来更好的结果。我不会说“别走开”，而是说“到这来。让我们看看怎么一起解决这个问题”。

注意这个父亲对她女儿真实性格的看法和观点是如何帮助他珍惜她独特的差异，并在和她的交流中做到积极应变的。再注意，甚至是小孩子也能实践习惯四、五和六。

在大量差异的基础上，你可能在许多时刻都感觉自己处在不同程度的积极主动的位置上。你所处的环境、你面临的危机、你处理某个想法和观点的能力、你生理、心理和情感弱点的水平、你坚定的信念都会影响你创造潜在的统合综效的积极主动程度。但是，如果你能将所有这些处理好，你就能知道差异的价值，而你获得的丰富感、能力和智慧会强大得让人吃惊。

你还要遵守习惯二。这是领袖的工作，这是在创造团结，使多样性变得更有意义。你必须有目标，因为目标决定了反馈。**有人说反馈是“冠军的早餐”。其实，它不是。观点是早餐，反馈是午餐，自省是晚餐。**你决定了你的目标，你便知道反馈意味着什么，因为它让你知道你是在朝着目标前进，还是偏离了正确路线。即便因为天气原因你偏离了方向，你还是能继续前进，重返正确路线，实现目标。

你还要遵守习惯三。一对一的关系时间为你建立情感账户，让你能和家庭成员真诚互动，并且这种互动是以统合综效的方式进行的。

你可以看出这些习惯是如何结合并互相加强，是如何创造出我们正在谈论的家庭文化的。

让大家参与问题并共同找到解决方案

表达习惯四、五和六的另一种方法可以是一句简单的话：让大家参与问题并共同找到解决方案。

几年前，我在家里经历了一件与这个题目相符的有趣的事。桑德拉和我读了大量有关电视影响孩子思想的文章，我们开始感觉电视像一个污水管道，让脏水从四面八方向我们家涌来。我们开始制定规矩，限制看电视的时间，但似乎总有意外发生。规矩一直在变，我们处在一种不断妥协让步的位置，我们厌倦同孩子们讨价还价。这好像演变成了一种不断让家庭感情以消极方式扩张的权利斗争。

尽管我们对这个问题的意见是统一的，但我们无法在解决方案上达成一致。我读了一篇文章，讲到一位父亲将电视机扔到了垃圾堆里！受他启发，我也想采取一种极权的做法。在某些方面，这种夸张的行为似乎表现了我们想表达的所有意思。但是，桑德拉更愿意采取一种更民主的做法。她不希望孩子憎恨这个决定，让他们感到自己输掉了决策权。

当我们决定采用统合综效的方式时，我们意识到我们在设法决定要怎样做才能让孩子自己解决这个问题。我们决定在家庭范围的基础上应用习惯四、五和六。在我们的下一个家庭之夜中，我们开始了以“电视——多少是个够”为主题的家庭会议。每个人的兴致都被调动起来了，因为这是涉及每个人的大事。

一个儿子说：“看电视有什么不好？电视台也播好东西。我都把家庭作业做完了。电视开着我也能学习。我的成绩不错，其他人也一样。有什么问题呢？”

一个女儿跟着说：“如果你们害怕我们会被电视教坏，那你们就错了。我们通常不看烂节目。如果一个台放烂节目，我们就调到其他台。还有，你们觉得可怕的东西，在我们看来并不都是可怕的。”

另一个女儿说：“如果我们不看某些节目，我们就在社会上落伍了。所有孩子都看这些节目。我们甚至每天在学校还讨论呢。这些节目帮助我们认清世界的本质，因此，我们就不会与坏人同流合污。”

我们没有打断孩子的发言。他们认为我们不应该对看电视的习惯进行大调整，对此，他们每个人都有话要说。当我们听着他们考虑的问题时，我们发现，他们对自己看电视的问题考虑得很深入。

最后，当他们说得精疲力竭时，我们说：“现在看看我们是否理解了你们刚才所说的。”我们重复了他们刚才的观点以及我们的感受。接着，我们问：“你们认为我们真的能理解你们的想法吗？”他们都说我们能理解。

“现在我们想让你们了解我们是怎么看这个问题的。”

他们的反应并不让人高兴。

“你们就是想告诉我们人们如何谈论看电视不好。”

“你们想拔掉插销，把我们唯一能摆脱学校压力的东西拿走。”

我们认真地倾听，然后向他们保证，这绝对不是我们的意思。“事实上，”我们说，“当我们读完这些文章时，我们就准备为你们留下空间，让你们自己决定我们应该对你们看电视这件事怎么做。”

“开玩笑！”他们惊叹道，“如果我们的决定与你们的想法不一样呢？”

“我们将尊重你们的决定，”我们说，“我们想要的是你们集体同意你们对我们的建议。”从他们脸上的表情可以看出，他们喜欢这种做法。

于是，我们一起谈论了这次家庭会议上的两篇文章。孩子们知道其中的内容对他们后来的决定很重要，所以他们听得很用心。我们从一些可怕的事实开始读起。一篇文章说，对于1至18岁的人来说，每天看电视的平均时间是6个小时。如果家里装了有线电视，这个数字就会增至每天8个小时。按此计算，到美国学生中学毕业时，他们累积的在校时间是1.3万小时，而待在电视机前的时间是1.6万小时。而在这段时间里，他们会观看2.4万次谋杀。

我们告诉孩子，作为父母，这些事实让我们不寒而栗，如果我们像现在这样看电视，那么，电视将成为我们生活中最强大的社会化活动——它超过了接受教育的时间，超过了一家人共享天伦的时间。

我们提到一档颇受争议的电视节目导演的观点，他们说，没有科学证据表明看电视与人的行为有关。随后，我们又提到，证据表明一条20秒的广告会对孩子的行为产生巨大的影响。我们又说：“想一想，你看电视剧和广告时的感觉有什么不同。当一条30到60秒的广告出现时，你知道这是一个广告，你不相信你看到和听到的东西。你的抵触情绪上来了，因为此前我们一次又一次地上了广告的当，因为你知道广告里边的措辞被夸张了。而当你看电视剧时，你的抵触情绪就减小了。你开始投入感情，变得很脆弱。一些你之前甚至从未想到过的画面进入了你的脑海，而你只是在不加思索地吸收它们。当然，即便我们有抵触情绪，广告对我们还是有影响。你们能想象当我们处在一种接受态势时电视对我们的影响吗？”

我们一边读文章，一边讨论。一位作者指出，如果父母不留意孩子所看的电视节目，电视就变成了他们家的保姆。他说，对看电视不加约束，就如同将一位陌生人引入你们家，他每天与孩子聊两三个小时，谈的都是在这个万恶的世界，暴力可以解决所有问题，而每个人要想高兴就去酗酒、飙车、打扮和性交。当然，在这一切发生时，父母并不在场，因为他们相信电视能让孩子尽量保持安静、兴致盎然和身心放松。长此以往，这个保姆每天一次的家访就给家庭带来了巨大的伤害，种下没人能够改变的错误观点的种子，造成没人能够解决的问题。

美国政府的一项研究表明，看电视能造成一个人肥胖、充满敌意、闷闷不乐。在此项研究中，科学家发现，与每天学习一两个小时的人相比，每天看电视超过四个小时的人抽烟量大，而且也不愿意动。

在讨论了看太多电视的负面影响后，我们开始谈论如果改变习惯会带给我们什么样的积极影响。其中的一篇文章提到了一项研究，说减少看电视时间的家庭与家人间的交流增多了。一个人说："过去，我们一般只能在爸爸上班前看到他。他回到家后就和我们一起看电视，然后就是，'晚安，爸爸'。现在，我们总在交谈，我们真的变得很亲密。"

另一位作者提到的一项研究数据表明，将看电视的时间控制在每天最多两小时，并观看经过筛选的节目的家庭会获得关于以下家庭关系的重大改变：

• 家庭成员的价值观将由家庭来培养和强化。家人学会如何建立价值观以及如何在一起讲道理。

• 家庭中父母与孩子的关系将大大改善。

• 家庭作业将在时间压力减小的情况下完成。

• 个人交谈的时间将大大增多。

• 孩子的想象力将回到生活中。

- 每位家庭成员将变成有眼光的电视节目的选择者和评价者。
- 父母将再次成为家庭领袖。
- 良好的阅读习惯可能代替看电视的习惯。

在同他们分享了这些信息后，我们起身离开了。大约一个小时后，我们被邀请回去进行表决。我们的一个女儿后来原封不动地告诉我们在这至关重要的一个小时中，我们家发生了什么。

她说，我们离开后，她的兄弟姐妹很快任命她为讨论领导。他们知道她是支持看电视的，他们希望很快解决这件事。

起初，他们的会议一片混乱。他们都想发言，都想表达他们的观点，这样他们就能得到一个民主决定——也许只是将看电视的时间减少一点点。为了让父母满意，有人提出他们所有人都应该保证高高兴兴地做家务，并且毫不耽误地及时完成家庭作业。

但是，我们的大儿子讲话了。当他谈到两篇文章对他的触动时，每个人都认真倾听。他说，电视已经向他灌输了他原本不会赞成的观点，他认为，如果少看电视，他的感觉会好一些。他还说，家里年龄小的孩子看问题的角度已经开始比他小时候糟得多了。

接着，一位年幼的孩子说话了。他告诉大家他看的一个电视节目让他上床时感到害怕。这时，会议的气氛显得异常严肃。随着孩子们对这个问题的深入讨论，一种新的想法慢慢出现。他们开始从不同的角度思考问题了。

一个孩子说："我想我们看太多电视了，但是我不想完全放弃。有些电视节目我感觉很好，我确实想看。"接着，其他人谈到他们喜欢的一些节目，并说他们愿意接着看。

另一个孩子说："我想我们不应该讨论每天应该看多长时间，因为有些日子，我根本就不想看电视，而另外一些日子我想多看一些。”于是，他们开始决定每星期——而不是每天应该看多少电视合适。一些人认为20个小时可能不算多，一些人认为5个小时更好。最后，他们都同意每星期7个小时就行，他们还指派我们的这个女儿作为执行这项决议的监督人。

这项决定是我们家庭生活的一个转折点。我们开始交流更多，看更多的书。我们最终达成了电视不是问题的结果。而今天，除了新闻和间或的电影和体育节目，我们几乎不开电视。

通过让孩子讨论问题，我们让他们成为寻找解决方案的参与者。因为这个决定是他们做出的，他们就要努力使其得以实施。我们根本不担心如何“监督”他们，也不怕他们偏离正确路线。

而且，通过交流看太多电视所带来的后果的信息，我们超越了“我们的做法”或“你们的做法”的界限。我们能够遵守这个问题涉及的所有原则，并吸纳所有相关人员的集体智慧。我们帮助他们理解了双赢的做法比暂时让某个人高兴要高明得多。这是对原则的遵守，因为不以原则为基础的决定对任何人来说都不是长久的胜利。

统合综效练习

如果你希望了解习惯四、五和六能够在你自己的家庭中发挥怎样的作用，你可以尝试以下实验：

找一个需要解决的问题，一个大家想法不同、观点不同的问题。尽量坐在一起，回答下面的问题：

1. 每个人对这个问题的观点是什么？真正带着理解的意图去倾听别人的想法，而不是做出反应，直到大家都能将观点表达到使他完全满意的程度。注意利益，而不是立场。

2. 涉及的关键问题是什么？当每个人感到自己的观点得到充分的表达和理解时，再一起回到这个问题，找出需要解决的问题。

3. 怎样才能促成一个被完全接受的解决方案呢？确定每个人能够得到满足的所有结果。将标准摆在桌面上，提炼并按优先顺序排列这些结果，这样，所有人都会对自己的意愿得到了体现感到满意。

4. 什么样的新方案能达到标准？围绕创造性的新方法和出路开展统合综效的练习。

当你经历了这个过程，你会对新的方案、大家集中在这个问题上所表现出的兴奋，以及代替个性和立场的满意结果感到吃惊。

另一种统合综效

到目前为止，我们主要讨论的这种统合综效发生在人们交流、理解他人需要、意图和共同目标，随后产生确实比从前建议更好的认识和选择中。我们可以说，在思想处理的过程中有一种融合，而“第三者”创造了统合综效的结果。这种方法可以被称作转型式的。以原子交换的术语来说，你可以将这种统合综效比作分子水平变化形成全新物质的一种统合综效。

但是，还有另外一种统合综效。它是通过补偿方式产生的——在这种方式中，一个人的优势被利用，而他或她的弱点通过对方的能力补偿被忽略。换句话说，人们像团队一样做事，但是不用融合他们的思想，就能产生更好的结果。这种统合综效是交换相加式的。还是用原子语言去解释，物质的特定性质保持不变，但是从不同角度看，它是具有协作性的。**在交换相加式的统合综效中，相关者的合作——而非创造什么新东西——才是彼此关系的精华。**

这种统合综效需要很强的自知之明。如果一个人意识到自己的弱点，就要非常谦虚地寻求他人的优势进行补偿。这样，弱点就变成了一种优势，因为它促成了补偿。但是，如果人们意识不到自己的弱点，并且自以为是地行动，他们的优势就变成了弱点——这恰恰是缺乏补偿的原因所在。

比如，如果一位丈夫的优点是他的勇气和魄力，但是，特定的环境需要同情和耐心，那他的优点就变成了弱点。如果一位妻子的优点是敏感和耐心，特定的问题需要强有力的决定和行动，她的优点也就变成了弱点。但是，如果丈夫和妻子能够意识到自己的优缺点，能够谦虚地像一个互补式的团队那样做事，那么他们的优点就能被利用，他们的弱点就可以被忽略——随后，一个交换相加式的统合综效就会出现。

一次，我同一位经理人合作，他绝对是一个积极主动的人，但他的上司却是一个消极被动的人。当我问他如何解决这个问题时，他说，"我认为我的职责就是寻找我老板所缺乏的东西，再用自己的优势进行补偿。我的作用不是指责他，而是给他补给"。这个人选择了相互依赖，这需要极强的个人安全感和情感独立性。丈夫和妻子，父母和孩子，都可以互相这样行事。简言之，补偿意味着我们决定成为一道光，而不是一个法官；一个榜样，而不是一个评论家。

当人们对有关优点和弱点的反馈信息开诚布公——当人们有了足够的内部安全感，反馈就不会从感情上伤害他们；当人们足够谦逊地感到其他人的优缺点，并作为一个团队办事，令人惊讶的事情就开始发生了。返回到人体的例子：手不能代替脚，头不能代替心脏，人体只能以互补的方式进行工作。

这恰恰就是一个伟大的运动队和一个了不起的家庭中发生的事情。

与转型式的统合综效相比，交换相加式的统合综效对智力上的相互依赖要少得多。它需要的情感依赖可能也要少一些，但是，它对自知之明、社会意识、内部安全感和谦逊的要求都很高。事实上，你可以说谦逊是促使两者间这种互补性产生的“相加”方。交换相加式的统合综效可能是创造性合作中最普遍的一种，即便小孩也能学会。

并非所有情况都需要统合综效

现在，我们要说一说，并非所有家庭决定都需要统合综效。桑德拉和我通过统合综效发现了一条不需统合综效也能做出许多决定的有效方法。我们其中的一个人就简单地向对方说一句：“你的感觉有多强烈？”意思是**“在1到10的等级中，你对要做成这件事的感觉有多强烈？”**如果一个人说，“我的感觉强烈程度是9”。对方说，“我的感觉强烈程度是3”。我们就以感觉最强烈的那个人提出的办法做。如果我们都说5，我们可能就会很快达成妥协。为了让这个办法见效，我们都同意保证向对方完全诚实地说出自己的感觉强烈程度。

我们还与孩子有相同的协议。如果我们上了车，大家都想去不同的地方，我们有时会说：“这对你有多重要？在1到10的等级中，你对要做成这件事的感觉有多强烈？”然后我们都尽量尊重感觉最强的人。换句话说，我们尽量创造一种民主，尊重每一个人观点和愿望背后的感觉，这样，他的一票就占很大分量。

统合综效的无价硕果

习惯四、五和六是解决问题的一个有力武器。在创造家庭使命宣言和美好的家庭时间时，它也是非常有力的。就是出于这个原因，我通常在教授习惯二、三之前就教授习惯四、五和六。习惯四、五和六涵盖了家庭统合综效的所有需要——从日常决定到可以想象到的、最深入的、最可能具有决定性意义和最牵扯感情的问题。

有一次，我在东部的一所大学培训200名工商管理硕士，许多老师和嘉宾也在场。我们选择了一个他们可能遇到的最尖锐、最敏感、最脆弱的问题——堕胎。两个人走到教室的前面辩论—— 一个以生命为重，一个以决定为重，两人都各执己见。他们必须在这200名学生面前交锋。我的观点是让他们应用有效的相互依赖的习惯：双赢思维、知彼解己以及统合综效。下面的对话摘要了他们交流的精华部分。

"你们俩想寻求双赢的解决办法吗？"

"我不知道怎么双赢。我觉得她不想。"

"等等。你不会输，你们俩都会赢。"

"这怎么可能呢？我们一个人赢，一个人就得输。"

"你们不愿找一种你们都喜欢的办法吗，甚至会比你们两人想的都要好？记住，不要屈服，不要让步，不要妥协，只要更好。"

"我不知道应该怎样做。"

"我理解你。没有人知道应该怎么做，我们必须创造新的方法。"

"我不会妥协！"

"当然，这样做肯定会更好。现在记住，首先理解别人。在你能将对方的观点重复到他所满意的程度之前，不要表达自己的观点。"

当他们开始对话时，他们不断打断对方。

"是的，但是，你不觉得——"

我说："停！我不知道对方是否感到自己得到了理解。你感觉被理解了吗？"

“一点也没有。”

“那好，你不能表达你的观点。”

你不敢相信他们有多着急。他们不听对方的观点，他们从一开始就判断了自己的对错，因为他们的立场不同。

大约45分钟后，他们开始真正倾听，这对他们和听众造成的影响都很大——无论是性格还是情感方面。当他们坦诚地、换位式地倾听对方观点背后的需求、担心和恐惧后，交流的整体气氛改变了。双方开始为他们对对方的判断、分歧和谴责异己的作法感到不好意思。站在前面的两个人热泪盈眶，许多听众也一样。两个小时后，他们开始交谈，“之前，我们不知道倾听意味着什么！现在，我们理解对方为什么这么想”。

底线是，谁也不是真正想堕胎，除非是非常例外的情况，但是，每个人都能深深感受到这种情况所涉及的人的紧迫需求和巨大痛楚。他们都在尽量以自己能够实现的最好办法来解决这个问题——他们认为真正能实现他们要求的办法。

当这两位讨论者放弃了他们原先的观点，当他们真正倾听对方，理解对方的担忧和意图时，他们便能够一起努力，共同找到解决办法。他们放弃了对立观点，进行了令人难以置信的协作，他们对因交流产生的统合综效感到惊讶。他们想出了许多创造性的办法，其中包括对避孕、领养和教育的新想法。

只要你能够运用习惯四、五和六，任何问题在统合综效式的交流中都能迎刃而解。你可以看到互相尊重、互相理解和创造性的合作是如何交织在一起的。你会发现这些习惯有不同的层次。深入理解促成互相尊重，这又将你带入一个更深入的理解层次。如果你坚持不懈，打开每扇靠近你的门，越来越多的创造力就会被释放，更大的财富就会出现。

该培训过程对这些工商管理硕士发挥影响的原因之一是每位听众都是参与者，这将他们对教室前面的两个人的责任感提到新的高度。在家庭中，如果父母意识到他们正在为孩子提供最基本的解决问题的模型，那情况也会是一样的。意识到自己作为驾驶员的作用，就能使我们离开低效率的倾向或感觉，走到高速路上——试图真正的理解并通过创造性的方式找到第三条道路。

创造统合综效的过程是具有挑战性的，也是激动人心的，但是，如果你不能做到一夜之间解决最深层的挑战，也不要灰心丧气。记住，我们所有人都有弱点。如果你被最棘手的问题（你们之间最感性的问题）困扰，也许你可以将它放到一边，以后再说。努力解决更简单的问题。**小的成功带来大的胜利。不要强求这个过程，不要强求对方。**如果有必要，回到更小的问题上。

如果你现在暂时处于一段统合综效也不能发挥作用的关系中，也不要沮丧。我发现，当人们真正体会到统合综效式的关系的甜头时，他们便断定他们永远不会与配偶拥有这种关系，反而，他们可能只有希望与其他人建立这种关系。但是，想想中国的竹子。在你的影响范围内努力，在你的生活中实践这些习惯。成为一道光，而不是一个法官；成为一个榜样，而不是一个评论家。分享你们逐渐拥有的经验。这也许需要几星期、几个月甚至几年的耐心和长时间的忍耐。但是，在极少的特殊情况下，统合综效式的关系终会到来。

绝对不要掉进让金钱或财产或个人习惯代替丰富的统合综效式关系的圈套中。就像犯罪团伙能取代年轻人的家人一样，这些事情能取代统合综效。但这是一种糟糕的替代品。尽管这些事可以暂时被平息，但是它们绝不会得到深度满足。要永远记住，快乐不是来自金钱、财产或名誉，而是来自你与你所爱的和你尊重的人之间的关系。

只要你开始在你的家庭中建立创造性合作的模式，你的能力就会得到提升，你们的“免疫系统”就会变得更强，你们之间的关系就会变得更加深入。你的这些积极经历会将你带到一个新的应对挑战和机遇的位置。有趣的是，在这个过程中，你传达你的珍贵想法的能力和方式会得到提升和改善，特别是你对孩子的表述方式：“我在任何情况下，任何条件下都不会向你屈服。我会和你站在一起，一起解决问题，不管面对什么挑战。”在任何情况下，它都会再次强化这句话：“我无条件地爱你，珍惜你。你是无价的，没有人能跟你相比。”

真正的统合综效产生的成果和带来的情感纽带是无价的。

与成年人和青少年探讨本章的内容

学习统合综效

• 讨论“统合综效”的意义。询问家庭成员：你周围有关于统合综效的例子吗？答复可能包括：双手协作；两块木头共同支撑的重量比单独支持的多；生物在环境中能够通过合作发挥作用。

• 一起讨论本章的故事。问一问：我们家在进行统合综效式的合作吗？我们为彼此的差异感到高兴吗？我们能改善我们之间的关系吗？

• 想一想你们的婚姻。对方最初吸引你的特别之处是什么？这些差异变成了烦恼，还是统合综效的跳板？一起探索这个问题：在哪些方面，我们的结合比我们独自生活要好？

• 讨论家庭免疫系统的想法。询问家庭成员：我们将问题视为必须要克服的障碍还是我们成长的机遇呢？讨论挑战是如何为你们家建立免疫系统的。

• 询问家庭成员：我们从哪些方面满足最基本的四种需求——生存、爱、学习、遗产？我们要在哪些方面改善呢？

家庭学习经历

• 复习题为“并非所有情况都需要统合综效”的部分。创造一种方法，让家庭不通过统合综效做出合作式的家庭决定。如果是一家人，就阅读“统合综效练习”一节。

• 做一些有趣的实验，这些实验在别人帮助下要比你单独完成简单。比如，铺床、抱重箱子或者用一只手提起桌子边。然后要求其他人参与并帮助。利用你的想象力，进行你自己的实验，显示统合综效的需求。

与儿童探讨本章的内容

• 做一些证明统合综效的力量的实验，比如下面这些：

实验#1：让你的孩子用一只手系鞋带。这不可能！然后让另一位家庭成员用一只手帮助他。这样就行了！指出两个人合作比一个人甚至两个人单独工作要更有效。

实验#2：给你孩子一根冰棍棒，让他们折断它，他们可能办得到。然后，一起给他们四五个，让他们折断，他们可能就做不到了。利用这个实验，表明家庭团结的力量比一个人单干更强大。

•假设你整整一个月都待在家里，和家人在一起。问一问：我们要建立哪种家庭协作才能解决（甚至可能喜欢）挑战？列出每个家庭成员可以做的贡献：

妈妈	爸爸	斯宾塞	洛丽	奶奶
做饭好吃	会修东西	好的玩伴	弹钢琴	讲故事高手
会缝纫	喜欢给我们读书	喜欢体育	对孩子好	拉小提琴
喜欢艺术品	做游戏	具有艺术气息	喜欢烤面包	做派
喜欢爬山	会钓鱼	打猎	优秀的组织者	是一名护士

•分享决定看电视时间的例子。通过统合综效的合作决定你们家中的规定。

•让孩子合作为家庭设计一张海报。

•让你的孩子准备一顿饭。如果他们年龄足够大，就让他们一起做。鼓励他们做类似汤、水果沙拉或砂锅菜等通过混合不同原料做出完全不同东西的菜肴。

•向你的孩子提问："在1到10的等级中，你对要做成这件事的感觉有多强烈？"在不同情况下与孩子练习这种方法。

•计划一个家庭天赋之夜。邀请所有的家庭成员分享他们的音乐和舞蹈天赋、体育表现、照片簿、文章、绘画、雕刻或收藏品。指出，他们都能提供不同的东西是一件美妙的事情，而创造统合综效的重要部分就是学会欣赏他人的优点和天赋。

HABIT 7

习惯七 | 不断更新

通过传统重建家庭精神

一个离了婚的男人讲述了他的经历：

我们结婚的第一年，我和妻子在一起的时间很多。我们一同到公园散步，一同骑自行车外出，一同到湖边游玩。我们一同度过一些特别的时光，只有我们两个人，那种感觉真是妙不可言。

自从我们搬了家，开始忙于各自的事业，一切就都变了样。她上夜班，而我上白班。有时，要隔好几天我们才能见上一面。渐渐地，我们的关系开始疏远。她建立了她的社交圈，我有我的一帮朋友。我们彼此越走越远，因为我们没有构筑共同拥有的友谊。

熵

在物理学里，"熵"的含义是任何个体本身都将扩散分解，直至达到其最基本的形式。字典中对熵的定义是"系统或社会的逐步退降"。

众所周知，这种现象在生活中无处不在。如果我们不注意保养身体，就会生病。如果不注意维护爱车，它就会出故障。如果整天没事抱着电视看个没完，脑子就会糊涂。如果做任何事情既不用心，也不思进取，最终都将前功尽弃，要么一事无成，要么功亏一篑。正所谓用则利，不用则废。

对此，理查德·L. 埃文斯（Richard L. Evans）是这样诠释的：

任何事情都需要被关注、呵护与关爱，婚姻也不例外。绝不能漠不关心或粗暴对待婚姻，也不能在婚姻中敷衍了事、顺其自然。任何被忽视的事情都不会保持原样，也免不了发生衰变。所有的人和事都需要被关心与呵护，尤其是那些生命中最敏感的关系。

这个原则在家庭交往中同样适用：它需要你不断地向情感账户存款，以便掌握目前的最新动向，因为你在打理的是历久不衰的亲情关系和长此以往的期望。除非那些期望得到满足，否则熵就会见缝插针。旧的存款会渐渐消耗，而这种关系也将变得越来越拘谨、越来越流于形式、越来越冷淡。

试想，在我们竭力小心谨慎地涉足复杂的人际及社会关系时，面对来自方方面面的环境压力，熵效应又会放大多少倍。这就是为什么每个家庭都需要花时间对生活中的身体、社会/情感、智力及精神这四大关键领域进行充电更新。

想象这样一件事：你在用力锯一棵树，用锯子锯它那又大又粗的树干。你不停地来回拉着沉甸甸的刀锯，足足干了一整天，几乎一分钟也没休息。你就这样挥汗如雨地干着，好不容易快锯到一半了，你却觉得实在太累了，连再坚持五分钟都做不到，只好停下来稍稍喘口气。

你抬起头来，看见相隔几步之外，也在一直锯树的另一个人，你简直不敢相信自己的眼睛！这个人马上就要锯完整棵树了！他和你差不多是同时开始的，而且他锯的那棵树大小和你的不相上下，可他锯的时候，大约每个小时都会停下来休息一下，而你却始终没停。现在他就要锯完了，可你呢，才锯了一半。

“到底怎么回事？”你满脸狐疑地问，“你怎么会比我多干这么多？

而且你并不是一直在干，每个小时还停下来歇会儿！怎么回事？”

此人转过身来笑了笑，“是的，”他回答说，“你看见我每个小时都休息，却没看见我每次休息时都会磨快刀锯！”

不断更新的含意就是坚持定期更新休整生活的上述四个方面。如果能够长期不懈地正确运用磨快刀锯的方法且适度把握分寸，那你就可以在不断更新的同时培养其他几种习惯。

再回到飞行的比喻上，这种习惯可满足飞机经常充电和维护的需求，并不断提高驾驶员及机组人员的技能水平。

最近的两次经历让我受益匪浅——一次是乘坐F-15战斗机，另一次是参观阿拉巴马号核潜艇。令我惊异的是相关人员进行培训的程度和次数。即便是经验最丰富的专业飞行员和海员，也要不断地演练最基本、最初级的操作规程。为了做到不落伍和有备无患，他们还要不断地跟踪掌握更新换代的新技术。

参加F-15战斗机飞行的前一天晚上，我参加了全过程的救生演习。我穿上飞行服，接受所有有关飞行和紧急救助措施的指导，以防任何意外发生。无论经验多么丰富，每个人都要经历这道程序。当飞机着陆时，所有人都要像模像样地进行20分钟打开飞机起落架的练习。这次演习展示了大家惊人的技能、速度、相互合作及创新的能力。

显然，在核潜艇上，训练是长期进行的——无论是基本训练，还是新技术、新规程的训练。艇上人员都在不断地升级训练内容，经常进行维修演练。

这种在不断更新上的投资使我更加确信，长期不懈的训练能使你在需要的时刻具备快速反应能力。它也似乎更加证明了以终为始的重要性，先有目标后行动的力量远远超出了没有目标的重复行为。

它也再一次提醒我，习惯七——不断更新在生活各个方面的重要性及作用。

互助更新的威力

无论你自己还是你们全家，都可以通过独自或互助的方式进行“磨快刀锯”的充电更新。

自我充实的方式包括：进行运动锻炼、吃保健食品、调节自身紧张状态（身体方面）；定期参加社交活动、建立友谊、帮助别人、投入感情、创造统合综效的机会（社交/情感方面）；阅读、想象、计划、写作、开发智力、学习新的技能（智力方面）；祈祷、自我反省、阅读启发灵感的书籍或文献，并更新与你相关的责任和义务（精神方面）。每天在上述四个方面进行充实更新将帮助你培养个人才能，并提高你在生活中养成习惯一（积极主动）、习惯二（以终为始）和习惯三（要事第一）的能力。

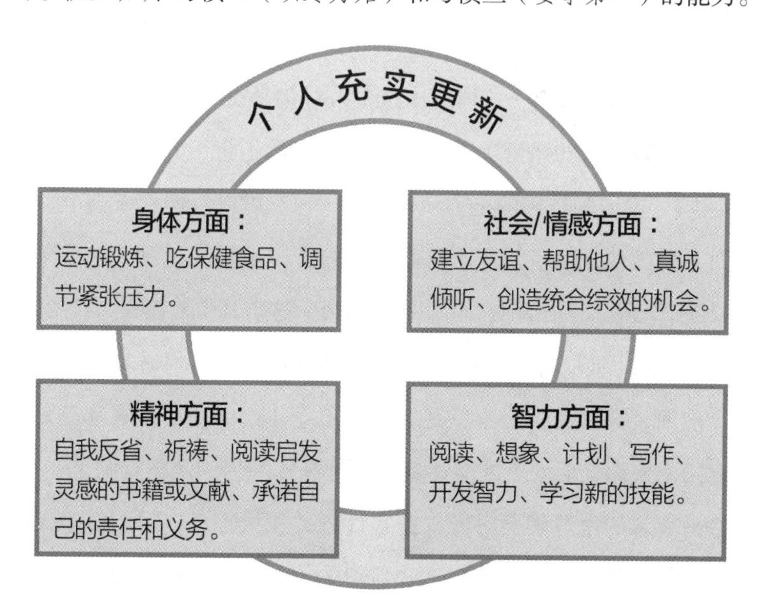

值得注意的是，这些活动都是内在的，而不是外在的。也就是说，没有一项是建立在与他人相比较的形式之上。所有活动都在于培养对个人和家庭价值的内在感受，与他人和环境毫不相干——尽管这些活动会与家庭关系和周围环境产生联系。还要注意每个人是如何在自己或家庭的影响范围内发挥作用的。

此外，在家庭中，任何家人共同参与的休整活动也都有益于增进亲情关系。例如，家庭成员一起运动锻炼，不仅能够提高他们自身的体力和耐力，还可以增强彼此间的凝聚力。家庭成员一起读书，利用共同探讨、统合综效及其“附带效应”，不仅能扩展知识，还能增进感情。家庭成员共同祈祷及参加献爱心活动，不仅能增强自己的信心，还能使彼此间的信任倍增。在共同投入一项对大家来说都重要的神圣事业时，整个家庭会变得更加团结、更加亲密。

想尽办法长期坚持与配偶或孩子的单独约会，并以此增进感情。正是由于这类约会需要投入巨大的精力——尤其是同时面对多方必要的应酬时还能做到这一点——才体现出这个人对你来说有多么的重要。

增进夫妻之间的亲密关系。当这种亲密远不止于身体需求——而是社会/情感、智力和精神的全方位需求时——它可以延伸到人类个性的方方面面，以其他任何事情都不可能为之的方式满足夫妻双方内心深处最迫切的欲望。除了生儿育女、传宗接代之外，这是其中最核心的目的之一。它需要时间和耐心，需要相敬如宾和体贴入微，需要坦诚交流甚至祈祷祝福。然而，那些忽视全方位更新只注重身体需求的人，永远都无法理解只有四个方面全面发展才能达到的那种高深境界的默契与满足。

珍惜周末的家庭聚会时光，精心计划并积极准备，只要每个人都真心投入地参与价值观的讨论、趣味盎然的娱乐活动、相互切磋技艺、共同祈祷以及充电休整等，那所有四个方面都将得到充实、明确和加强。

就在开展这些不断更新、增进感情、磨快刀锯的活动之中，整个家庭的活力也提高了。

家庭充电更新的关键是传统

你可能或多或少会想到，除了不断增进家庭成员间的关系之外，家庭本身也必须不断培养集体主义观念、服务社会的意愿、公共意识及普通常识。这就是家庭中需要培养的习惯七的内容实质。这些重复性的家庭更新方式可称之为传统。

家庭传统包括家庭中举行的礼仪、庆典及有意义的活动。它们有助于你明确自己的身份：你是这个团结有力的家庭中的一员，你们彼此相爱，相敬如宾，你们庆祝生日，纪念特别的日子，为每一个人留下美好的记忆。

这些传统活动可以增强家庭的凝聚力，给人一种归属感、依赖感和相互理解之感。你们彼此间承担的义务，是比自身大得多的某团体当中的一个组成部分。你们表达并展示着彼此间的忠诚，你需要被人需要、被人想念，你很高兴成为其中的一员。当父母和孩子培育着对他们而言意味深长的传统时，每一次对传统的温习都是对以往情感投入及亲情关系的丰富与加深。

事实上，如果要用一个词概括情感账户的建立和家庭四个方面的不断更新，那么，这个词非“传统”莫属。只是要了解在具体情况下，诸如周末家庭聚会及单独约会等家庭传统是如何实现家庭更新的。

在我们家里，每个全家团聚的夜晚、每次单独的约会——特别是由孩子们提议的活动——很可能是多年来家庭生活中最丰富多彩、最有新意、最具凝聚力的片段。正是它们磨快了家庭的刀锯，并使家庭文化的重心放在增加趣味幽默、不断更新自己最重要的承诺、耐心深入的倾听、全面充分的交流上。

在本章中，我们将讨论其他一些“不断更新”的传统做法。在此之前，我想说明一点的是，这里与大家分享的只是对我们家庭来说最有效的方法，而且我知道，你们家庭里可能采用别的方法，或许与我们的截然不同，那也没有关系。我并不是要讲授我们如何去做，也不是建议我们的方法最好。我只是想强调，家庭文化中融入各种不断更新的传统是多么重要，并借用我们自己的一些实例来加以说明。

首先你需要确定，哪些传统最能体现你们家庭文化的主旨。关键在于，为家庭充电更新的传统将有助于你创建和培养一种赏心悦目的良好家风，它促使你坚定目标不掉队，保证家庭成员一次又一次地准时返航。在此与大家分享我们的想法，希望能激发你们家庭的思考和讨论，看看应该采取哪些传统来营造或提升自己的家庭文化。

家庭聚餐

我们每个人都要吃饭，滋补身体、头脑和心灵的方式往往要通过肠胃。在准备家庭聚餐时，我们需要细心周到的考虑和决断。在没有好看的电视节目，也不必匆忙之中狼吞虎咽的时候，组织有意义的聚餐是行之有效的。不过，也不必长此以往总是如此，尤其是需要每个人参与准备和清理的聚餐，更不能太多。

家庭聚餐很重要——即使每周只有一次，而且这种聚餐实际上就是每周的“家庭聚会”。如果整个进餐过程准备充分，使人感觉有意义、有乐趣，那么，家庭饭桌就成了圣餐桌，而远不只是就餐台。

我认识这样一个家庭，他们把任务书贴在餐桌附近的墙上，以便能在全家共同进餐时交流思想、提高能力。他们在倾诉当天遇到的种种困扰时谈论任务书中的某个方面。相当一部分家庭通过进餐前的共同祷告进行精神充电。

许多家庭还在家庭晚餐中融入知识更新的内容，用它来交流一天的学习体会和最新知识。有一个家庭在晚餐时设立“一分钟演讲”，给每位家庭成员一个题目——从诚实为人到最开心的逸闻趣事，即当天发生的任何事情——每人可就此发表一分钟的演讲。这种做法不但丰富了谈话内容和趣味，使每个人感到快乐和放松，有时甚至会“捧腹大笑”，而且有益于思维和表达能力的锻炼。

还有一个家庭，餐桌旁始终摆放着一套百科全书。如果什么人有问题，大家可以当场查找答案。有一次，他们家里一位来自特拉华州的客人说，他家所在的州面积很小。

“到底有多小？”有人问道。他们在查阅其他州的相关介绍中发现，亚拉巴马州的面积大约是52 000平方英里，相当于26个特拉华州那么大。而得克萨斯州的面积则是特拉华州的131倍还多。

当然，要是与面积只有约1500平方英里的罗得岛州相比，特拉华州还算大的呢！

要学习的实在太多了！什么州是桃州？它是不是盛产桃子的地方？一只鸟每天能吃多少东西？相当于其体重的多少倍？鲸鱼比大象大多少？

尽管对孩子们来说，搞清楚每个州的面积究竟多大或许并不十分重要，但养成热爱学习的习惯却极为重要。而且，当他们发现，学习是一种乐趣，他们周围的大人们也酷爱学习时，他们就会成为积极热情的学习者。

有许多方法可以使进餐时间变为一种锻炼头脑丰富知识的课堂。可以时常邀请一些客人到家里共进晚餐，谈天说地。可以边吃饭边听古典音乐唱片，聊聊对音乐作品的感受和作曲家的生平。还可以每周从图书馆借一幅不同风格的艺术作品，挂在餐桌旁的墙壁上，谈谈这幅作品和创作它的艺术家。而口中品尝的食物又给你提供了谈论饮食习惯、营养配餐以及不同国家风味习俗的话题。

家庭度假

放松与娱乐是我们家庭的任务之一，而且我知道，家庭中没有什么活动能比全家度假更具有充电更新的功效了。做出计划，预先做好准备，并考虑周全——还要回想一下最后一次度假时的情景，有令人捧腹的开心时刻，也有闹出笑话的犯傻之时—— 一切都让我们全家得到充分的放松和休整。每隔几年，我们就要计划一次这样别具特色的假期。

任何家庭度假都可以成为一次妙不可言的更新体验，不过，许多家庭——包括我们自己在内都发现，年复一年地故地重游，为家庭的充实更新增添了新的内涵。

不过，我想再一次说明的是，去哪儿并不十分重要，大家能在一起活动，营造亲密的家庭气氛才是最终目的。这种家庭度假的传统带来的是不断充实的美好回忆，就像有人形容的那样："让心灵花园永有花开。"

过生日

过生日可以成为表达情感确认家庭成员的绝好机会——庆祝本身就意味着我们大家在一起、你是家庭中的一员。而围绕过生日的各种传统也可以起到极好的充电更新作用。

在我们家里，过生日异乎寻常的重要。多年来，我们真正庆祝的从来都不是"生日"，而是生日周。整整一个星期，我们都会想尽一切办法让孩子们明确地感受到，他们对我们有多么重要。我们会用各种象征物或气球装饰房间，先是吃早餐时赠送礼物，然后为其举办"朋友"聚会，和父母出去吃一顿别具特色的美味佳肴，还要与亲属大家庭共进晚宴，最后送上"寿星"最爱吃的一道菜、最喜欢的蛋糕和最美好的祝福。

甚至我还听说，其他一些家庭成员使尽浑身解数，以确保不会忘记庆祝家人的生日。

庆祝生日就是庆祝这个人，这是表达爱和信任的最好机会，也是在情感账户上的巨额储蓄。

庆祝节日

或许，在各种重要的节日期间，人们比其他任何时候都更记得，也更喜欢家庭的传统。他们常常在久别后远道而来欢聚一堂。节日期间不但有美味佳肴、嬉戏逗趣、开怀大笑、促膝谈心，而且常常有一个共同的主题或目标。

每一个节日都有许多不同的传统。比如感恩节的火鸡、新年元旦的足球赛、复活节的找蛋游戏，又比如圣诞节的颂歌、业余表演和队列游行。既有不同节日里的不同食品，又有着来自不同国家或迥异文化、代代相传的诸多传统，还有人们结婚后培养的新传统。所有这些都使人感到家庭的稳定可靠和非同寻常。

之所以这样说，是因为过节为培养传统提供了理想的契机，节日年年都要过，很容易给人一种企盼感和快乐感，还能让人感受到生活的意义和身边的友情。

因为节日年年都要过，所以会不断地带来尽情享受传统的机会，并不断地充实这种快乐、友情和内心的感受。过节似乎为人们的相聚和增进家庭感情提供了天然且源源不断的绝好机会。

扩大范围的亲属大家庭活动

你可能已经注意到在这本书的所有故事中，阿姨、叔叔、祖父母、表姐妹和其他范围更大的亲属家庭成员对我们的家庭有着极其重要的影响作用。许多活动中都有更大范围的家庭成员参加，特别是像感恩节、圣诞节或光明节这样的重大节日。不过，几乎任何家庭活动都可以扩大吸纳亲属家庭的参与。

几乎所有的事情都可以接纳亲属家庭成员的加入。多年来，桑德拉和我已经形成了一种惯例，就是请他们参加孩子们的终生大事、表演会及体育比赛——无论具体到哪个家庭都不例外。我们的目的是尽力提供一种来自家庭的支持，表达我们的关心，证明家庭中的每个人都受到赞赏和关爱。我们总是向亲属家庭中能来参加这类活动的任何人发出开放式邀请。桑德拉和我也经常参加兄弟姐妹及其家庭的活动。

我们发现在这种有亲属家庭成员参与的活动中，同胞和表亲常常能结为最要好的朋友。我们感到了亲属家庭成员给予的巨大支持和赞赏。我们坚信，这对于不断编织牢不可破的安全网大有助益。

共同学习

作为一个家庭，共同学习和做事的机会实在太多了。而且这可以让家庭在所有四个方面都得到充实提高。

另一种共同学习的方法是了解家庭成员特殊的爱好和兴趣。大家共同参与其中，了解这些爱好和兴趣，阅读有关的书籍，参加相关的社团，订阅相关的杂志，悉心钻研相关知识，让它们成为大家共同探讨的话题。

共同学习可以带来社会/情感和智力方面的充实和丰富，它给你提供了一种可以谈论的共同爱好和乐趣。在共同的发现与学习中会有许多快乐。当你学习新的体育项目或新的运动技巧时，它也能使你的身体得到休整和恢复。在学习更多有关人生行为的准则时，你还能从精神上得到陶冶和升华。

共同学习不但可以成为一种令人愉快的传统，成为家庭生活中最大的乐趣之一，而且还能证明，你在抚养子女的的同时也在抚养你的孙辈。

另一个重要的学习传统是看书。全家可以一起看书。孩子们不仅需要自己看书，还需要看见父母做出表率。

几年前，当儿子乔舒亚问我是否看过书时，我感到十分惊讶。我意识到，他从来没见过我读书，因为我几乎总是在一个人静下心来时才看书。事实上，我每个星期都要看三到四本书。可是每当和家人在一起时，为了全身心地陪伴他们，我从不看书。

近来，我看了几篇研究报告，认为孩子们不看书的头号原因就是他们看不见父母们阅读。我想这就是我这些年来的失误之一吧。要是我能够坚持更加开放式的阅读习惯，孩子们就能看到我经常在读书。而且，要是我能更加尽心尽责的话，就应该把看书时学到的东西和受到的启发与孩子们分享。

全家共同学习不只是一项传统，也是一种至关重要的需求。当今世界，生活节奏和技术发展的日新月异令人难以置信，真的是“除非跑得更快，否则会被落得更远”。有不少产品上市的第一天就已经过时，而许多职业的半衰期只有三到四年的时间。速度之快令人吃惊、让人害怕，因此，在家庭里形成重视不断学习的传统和风气是如此重要。

共同祈祷

乔治·盖洛普（George Gallup）的研究报告显示，95%的美国人相信世上有上帝或神灵存在，而且从古到今，人们始终感到需要得到这种超越自我能力的帮助以寻求精神上的安慰。研究结果还明确地表明，共同祈祷是健康、快乐家庭的重要特征之一，它能让家庭和睦、团结协作和相互理解——基本符合家庭使命宣言的要求。

此外，一些研究还显示，宗教信仰是精神与情感健康稳定的一个重要因素，特别是当个人有主观愿望时，其作用更加明显。当他们出于外在的影响——例如公众认可或遵守规定——而行此事时，宗教的内容就并非总是慈悲善举。事实上，它有时会营造一种极端严厉且期望过高、不合现实的氛围，从而导致在感情上本来就很脆弱的人遭遇更多的情感障碍。

然而，当这种氛围所重视的发展是基于道德准则而并非使人更加教条僵化的表面至善论时，人们将会体验到更大程度的健康。这种氛围使人最为客观地认识到道德的瑕疵，并接受自我，同时还能鼓励人们对主宰生活中一切事物的原则予以认可并自觉遵守。

C. S. 刘易斯讲述了他协调内心与从众自我的切身体会：

每天晚上进行祷告时，总要历数自己当天的罪过，可十有八九最明显的罪过就是没有施爱；我跟自己生闷气、情绪低落、嘲笑或斥责他人，甚至大发雷霆。可借口顷刻间涌上心头：这种刺激往往太突然、太出乎意料；我在毫无戒备之时丧失了警惕，来不及使自己镇静下来……毫无疑问，一个人失去理性时的所作所为最能证明他是怎样一种人。想必在这个人戴上伪装之前突然消失的就是真实。如果地下室里有群老鼠，那么你突击搜查肯定最容易抓个正着。可这种突袭并不能制造老鼠：它只能防止其隐藏起来。同样，突然的刺激并不能使你成为一个脾气暴躁之人：它只能证明我是一个脾气多么暴躁的人……即便隐藏对我的自觉意志也无能为力……我也不可能直接借助道德的力量让自己具有新的动机。经过最初的几步分析……我们认识到，所有真正需要我们用灵魂去做的事情只有上帝才能做到。

在我们家里，我们发现共同祈祷有着神奇的威力。多年来，我们把全家一起参加宗教活动，并支持别人为教堂和社区工作与服务摆在最优先的地位。我们发现，这使我们全家团结为一个整体，还给我们创造了不少为完成某些更高境界的工作而协同工作的机会。

我们还努力坚持每天在家做祈祷，每天早晨尽量抽出哪怕是几分钟的时间聚在一起，以便带着团结与启发开始新的一天。

每天的祈祷能够使你从精神、情感和智力等多方面得到极大的丰富提高。而且，如果你想增加身体方面的力量，不妨坚持做仰卧起坐、散步或打太极拳。无论选择何种方式，你都会发现，早晨是全家充电更新的最佳时机，而祈祷是你开始新的一天的绝好方式。

共同劳作

过去总是一家人为了生存而一起辛勤劳作，因此劳动成了保持家庭关系密切的纽带。可如今的社会，“工作”常常拉大了家人间的距离。父母们去上班时会各走各的路——所有的人都要离开家。孩子们并不真正需要为了经济原因而出去工作，他们在一个视工作为受罪而不是乐趣的社会氛围中长大。

因此，培养一起劳作的传统对今天来说的确是一件由内而外的事情。当然，做到这一点有许多方式，也有诸多益处。比如，拥有一个家庭花园就是项“共同劳作”的好传统—— 一项你真正能从自己的劳动果实中得到享受的传统。许多家庭周末时会一起做家务，有些家长还让大一点的孩子参加夏收等劳动。

凯瑟琳（我们的女儿）：

我们家有个传统，叫“10分钟的工作”。无论何时，只要我们家有大型聚会或遇到大的麻烦，甚至有时只是由于放学后出现一些正常摩擦，爸爸就会站起来说：“好了，上床前进行‘10分钟的工作’。”这就意味着家里的每个人都要真正卖力地干上10分钟活，把房间整理干净。我们都知道，如果18只手来厨房帮忙，肯定比两个人快得多。因此，在我们看来，大家一起动手根本用不了多长时间就能做完，而且感觉还特别温馨。

我们还有所谓的“工作聚会”。从字面上看可能有些矛盾，但事实的确如此。为了完成一项工作，我们要一连干三四个小时，即使工作非常辛苦，但我们还会一起享受食物，一起谈笑风生，工作完成之后还会找点儿乐趣开开心——比如去看场电影——这是大家都盼望的事情。每个人都有工作要做，因为那是生活的一部分。但是，如果在工作结束时犒劳自己一下，或者想办法增添一些乐趣，那么即便身感疲惫也会心生愉悦。

共同服务

你能想象共同帮助他人的传统具有多么巨大的作用吗？它是精神上

的充实更新，因为它关注的是高于自我的东西，这种传统可以成为你们实现并丰富家庭使命宣言的一个组成部分。

根据为他人服务的性质不同，可以从智力或身体方面使自己得到休整提高，这可能包括培养才干、学习新的概念和技能、参加身体锻炼。除此之外，在这个过程中还能使自身的社会/情感能力得到丰富发展：你能想象出，有什么会比通过共同努力完成真正有意义、有价值的工作，更能使人与人的关系更加亲密、更加团结、更加充满活力吗?

共同开心

或许在所有这些传统中，最重要的就是共同寻找乐趣——真正意义上的欣赏对方、享受家庭氛围、使家庭成为人们生活中最快乐、最温暖的地方。共同寻找乐趣如此重要，甚至这个过程本身就可以被列为一种传统，而且这种传统是可以得到培养，并用许多方式来表达的。

在我们家里，轻松幽默的家庭气氛使大家彼此更加亲密无间。举个例子，我们给一系列电影取名为“柯维时尚电影”。这些电影都属于欢闹剧，我们家的每个人都非常喜欢这些电影并经常特别开心地坐在一起观看，以致我们对某些对白简直太熟悉了。许多次我们沉浸于电影情景之中，一起重演一段电影中的情节，说出的台词一字不差。每个人还会因此捧腹大笑，让外人感到有些莫名其妙。

我们在探讨习惯一时曾谈到，幽默可使人开阔视野，不和自己太较真，对那些可能造成家庭纠纷与不和的小问题或其他令人不快的小事不必过于在意。有时，一个人只要稍稍幽默一点，就会化解危机，并扭转整个局面，否则只会把本来很平常的事情变成一场危机。

培养不断更新的意识

无论决定在家庭氛围中培养什么样的传统，你都会发现，在日常生活与交流中，有很多东西可以用来培养不断更新的“意识”和感觉。

这些或大或小的传统使我们增进了情感、得到了充实，并懂得了家庭的意义。每个家庭都有其独特的一面，每个家庭都必须挖掘和塑造其自身的个性。尽管我们的孩子也伴随着许多传统长大成人，但他们发现——如同所有人一样，当你结婚成家时，你会进入有着完全不同传统的另一个亲情世界，而这正是要培养习惯四、五和六并确定哪些传统最能体现你所希望的那种家庭的重要原因。

传统为家庭治愈创伤

随着时光的流逝，这些不断更新的传统成为家庭文化中最强有力的武器之一，无论过去和现在你的处境如何，它们都是你可以掌握并在自己家庭里培养的，甚至能够惠及生活中可能从未受益过这种传统的其他人。

我认识一位男士，他是在一个极为玩世不恭的家庭环境里长大的。后来，他娶了一位非常好的妻子，是她帮助他找到了真正的自我，并发现了自己从未挖掘的巨大潜力。随着自信心的建立，他越来越意识到自己过去成长环境中的有害之处，并越来越融入他妻子及其父母的家庭氛围。她的家庭有着普通家庭都要面临的挑战，但她们的文化却从根本上给人以滋补、关爱和力量。

对这位男士来说，回“家”就是回妻子的家——与她的家人一同欢笑，与爱他、信任他并鼓励他的岳父岳母促膝交谈到深夜。最近，这位男士——

已届不惑之年——打电话问岳父母能否与他们共度周末——参观他们的房子，在家里留宿并与全家人一起吃饭。他们痛快地回答说："你当然能来！"他仿佛回到了童年时代，是"这个家庭"治愈了他心灵的创伤。参观了妻子的家之后，这位男士说："就像是洗了个澡，一切都有了新的感觉——还克服了我青少年时期留下的心理障碍，让我找到了希望。"在新的力量鼓舞下，这位男士又成了他自己母亲及全家的榜样和指导，帮助他的家庭重获稳定与希望。

遇到挫折或病痛时，真正的抚慰治疗包括所有四个方面的内容：身体（包括在医疗或替代医疗方面享受最好的技术和医疗条件，还要始终重视强身健体）、社会/情感（包括挖掘积极因素、避免因批评、嫉妒和仇恨而带来负面影响，与家庭和朋友保持密切联系，这个强大的支柱将带给你信心、祝福与支持）、智力（包括掌握医学知识、了解人体对付疾病的免疫系统）、精神（包括磨炼意志，从上帝或比你自己更高的神灵那里汲取力量）。家庭的不断更新有助于为家庭的所有成员提供上述四方面的全方位治疗，它将造就一个我们在习惯六中谈到的强大的免疫系统，能使人们应对各种困难与挫折，并促进身体、社会/情感、智力和精神各方面的健康发展。

认识不断更新及用于更新的传统在家庭中的作用，将为培养一种良好的家庭文化、实现各种互动与创造开辟通道。事实上，不断更新本身就是生活中一种最高层次的杠杆作用，因为它对生活中其他方面的影响实在太大了。它能使其他所有的习惯都得到修炼提高，并在家庭氛围中创造一种强大的磁性力，始终吸引着你保持正确路线，不致偏离目标。

与这些家庭传统同样重要的是，不要忘记，即使是其中最行之有效的传统操作起来也不会总是尽善尽美。例如，在我们家里，每到圣诞节那天的早晨，我们都要准备好了再走入客厅。每个人按照年龄从小到大依次排好队上楼，我们打开音响放圣诞歌，还架起摄像机。大家会说："每个人都准备好了吗？好的，让我们开始吧！"于是，毫无疑问，所有的人都会蜂拥而上，导致年龄最小的孩子摔倒在地哭了起来。每次我们全家团聚，大家就会拥堵在一个地方，有时甚至会发生口角。

不过，令人惊讶的是，经过一番喧闹之后，所有这些传统都留在了大家的记忆里，是它让我们这个大家庭亲密无间、团结协作、焕然一新，让我们在社会/情感、智力、身体和精神上不断充实提高。而有了这种不断更新，我们就能振作精神，以充沛的精力迎接生活的挑战。

与成年人和青少年探讨本章的内容

家庭关系会渐渐疏远吗

- 温习"熵"一节的内容。考考家庭成员：什么是熵？针对"任何事情都需要被关注、呵护与关爱，婚姻也不例外"这个说法展开讨论，想想看：哪些做法会使熵效应在亲情关系中变得更加突出？

增强家庭凝聚力的方法有哪些

- 讨论：什么传统最适合你的家庭？答案可能包括家庭聚餐、过生日、家庭度假、庆祝节日或其他方式。
- 问问家里人，是否注意过别人家有些什么样的传统？为了有效地培养这些传统，他们又是如何做的？
- 温习"共同学习"一节的内容。问问家里人在表亲及几代人的亲属大家庭里，他们最赞赏或最希望培养的是哪些传统？

• 讨论不断更新的传统——如共同开心、共同学习、共同祈祷、共同劳作、共同服务是如何满足生活、学习、建基立业和幽默人生等基本需求的？

如何鼓励家庭培养不断更新的意识

• 围绕本章开篇有关锯树的例子展开讨论。问问家里人：我们花时间用心“磨快刀锯”了吗？作为一个家庭，怎样做才能更好地将不断更新的理念落到实处？

与儿童探讨本章的内容

• 给每个孩子一张纸和一支断了铅的笔，让他们画一幅家庭画，他们肯定画不出来。叫孩子用点力气再试试，他们还是画不了。问问孩子，那该怎么办呀？孩子肯定回答说，要削尖铅笔才行。此时，正好可以和孩子们一起读前文那段锯树的故事，看看孩子是否还会想到，有什么其他的事情也需要不断维护和更新？给孩子提些问题：如果我们忘了给汽车加油会怎么样？忘了检修汽车的刹车、忘了买日用品、忘了庆祝母亲节、忘了某人的生日或其他一些对家人来说十分重要的事情又会怎样？要确保家庭永远保持不断更新的习惯，我们该做些什么？

• 与孩子们一起锻炼身体，和他们并肩参加体育活动，每天定时一起出去散步，和他们一块儿报名参加游泳、打高尔夫或其他一些课程或活动。要不断地相互提醒运动锻炼和身体健康的重要性。

• 教孩子们学习你认为他们应该了解的东西！教育他们懂得劳动、读书、学习和完成作业的重要性。不要指望别人会教给他们这些人生中最重要的课程。

• 一起参加与孩子年龄适宜的文化活动，如游戏、歌舞朗诵会、音乐会及合唱表演等。鼓励你的孩子参加有助于培养他们才艺的各种活动。

• 与孩子一起报名学习一些新的技能，如缝纫、木工艺、馅饼制作或文字处理等。

• 让孩子们参与家庭度假的策划。

• 共同出谋划策，让家里每个人的生日都过得别具特色。

• 谈谈有什么办法能使节日给孩子们留下特别的印象。

• 让孩子们参与你的精神生活。让他们和你一道去教堂做礼拜，并感受你对上帝的那份特殊情感，和孩子共同祈祷、共同学习。

• 让孩子们一起参加每周一次的家庭献爱心活动。

• 在日历上制订计划，和孩子们一同参加开心有趣的活动，比如打球、爬山、去公园荡秋千、打微型高尔夫或到冷饮店吃冰激凌。

• 让孩子们集思广益，把家庭聚餐搞得更加生动别致。让他们轮流布置和装饰餐桌、选择甜点，甚至择定谈话的主题，始终如一地保持全家人围坐在餐桌旁吃饭的传统，享受共进美餐的乐趣。

生存→稳定→成功→有意义

我不知道你的命运将是什么样子，但我知道一件事情：在你们中间，唯一能够真正得到幸福的是那些寻求并发现如何提供服务的人们。

——阿尔伯特·史怀哲（Albert Schweitzer）

我们已经学习了全部七个习惯，现在，我想与你分享这种由内而外的方法的"更大蓝图"，以及这些习惯是如何共同工作并创造巨大影响力的。

首先，我希望你读一下一位女士对她由内而外的经历所做的引人入胜的叙述。请注意，这段经历是如何表现出，一个积极主动的、勇敢的灵魂正在成为她自身的一种力量，以及她的方法正在对她自己、她的家庭和社会带来巨大的影响。

我19岁时离了婚，独自带着一个两岁大的孩子。我们的处境很糟糕，但是我想尽可能给儿子提供最好的生活。我们的食物很少，事实上，当时的我只能给儿子搞到吃的，自己却饿肚子。我的体重下降了很多，以至于我的一位同事问我是不是病了。我最后终于忍不住告诉了她所发生的一切。她帮我与"无谋生能力子女家庭援助中心"取得了联系，该中心也使得我上社区大学成了可能。

当时，我仍然怀有自己17岁、怀着我儿子时的一个想法——上大学。可是，我不知道该怎么做，17岁的我甚至没有一纸高中文凭。但是，我就是知道，我要使别人的生活不一样，我要成为一道光——为同样面临着我曾遭遇过的黑暗境地的人们照亮前路。这种想法是如此强烈，以致我克服了一切困难——包括从高中毕业。

当我19岁踏进社区大学时，我仍然没有搞清楚我的想法该如何实现。在我自己仍然饱受这些痛苦经历所带来的创伤的时候，我怎么帮助别人呢？正是我的这个想法以及我的儿子，使我感到了前进的力量。我希望他有东西吃，有衣服穿，有一个可以玩耍的院子，并接受教育。而在我自己没有接受教育的情况下，我是不可能为他提供这一切的。因此，我一直在理性地思考："如果我能获得一个学位并赚钱的话，我们就能有好的生活。"于是，我进入学校，努力地学习。

我在22岁的时候再次走进婚姻的殿堂，我的丈夫是一个极好的人。接着，我们有了一个漂亮的女孩。孩子还小时，我放弃了学业，与他们待在一起。我们在经济上还过得去，但我仍然念念不忘地与那个称之为饥饿的恶魔进行着斗争，这种想法就是挥之不去。因此，当我的孩子们长大一些后，我要么是"获得学位"，要么是"放弃"。而在我继续上学的时候，我的丈夫则当起了孩子们的"妈妈"。

最终，我拿到了学位，确切地说，是两个学位：一个是四年制的本科学位，一个是商业管理硕士学位。后来的事情证明这些学位对我非常有益。当我丈夫失去工厂的工作后，我帮助他完成了学业。而且我所受的教育也在经济上挽救了我们。现在，我的丈夫也已经获得学士及硕士学位，并做了好几年的顾问了。他说，没有我的帮助，他不可能做到这一切。

在一段时间内，我忙于工作和供养家庭，而且我也认为我实现了目标。我获得了学位，我有着一个成功的家庭，我应该感到幸福才对。但是，我意识到我的愿望还包括帮助别人，而这目前还没有成为我生活的一部分。因此，当我上学时的一位校友董事要我为即将毕业的学生在一次荣誉晚会上发表演讲时，我接受了邀请。我问她希望我讨论些什么，她说：“告诉他们你是如何获得教育的。”

老实说，站在至少200名受过高等教育，并将因为她们在理学和数学方面的出色表现获得荣誉的女士们面前是一件具有挑战性的事，告诉她们我从哪里来的想法并不怎么令我激动。但是那时，我已经学习了家庭使命宣言，而且也拥有了自己的使命宣言，基本上说的是我一生中的任务就是帮助别人，让他们看到自身最好的东西。我想，就是这份家庭使命宣言，给了我与她们分享我的故事的勇气。

于是，在演说前我同上帝达成了交易，“好吧，我答应这次演讲。但如果失败了，我就再也不会讲我的故事了”。事实证明，这次演讲是成功的。在听完我的故事之后，一些女教员就聚在一起，决定做些事情来帮助接受救济的母亲。学校还新设了一个奖学金基金，该基金以一位女士的名字命名，她认为，如果你培养教育了一位母亲，那你不仅给她的生活，还给她的孩子的生活带来了极大的影响。

我为这一切感到高兴，并认为我已经为帮助他人尽到了自己的一份力量。后来，过了一段时间，我参加了一个女性培训课程，在那里，我又有了同别人分享我的故事的机会。参加这个课程的一位女士想到了这样一个主意，我们应该为低收入女性设立一项基金。我们对此都表示赞同，而且愿意为此每人每年捐助125美元。

从这些事情开始，我所做出的努力也在不断增多，如今，我是当地一所女性文科学院奖学金董事会的一名顾问，专门为那些领救济的女性提供咨询服务。另外，我还参与了为具有巨大潜力、收入却低的女性设立奖学金的筹款活动。这些事情对于一些人来说好像算不了什么，但我知道它们能起到多么大的作用。在我发展成长的道路上，我曾接受过来自那些认为他们正做着“小事情”的人们的帮助，而我也希望现在我为别人所做出的小事情能够表达我的感激之情。

所有这些还对我的家庭产生了积极的推动作用。我的儿子目前正在攻读硕士学位，他有一份帮助残疾人的工作，他对这些人和他们的福利非常负责。而我的女儿，目前是大学一年级学生，同时还是志愿老师，她也愿意随时为生活相对贫困的人们提供服务。他们两个人好像对别人都有一种责任感，好像深知奉献的重要性，并一直在积极寻求奉献。我丈夫是一名顾问，他的工作为他提供了一个以个人方式不断为他人服务的机会。

我想，之前我并没有真正考虑到这件事情。但是，当我现在考虑这件事情时，我知道，我们家作为一个整体，正在以各种各样的方式为社会提供着服务，做着贡献。这也使我感到，仿佛我的想法——尽管就要过时——正在以一种比我原先所理解的更为广泛和完整的方式传递下去。

我认为，帮助别人是任何人在其一生中所能做出的最有意义的贡献。值得高兴的是，我们做到了这一点，而且我们也有能力这样做。

想一下，这位女士积极主动的态度对她自己的生活、她家庭成员的生活和所有受益于她的奉献的人们的生活带来的改变。这是对人的适应精神的多么美好的赞美！她没有让自己的处境压垮她内心的理想，而是坚持并培育她的理想，使其最终成为赋予她力量，助她战胜困境的动力。

请注意，在此过程中，她和她的家庭是如何经历本章题目中所提到的四个层面的。

生存

最初，这位女士最大的生活担忧就是无法满足基本的食物要求。她很饥饿，她的孩子也是，她生活的中心就是赚到足够的钱来养育她的儿子和她自己，而不至于饿死。这种生存的需求是如此纯粹、如此基本、如此至关重要，以至于当她的境况好转时，她还“念念不忘地与那个称之为饥饿的恶魔进行着斗争”，而且“无法摆脱”。

这代表着家庭生活的第一个层面：生存。许许多多的家庭以及婚姻的的确确是在为此进行着斗争，这不仅体现在经济方面，还体现在心灵、精神以及社会方面。不确定和恐惧占据了这些人的生活。他们每天苦苦挣扎就是为了活下去。他们生活在一个混乱的世界中，没有任何可以遵循的预知法则，没有任何可以依靠的结构和计划，也不知道明天到底是什么样子。他们经常觉得自己是环境和其他人不公正的牺牲品。他们就像是被急匆匆推进急诊室，而后又被送进重病特护病房的人：尽管他们重要的生存指标都出现了，但不稳定，且难以预料。

最终，这些家庭也许会抱怨他们的生存技能。在他们努力生存的过程中，他们可能会有短暂喘息的时间，但他们生活的目标只是生存。

稳定

回到这个故事上来，你会注意到，通过她的努力和他人的帮助，这位女士最终从生存阶段发展到稳定阶段，她有了食品和其他基本的生活必需品，甚至还有了一段稳定的婚姻关系。尽管她仍然在与来自“生存”

时期的伤疤进行着抗争，但她和她的家庭却有机地发挥着作用。

这代表着家庭生活的第二个层面：稳定，是许多家庭和婚姻努力要达到的目标。虽然他们生存了下来，但是不同的工作计划和不同的习惯模式很难让他们聚在一起，讨论什么才能带给婚姻或家庭更大的稳定性。他们生活在一个混乱的状态之中，不知道如何是好；他们有一种徒劳无获的感觉，似乎被牢牢困住了。

但是，每个人获得的知识越多，他们得到的希望也就越大。而且，在他们应用这些知识，并开始组织一些计划和一些结构用于交流和解决问题时，更大的希望就出现了。希望克服了无知和徒劳无获，家庭和婚姻就变得稳定、可靠，有所憧憬。

因此，他们的生活是稳定的——然而还不算是“成功的”。有了一定的组织，就有了食品，也有人为账单付账。但解决问题的策略通常局限于“逃避或抗争”。为了解决最为紧迫的问题，人们的生活会不时发生碰撞，却没有真正深入的交流。人们通常从家庭以外寻找满足感，“家”仅仅是一个不得不接受你的地方——那里很无趣，家人间的相互依赖令人精疲力竭；那里不但没有共享成就的感觉，也没有真正的幸福、爱、欢乐或平和。

成功

家庭生活的第三个层面——成功涉及实现有价值的目标。这些目标可能是经济方面的，如获得更多的收入，更好地管理现有的收入，或者为了攒钱、接受教育、一个计划好的旅游削减开支。它们还可能是智力方面的目标，例如学习一些新的技能或获得一个学位。你会注意到，这位女士的故事反映出的大多数目标都是在这两个范围内。它们包括经济福利和教育。但是，目标还可能是社会/情感方面的，比如，一家人有更多时间在一起进行交流并建立传统。或者，它们也可能是精神方面的目标，如创建一种共同的远见和价值，重建他们的信仰和共同的信念。

成功家庭中的人们制定并实现有意义的目标。而“家庭”对人们来说意义重大。一家人在一起，就能有真正的幸福，就能创造兴奋和自信。成功的家庭制定并实施家庭活动，有机地组织并完成不同的任务。家庭的重心是生活得更好、爱得更深、学更多的知识，并通过愉快的家庭活动和传统为家庭带来新的活力。

但是，甚至在许多“成功”家庭中，也缺乏一个层面。让我们再回过头来听一听这位女士的故事。“在一段时间内，我忙于工作和供养家庭，而且我也认为我实现了目标。我获得了学位，我有着一个成功的家庭，应该感到幸福才对。但是，我意识到我的愿望还包括帮助别人，而这还没有成为我生活的一部分。”

有意义

家庭生活的第四个层面——有意义，指的是家庭涉及自身以外的有意义的事情。这个家庭不仅满足于成为一个成功的家庭，还有一种对人类大家庭的领导感或责任感，以及围绕这种领导感的义务感。家庭任务包括留下一些遗产——帮助可能处于危险的其他家庭；通过教堂或其他服务性组织一起参与贡献，使社区或更大的社会生活发生真正改变。这种奉献带来了更深和更高的满足——不仅是对个别的家庭成员而言，还是对整个家庭。

这个故事中的这位女士感受到了一种责任感，并开始在她自己的生活中奉献。而且，因为她的榜样，她的孩子们也在各自的生活中奉献着。

理想地说，家庭应该达到这种地步：这种领导感或责任感成为他们家庭使命宣言中不可或缺的一部分——整个家庭都会拥有它们。

有时，这可能也意味着，一个家庭成员将以一种特别的方式做出贡献，而其他家庭成员则会合作来支持这种行动。在我们的家庭中，这意味着，当桑德拉花许多时间作为一个女性服务组织的主席努力工作时，我们都聚在她的周围，支持她。当我们的几个孩子选择在国外的教堂服务数年时，我们就尽力帮助并鼓励他们。在我为柯维领导才能培训中心（现在称为富兰克林柯维公司）——后来我的几个孩子也加入其中——工作的几年中，当我的家庭为我提供支持时，我们所有人都感到了一种团结和贡献感。尽管并非所有家庭成员都直接参与到贡献的工作中，但所有的这些事情都是家庭努力的结果。

也有一些时候，整个家庭都直接参与到某件事中，例如，一个社区项目。我认识这样一个家庭，他们一起工作，为养老院的老年人提供外出和观看娱乐录像带的机会。这件事情则开始于他们自己家中的祖母中风，不得不被送进养老院，而她唯一真正喜欢的事情就是看录像带。整个家庭决定每周至少去探望她一次，并从录像带商店租一些不同的老片子带给她。当他们为其他人也带来录像带的时候，对于他们的祖母和其他老人来说，这都是很成功的一项贡献。这么多年过去了，当时还是十几岁的五个孩子还保持着这种习惯。这件事不仅使这些孩子与他们的祖母亲近，也使他们为其他许多老年人提供了服务。

还有一个家庭，他们每到新年就为无家可归者准备食物。他们会预先举行几次会议，并决定他们希望提供什么样的服务，如装饰桌子，以及谁对什么负责这样的问题。对他们来说，共同努力，为穷苦者提供一顿丰富的新年餐食成了他们家令人愉快的传统。

我意识到在许许多多的家庭中，奉献意味着至少在一段时间内——在一个大家庭或几代人生活的家庭中，围绕一个家庭成员共同努力。一位丈夫和父亲讲述了他们家是如何做到这一点的：

1989年底，我的父亲被诊断患有脑瘤。确诊后的16个月，我们都用化疗和放疗与之斗争。终于，在1990年底，他无法照顾自己了，而我70多岁的母亲也不能为他提供需要的照顾。

因此，我的妻子和我面临着一些非常严肃的决定。经过共同讨论后，我们决定将我的父母接到我们家来。我们把父亲安置在家庭活动室的一张病床上，在他去世之前，一直在这张床上躺了3个月。

我意识到，如果我当时的生活不是建立在原则之上，我没有对“要事第一”在我生活中的意义有一个清楚的理解，我就不会做出那样的决定。尽管这是我一生中最困难的时期，但也是最有价值的时期之一。回首过往，我知道我们做的正是当时情况下应该做的事情，我们尽可能做了能让他感到舒适的事情，我们给了他人类可能奉献的最好的东西——我们自己。对此，我们也感到很欣慰。

在我父亲临终前的几个月里，我们和父亲建立起来的亲密关系是深厚的。不仅我的妻子和我从中受益匪浅，我的母亲亦是如此。她知道，她可以从容地面对未来，而且也确信，如果她处于类似的情境，我们也会处理好所有问题。在此期间，我们的孩子也学到了宝贵的经验，他们关注着我的妻子和我所做的一切，并以他们自己的方式给予我们帮助。

这个家庭在几个月中所做的重大贡献就是，让一位父亲、一位祖父带着尊严在爱的怀抱中死去。这给他的妻子和其他家庭成员传递了一个多么有力的讯息！而当这些孩子有一种真正的服务和爱的感觉时，这样的经历对他们又是何等的受用！

甚至那些遭受困境折磨的人，也能经常为他们的家庭留下令人振奋的遗产。当我的姐姐玛丽莲躺在床上因癌症奄奄一息时，她所做的贡献和意义就深深地影响着我的生活。在她去世两天前的晚上，她对我说："这段时间，我唯一的愿望就是教我的孩子和孙子如何带着尊严死去，让他们有奉献的愿望——以原则为基础，高尚地活着。"这段时间之前的数周和数月中，她生活的重点就是教育她的孩子和孙子，而且我知道，她的榜样作用将在他们以后的生活中激励他们，并使他们变得高尚。

在家庭内部、其他家庭之间和作为一个整体的社会中，有许多方法可以帮助实现有意义的家庭生活。我们有许多朋友和亲戚，他们整个大家庭都团结在一起与某个孩子的唐氏综合征、严重的吸毒问题、不可抗拒的金融问题或者即将失败的婚姻进行抗争。整个家庭文化发挥作用，为那些需要帮助的人提供帮助，使得他们改邪归正，并抚平过去受过的许许多多的心灵创伤。

家庭可以投身于当地的学校或社区，增强人们对毒品的认知，减少犯罪，为处于家庭危机的孩子提供援助。他们还可以投身于筹集资金、指导计划、引导计划或其他的教堂和社区服务项目中。或者，他们可以在更高的层次上做到相互依赖——不仅在家庭内部，还可能在拥有共同利益的家庭之间。这可能包括，家庭在"邻居观察"这样的项目中共同努力，或在与其他社区或教堂资助的范围项目或活动中通力合作。

世界上甚至还有这样一些社区，在这里，所有的人都参与到一个大规模的互相依靠和有意义的工作中。其中一个就是毛里求斯—— 一个印度洋上的发展中的小岛国，距离非洲东海岸2000英里。生活在那里的130多万人民的准则就是共同努力，以求得经济上的生存、照顾他们的孩子以及培育一种独立和互相依赖的文化。他们为人们提供市场销售技巧培训，这样就不会出现失业或无家可归者，就不会有贫穷和犯罪。有意思的是，这些人来自五种截然不同的文化背景。他们之间的差异相当大，然而他们却对这些差异感到高兴，甚至互相庆祝彼此的宗教节日。他们之间这种深厚和谐的相互依赖的关系也反映出他们对于秩序、和睦、合作和协同的价值观，以及他们对所有人，特别是孩子们的关心。

家庭共同奉献不仅帮助了那些从中受益的人们，也让家庭自身更加团结紧密。家庭成员共同努力完成一件世界上真正重要的事情，还有什么比这更让人兴奋、更具团结意义、更具满足感呢？你能想象出那种亲密关系、那种满足感和那种共同的快乐感觉吗？

满怀爱心的我们在家庭之外的努力将帮助家庭自身永存。我们的付出增强了家庭的目的感，也增加了我们做出付出的持续时间和能力。现代压力研究的创始人汉斯·塞耶（Hans Selye）认为，保持强壮、健康和活着的最佳途径就是遵守这个信条，“获得邻居的爱心”。换句话说，投身于有意义、以服务为导向的项目和事业中。他解释到，女人比男人长寿是心理上的原因，而非生理上的原因。女人的工作永远也做不完，对家庭持久的责任感使她们的精神和文化得以加强。另一方面，许多男人将他们生活的中心放在他们的事业上，并根据他们的事业来判断自己。这样，他们的家庭就变成次要的，所以在他们退休时，他们没有这种继续服务和贡献的感觉。因此，他们体内的衰退力量在不断增长，免疫系统也做出妥协，他们趋向于过早地死去。一个不知名的作者的话更是至理名言：“我寻求我的上帝，我却找不到。我寻求自己的灵魂，它却避我而去。我设法在兄弟有需要时帮助他，我却找到了所有这三样——我的上帝、我的灵魂还有你。”

有意义的层面是家庭美满的最高层面。没有什么东西能够像共同努力、做出有意义的贡献一样使家庭充满活力、团结并有满足感。这就是真正家庭领导能力的本质，不仅仅是你所能提供给家庭的领导能力，还包括你的家庭提供给其他家庭、邻居、社区和国家的领导能力。**有意义的生活对家庭来说不是终点，家庭是通往终点的一种方式，这个终点的意义远大于其本身。家庭还是一种媒介，通过它，人们可以有效地为其他人的幸福做出贡献。**

从解决问题到创造

在你们作为一个家庭朝着你们的目的地前进时，你也许会发现，将这四个不同的层面看成你前进道路上的临时目的地是非常有益的。到达每一个目的地就其本身来说，自然而然地都代表着一个挑战，但是它也许还提供到达下一个目的地的必需条件。

你也会知道，在从生存到有意义的发展过程中，你的思想会有显著的转变。在生存和稳定期间，主要的脑力集中在解决问题上：

“我们如何才能提供食物和房屋？”

“对于达里尔的行为和莎拉的成绩，我们能做些什么？”

“我们如何才能除去我们关系之间的痛苦？”

“我们如何才能摆脱债务的困扰？”

然而，在你们朝着成功和有意义前进时，重点就转移到了创造目标、理想和决心上，这些将最终超越家庭本身：

“我们要为我们的孩子们提供什么样的教育？”

“我们希望我们未来五年或十年的财务状况是什么样子？”

“我们如何才能加强家庭关系？”

“作为一个真正做出有意义事情的家庭，我们能够共同做些什么？”

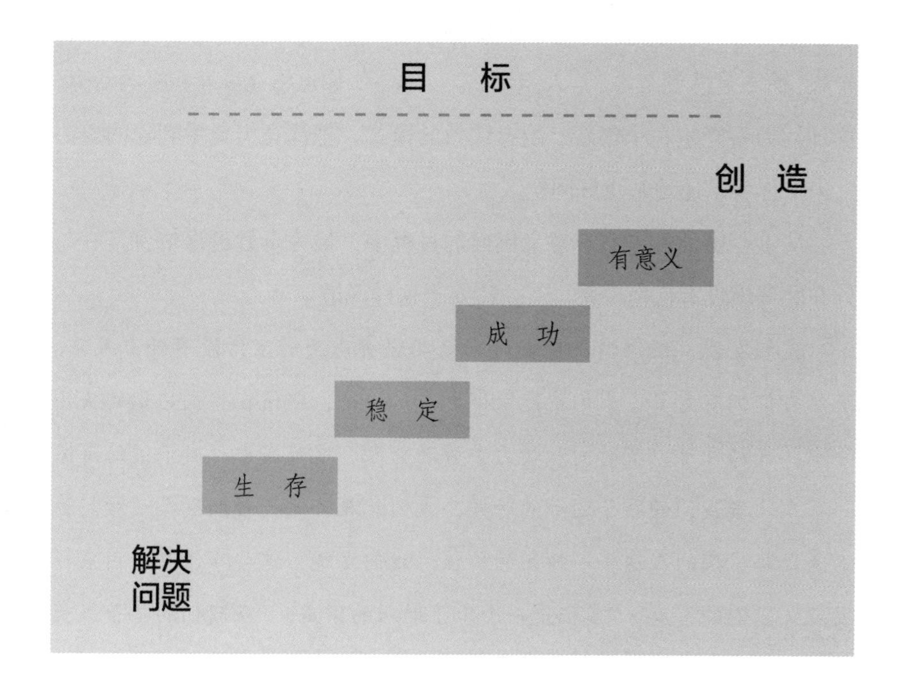

这并不意味着，那些达到成功和有意义层面的家庭就没有要解决的问题，只是重点变成了创造。来自这些家庭的成员不是尽力从家庭中消除消极的事情，而是将精力集中在创造之前不存在的积极事情——可以优化情形的新目标、新选择、新的可供选择的事物上面，不是从一次解决问题的危机匆忙跑到下一个危机，而是将精力集中在为未来的奉献和完满创造统合综效的跳板上。

简而言之，**他们头脑中考虑的都是机会，而不是问题。如果你头脑里想的都是问题，你就想着要消除一些事情；如果你头脑里想的都是机会或理想，你就想实现一些东西。**

这就是一种完全不同的思想方式，一种不同的情感/精神倾向。而且，它还带来一种完全不同的家庭文化。就像是从早到晚感到疲惫和感到休息充分、充满活力与热情之间的区别。你会感到乐观、精神充沛并充满希望，而不是感到灰心、陷入担忧或陷入失望。你也将充满着积极的活力，这种活力将产生一个创新、统合综效的模式。把注意力集中到你的想法上来，你将迅速地解决好问题。

从生存层面发展到有意义层面的过程中，最为奇妙的事情就是它与外在的环境没有任何关系。有一位女士这样说道：

我们发现，经济情况确实与家庭实现有意义的生活没有什么关系。既然我们拥有更多，我们就能做得更多。但是，即便在我们婚姻的头几年中，我们也可以花时间和精力去帮助别人。这确实也让我们团结得像一家人。当我们的孩子还小的时候，我们就教给他们帮助别人、访问养老院或给生病的人送去一顿饭的价值。我们发现，这些事情可以用来帮助定义我们的家庭："我们是一个乐于助人的家庭。"在我们的孩子成长的过程中，这同样非常重要。我确信，他们的青少年时期将由于集中在奉献上而变得与众不同。

动力和阻力

在你从生存层面发展到有意义层面的过程中，你会发现有种力量使你活力充沛，并帮助你前进。知识和希望可以推动你的生活迈向稳定，兴奋和信心将你的生活推向成功，一种领导的感觉和奉献的理想会激励你的生活变得有意义。这些都像是一股顺风，帮助一架飞机朝着目的地迅速行进——有时甚至在预定时间前到达。

但是，你也会发现有股强劲的逆风在试图阻止你，让你的前进减速甚至改向，那将使你后退，不能继续前进。受害和畏惧的心理容易将你推回到为生存斗争的基础阶段，知识的缺乏和徒劳感让你很难有稳定感，厌倦感和逃避现实使得希望成功的努力变成泡影，以自我为中心的想法和家长制的感觉——而不是领导者——则会阻止你达到有意义的层面。

你会注意到，阻力通常更为情感化、心理化，而且不合逻辑，而动力则更为合理、结构化和主动化。

当然，我们需要尽我们可能加强动力，这也是传统的方法。然而，在力场中，阻力最终将重建旧的平衡。

更为重要的是，我们需要去除阻力。对它们视而不见就像是，朝着你的目的地前进，却挂上了倒挡。你可以通过所有办法前进，但除非你能去除阻力，否则你就难以迅速前进，而付出的努力也将使你精疲力竭。你必须要同时处理动力和阻力，但主要工作还是要放在阻力上面。

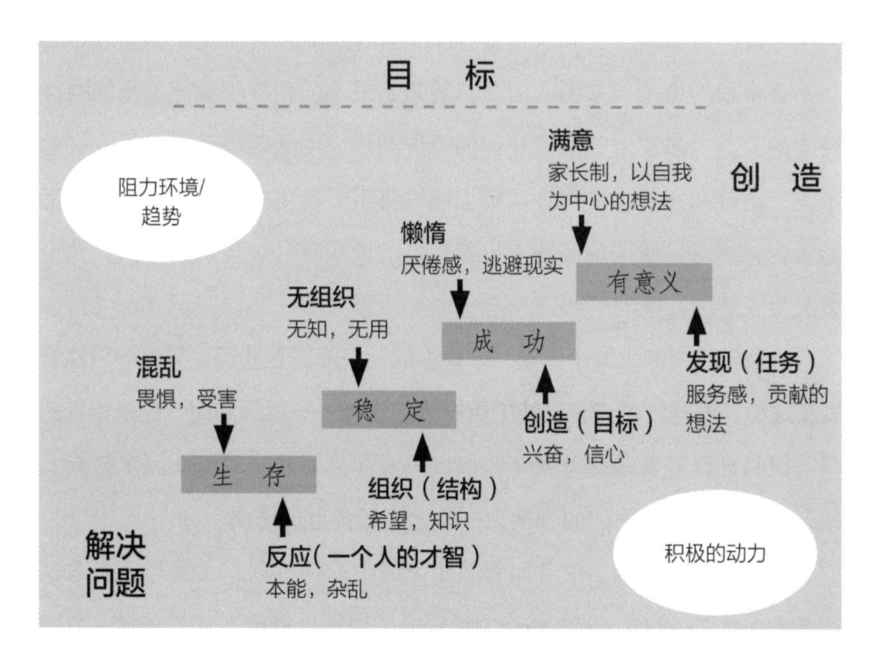

习惯一、二、三和七激发了动力，建立了主动性，它们带给你一种明晰的、激动人心的目的感，那比个人目标要更有力量。事实上，缺乏

某种有意义的理想和任务，会让你觉得阻力最小的地方就是你的舒适区，让你只使用那些成熟的、可能已经被别人认可的才能和天赋。但是，当你分享真正有意义、有领导能力、有奉献精神的想法的时候，你会发现，要想阻力最小就要发展这些才能并实现这种想法，因为实现这种想法的成就感比离开舒适区的痛苦要更令人激动。这就是家庭领导能力的所在——创建这种激动人心的想法，并确保建立共同责任感，朝着这种想法以及这种想法能够实现的任何目标前进。这就是激发人们最深层动机，并激励他们达到最佳状态的东西。接着，习惯四、五和六带给你们共同努力的过程，帮我们完成所有这些事情。而习惯七则为你继续前进更新能量。

不过，习惯四、五和六也使你能理解并解除来自文化、情感、社会和不合常理的力量的来源，因此，甚至是最小的积极主动能量也能取得巨大的收益。事实上，对阻止你的恐惧和焦虑的深刻理解改变了它们的本质、内容和方向，使得你实际上能够将阻力转化成动力。我们随时都能看到，当一名所谓的问题人士感到自己被倾听、被理解的时候，他也就成为了解决方案的一部分。

让我们用汽车来做个比喻！如果你的一只脚踩着油门，另外一只踩着刹车踏板，怎样才是走得更快的更好的方法呢——猛踩油门，还是松开刹车？很明显，答案是松开刹车踏板。只要你将另外一只脚从刹车踏板上移开，甚至把你踩油门的脚抬高一些，你都会越走越快。

同样地，习惯四、五和六释放了家庭中的情感刹车（或者说引入了新鲜的空气），这样，即便是动力最轻微的增加也能将文化提升到一个新的水平。事实上，广泛的研究表明，通过让人们参与问题并共同找到解决方案，阻力就转化成了动力。

因此，这些习惯可以使得你同时处理阻力和动力，使你自由地从生存层面发展到有意义层面。也许，你会发现同家人一起看387页的那张表会帮助你们获得一种透视感，让你们意识到自己家庭所处的位置，识别出动力和阻力，并决定怎么处理它们。你也许还希望将它用做一种工具，帮助家庭从解决问题阶段发展到创造阶段。

我从哪儿开始

我们中的大多人都有着一种天生的愿望，希望改善我们的家庭。我们潜意识里希望从生存层面发展到成功或有意义的层面，但是，通常我们会经历非常艰苦的时期。也许，我们会尽己所能做我们可能想到的一切，结果却可能与我们所希望的恰恰相反。

在我们处理与配偶或子女的关系时，尤其如此。即便我们处理与年幼孩子们的关系时——他们通常更容易受到影响，我们也不知如何以最好的方式来影响他们。惩罚、打骂、将他们单独锁到一间屋子里面、利用我们身体的力量或心理发展上的优势迫使他们做一些我们希望他们做的事情，这样对吗？还是说，有一些原则能帮助我们理解如何以更好的方式来影响他们？

任何一位真正希望成为变革者—— 一种变化动力——的父母（或儿子、女儿、兄弟、姐妹、祖父母、姑姑、叔叔、外甥、侄女或其他人），并希望帮助家庭在目标表中更进一步的人都可以做到这一点，特别是理解四个基本家庭领导职责背后的原则并遵循这些原则的人。因为家庭是一个自然的、活生生的并生长着的事物，所以我们希望，用我们称之为“以原则为中心的家庭领导树”的方式来介绍家庭领导职责。这棵树的作用就是时刻提醒我们，我们正在处理的是自然事务、自然法则和原则。它也可以帮助你理解这四个基本的领导职责，帮助你诊断家庭问题，并思考出解决问题的策略（你也许想看一下402页的树形图）。

脑海中有了这个树形图之后，我们就来看一下这四个家庭领导职责，以及如何将这七个习惯应用在每个职责中，以此帮助你推动家庭在从生存到有意义的道路上前行。

榜样

我认识一个人，在他还小的时候，就非常喜欢和他的父亲一起打猎。这位父亲和他的儿子会提前几周进行计划，为这次活动做准备、定目标。

长大成人后，这个儿子对我们说：

我永远也不会忘记那个星期六的早上——那次快乐打猎开始的时刻。那天，父亲、我哥哥和我四点钟起床，吃完母亲给我们准备的丰盛的早餐，把东西都放到车上后，六点钟赶到了猎场。我们到得早，在其他人到来之前用树桩圈了一片我们想用的猎区，等待着早上八点开猎的时间。

随着开猎时间的临近，我们周围人头攒动，到处都是猎人的身影，他们想找到能打猎的地方。到了七点四十，我们看到有些猎人把车开到了我们的猎场。七点四十五时，枪声开始响起——这时距正式开猎的时间还有十五分钟。我们看着父亲，他动都没动，就是看了看表，还等着八点。不久，鸟儿开始飞来飞去。到了七点五十，所有猎人都进了猎场，枪声响成一片。

父亲看着他的表，对我们说："孩子，打猎八点钟开始。"差三分钟八点的时候，四个猎人把车开进了我们的猎区，并从我们身边走过。我们看着父亲，他说："我们打猎的时间是八点钟。"八点钟的时候，鸟儿全都飞走了，我们才开始把车开进猎区。

那一天，我们一只鸟也没打到。但是，我们收获了一段难以忘却的记忆，对一个我热切希望成为像他那样的人的一段记忆，那个人就是我的父亲，我的偶像，是他教会了我绝对正直。

什么才是这位父亲生活的中心——成为一名成功猎人的兴奋感和认同感，还是作为一个正直的人、一位父亲、一位儿子的正直榜样所获得的那种平静灵魂的满足感？

毫无疑问，榜样是影响的根本基石。当阿尔伯特·史怀哲被问及如何养育孩子时，他说，“有三个原则——第一是榜样；第二是榜样；第三还是榜样”。我们是孩子们的第一，也是最重要的榜样，身教远胜于言传。而你不可能隐藏或伪装你最深刻的自己。不管有多么高超的掩饰假装的技巧和姿态，你真实的愿望、价值观、信仰和感情会以一千种方式表现出来。而且，你所教的正是你自己的样子——不偏不倚。

这就是为何“以原则为中心的家庭领导树”最深刻的部分——粗纤维根结构——代表着榜样的作用。

榜样作用是你自身生活的一致性和正直性的体现，让你在家庭中的每一次努力都充满了信任感。当人们看着你努力在别人的生活中树立的榜样时，他们就会感到他们能够信任你，因为你值得他们信赖。

有意思的是，不管你喜欢还是不喜欢，你都是一个榜样。如果你是一位父亲或母亲，那你就是你的孩子们的第一和最重要的榜样。事实上，你不可能不是榜样，这是不可能的事情。人们会将你的榜样作用——不管是积极的还是消极的——视作将来生活的方式。

正像一位不知名的作者优美描述的一样：

如果一个孩子生活在批评之中，他学会的是谴责。

如果一个孩子生活在安全之中，他学会的是信任他自己。

如果一个孩子生活在敌意之中，他学会的是去斗争。

如果一个孩子生活在承认之中，他学会的是去爱。

如果一个孩子生活在恐惧之中，他学会的是忧虑不安。

如果一个孩子生活在认可之中，他学会的是设立一个目标。

如果一个孩子生活在赞同之中，他学会的是喜欢自己。

如果一个孩子生活在嫉妒之中，他学会的是看到内疚。

如果一个孩子生活在友好之中，他学会的是这个世界是生活的好地方。

如果我们是细心的观察者，我们会发现，我们自己的弱点重复出现在孩子的生活中。也许，这就是处理差异和争论的方法中最为明显的东西。例如，一位母亲跑到家庭活动室叫她年幼的孩子们吃午饭，却发现他们在为抢一件玩具而争论和打架。“孩子们，我告诉过你们不要打架！你们轮流玩不就行了吗。”年纪大一点的孩子从年纪小一点的弟弟那里一把抢过玩具，说“我先玩”，而弟弟却哭哭啼啼地不肯吃午饭。

这位母亲很疑惑，为什么孩子们从来不肯学习呢，而这一刻，她回想起自己与丈夫处理差异的做法。她记起来，就在昨晚，他们为一个财务问题争论不休。而就在今天早上，她丈夫因前一晚的计划与她出现分歧，满脸不高兴地上班去了。这位母亲想得越多，就越意识到，她和丈夫已经无数次地表现出如何无法解决差异和争执。

本书中都是一些证明父母的思想和行动如何塑造孩子的思想和行动的故事。父母的思想将被他们的孩子们继承，有时甚至会传到第三代和第四代。父母又被他们的父母以一种方式塑造，而这种方式甚至没有一代人会注意到。

这也就是为何对父母来说，榜样的职责是最基本、最神圣、最高尚的责任。我们在编写生活的剧本——而这些剧本中的多半内容都会在他们余下的大部分生活中一一上演。意识到我们日复一日的榜样作用在我们孩子的生活中发挥着巨大影响是多么重要啊！这对于我们研究什么才是我们生活的“中心”，问问我们自己我是谁，我如何定义我自己（安全），我要去哪，我应该为获得指引我生活的方向做些什么（指导），生活是如何运作的，我应该如何生活（智慧），为培养我自己和别人，我应该具备什么资本和影响（力量）等问题也是非常重要。无论我们的“中心”是什么，或我们以什么视角看待生活，都将深深地影响着我们的孩子的思想——不论我们是否意识到，不论我们是否希望有这种影响。

如果你选择在你的个人生活中遵循七个习惯，那么你的孩子会学到什么呢？你就会成为他们的榜样，这个榜样积极主动，建立了个人使命宣言，并努力实现它；这个人对别人有着无比的尊敬和热爱，寻求着去理解他们并被他们理解，相信统合综效的力量，而且不惧怕与他人合作的风险，创建新的第三条道路；这个榜样还处在不断更新的状态之中——不但能够保持生理上的自控和活力，持续地学习，持续结成各种关系，而且能不断地与原则保持一致。

这种榜样对你孩子的生活会产生什么样的冲击？

督导

我认识一个人，他对他的家庭非常负责任。尽管他参与了许多好的、值得做的活动，但对他来说，最为重要的仍是教导他的孩子，并帮助他们成为有责任心、有同情心、乐于贡献的成年人。对于他的孩子来说，他就是绝佳榜样。

他有一大家人。一年夏天，他的两个女儿准备结婚。一天晚上，当她们将各自的未婚夫带到家里来时，他和这四个年轻人坐下来，花了几小时的时间和他们交谈，与他们分享他学到的并会对他们有所帮助的许多事情。

后来，在他上楼准备睡觉时，他的女儿对她们的母亲说：“爸爸就是想教育我们，他从来不想了解我们每个人。”换句话说：“爸爸只是想给予这些年来他所积累起来的所有智慧和知识，但是他真的了解我们每个人吗？他接受我们了吗？他真正关心我们吗——就像我们现在这样？”直到她们知道了这些，直到她们感受到那种无条件的爱时，她们才会受到他的影响并敞开怀抱——不管这种影响可能有多好。

而且，正如我们前文提到过的，“我不在乎你了解多少，除非我知道你有多在乎”。这也是为什么树形图的下一层——巨大、坚固的树干——代表着督导的作用。“督导”就是与他人建立各种关系。它是在情感账户中投资，它让人们知道你深切地、真诚地、发自内心地和无条件地在乎他们。这是对他们的支持。

这种深切的、真正的关心鼓励人们变得思想开放、可被教化，而且容易接受影响，因为它建立了一种深厚的信任感。它也清楚地重申了我们在习惯一中所提到爱的主要法则和生活的主要法则的关系。只有在你遵循爱的主要法则的时候——因为你无条件地爱着别人，因为他们内在的价值，而不是因为他们的行为、社会地位或其他任何原因不断地在他人的情感账户中储蓄时——你才会激发对生活的主要法则的顺从，这样的法则包括诚实、正直、尊敬、责任感和信任等。

现在，如果你是一位父亲或母亲，重要的是意识到：无论你和你孩子的关系如何，你都是他们的第一位导师——一个与他们相关的人，他们深切期望从你那里得到爱的人。无论你的影响是积极的还是消极的，你不可能不进行督导。你是你的孩子生理和情感安全或不安全的第一来源，他们感受被爱或被忽视的第一来源。**你履行督导职责的方式对你的孩子的自尊心和你的影响力、教育能力都有深远的影响。**

你对任何家庭成员——特别是最难对付的孩子——履行督导职责的方式将对整个家庭内部的信任程度产生深远影响。正如我们在习惯六中所说的，家庭文化的关键在于，你如何对待最考验你的孩子。孩子是真正考验你无条件去爱的能力的人。如果你能对一个孩子表现出无条件的爱，那么其他的孩子也就知道，你对他们的爱也是无条件的。

我相信，同时以五种方式去爱另外一个人时，会产生几乎难以置信的力量：

1. **同理心**：用心去倾听另外一个人的心。

2. 真正**分享**你感受最深的看法、知识、情感以及信仰。

3. 用深切的信任、评价、肯定、欣赏和鼓励去**证明**其他人。

4. 发自灵魂深处地，为了发掘更高的能量和智慧与别人一起或为别人**祈祷**。

5. 为别人**牺牲**：更进一步，做一些远超出期望的事情，关怀并提供服务，直到有时甚至会受到伤害。

五种方式中最常被忽视的是同理心、证明和牺牲。许多人能做到为别人祈祷，也会与别人一起分享。但是，真正用心去倾听、真正地信任并肯定别人，而且以某种牺牲的模式来陪伴他们，你就做出了超出期望的事情——不仅是祈祷和分享——这样才能以其他任何方式都达不到的效果打动别人。

人们犯下的最大错误就是，在他们建立起支撑督导作用的关系之前，他们就试着去教育（或影响或警告或约束）。如果下一次，在你想教育或改正你的孩子时，你也许可以按下暂停键，问自己：我和这个孩子的关系足以支持这种努力吗？情感账户上的存款是否足以让这个孩子打开心扉，还是他或她根本听不进去我的话，好像他或她被某种防弹装置所包围起来一样？如果我们不停下问自己，我们要做的是否真的有效——是否能真正实现我们的期望，我们就很容易陷入这种情感时刻。如果你停不下来，大部分情况下，都是因为你还没有足够多的支撑情感账户的存款。

因此，你可以在情感账户中进行储蓄。你可以建立各种关系，你可以督导他们。当人们感受到你的爱和关怀时，他们会开始珍惜自己，会在你试着教育他们的时候更愿意接受你的影响。人们认可的不是他们听到的东西，而是他们看到的和感受到的东西。

组织

你可能是一个非常出色的榜样，而且与你的家庭成员之间保持着非常好的关系，但是，如果你的家庭没有被有效地组织起来，帮助你完成你想要完成的东西，那么，你就可能在与自己作对。

就像是一家企业表面上赞扬团队精神和合作，实际却鼓励竞争和个人成就体系，那这家企业的组织方式就不能助力目标的达成，反而成为企业成功的障碍。

在你的家庭中，你也许会以一种相似的方式，谈论“爱”和“家庭趣事”，但是，如果你从来就没有打算与家人共进晚餐、共同完成一些项目、旅游、看电影或在公园中野餐的话，缺乏组织的问题就会出现。你也许会对某人说“我爱你”，但是，如果你总是很忙而没有和那个人度过一对一的有意义的时间，而且没有厘清这种关系的话，那么你就将允许败坏和腐烂慢慢滋生。

你的组织作用就是，对家庭结构和系统进行调整，帮助你实现真正重要的东西。在这里，你将使用习惯四、五和六在督导阶段的力量，创立你的家庭使命宣言，并建立大多数家庭没有的两种新的结构：专注的每周家庭时间和定期的一对一约会时间，这里有实现你在家庭中努力想做的事情的结构和系统。

不创建以原则为基础的模式和结构，你就不能建立具有共同愿景和价值观的文化。道德威信也只会是零星和浅薄的，因为它的基础只是少数人现有的行动，不会融入家庭文化。

但是，道德或伦理威信增长得越多，越以原则——现有的和结构上体现出来的形式有机地融入文化，你维持美好家庭文化时对个人的依赖就会越低。文化本身中的道德观念和规范将加强这种原则，而你每周一次的家庭时间则完全说明你的家庭确实重要。因此，即便一些人可能会比较古怪或有欺骗行为，另外一些人也许比较懒，但是这些结构和过程的建立却弥补了大部分——尽管不是全部的——不足。它将原则融入人们可依赖的模式和结构中。这结果与度假时发生的结果相似：度假时，家庭也许会有感情上的起伏，但是他们一起去度假，并为家庭传统带来活力的事实却将原则融入家庭文化当中，而且还将家庭从总是依赖于好榜样的习惯中解脱出来。

此外，按照社会学家埃米尔·杜尔凯姆的话来说：**“如果道德观念十分富足，法律就是多余的；如果道德观念出现匮乏，法律就无法实施。”**将这句话应用于家庭，我们也许会说：“如果道德观念十分富足，家庭准则就是多余的；如果道德观念出现匮乏，家庭准则就无法实施。”

归根结底，如果人们不支持这种模式和结构，那么不稳定就会走进家庭，而家庭甚至会为生存而斗争。但是，如果这些模式变成了习惯，他们就会变得坚强，足以控制那些不时显现出来的个人弱点。例如，你也许不会带着最佳的心情开始一对一时间的或家庭时间，但是，如果你花上整晚的时间与家庭一起做一些有趣的事情，可能你最终会以最佳的心情度过这个夜晚。

在我的职业工作中，这是在组织方面我学到的最有影响的事情之一。你必须建立起结构和系统的原则，这样它们才能成为家庭文化的一部分。于是，你也不再依赖于高层的一些人。我曾见到过这样的情形，一个公司的整个高层管理团队跳槽到另外一家公司，但是，由于文化中的“根深蒂固的东西”，他们在组织的经济和社会绩效方面几乎没有任何作为。

这也是爱德华兹·戴明（Edwards Deming）伟大洞察力的其中之一，戴明是一位品质管理领域的大师，也是日本经济过去获得成功的关键原因之一，“问题不在于糟糕的人，而在于糟糕的过程、糟糕的结构和系统”。

这也是为什么我们要花精力组织好一个家庭。没有基本的组织，家庭成员们就容易变成像是在黑夜中航行的船只。因此，这个树形图的第三层——大大小小的枝杈就代表着你的组织职责。而且，这还是人们经历这些原则如何融入日常生活的模式和结构的阶段，因此，不仅你会认为家庭是重要的，你的家人也会感觉到——通过你和他们一起的共同进餐、家庭时间、有意义的一对一会面的时间。不久，他们就开始信任这些家庭结构和模式，并学会依赖它们，这给他们一种安全、有序和可预见的感觉。

通过围绕你最深刻的优先考虑的事物进行组织，你就建立起了顺序和秩序。你就建立起能支持——而不是阻挡——你想做的事情的系统和结构。而组织也变成了一个激活者——从字面上来说，就是将阻力转化成从生存层面发展到有意义层面的过程中的动力或激励因素。

教育

当我们的一个儿子上初中时，他的成绩开始下滑。桑德拉把他叫到一旁，说道：“我知道你不是哑巴，说说这到底是怎么一回事？”

“我也不知道。”他咕哝着说到。

“好吧，”她说，“让我们看看我们是不是能做些什么来帮助你。”

吃过晚饭后，他们一起坐下来，共同复习了一些考试卷子。在交谈中，桑德拉开始意识到，这个孩子在没读懂提示的情况下就开始做题。而且，他还不知道如何概括一本书的内容，他的知识和理解水平也有一些落后。

所以，他们开始每天晚上共同花上一个小时来阅读、概括书的内容和理解提示。这个学期结束的时候，儿子的考试成绩从相当于百分制中的40分，提高到所有的科目都是A，而且还有一个A+！

当他的弟弟看到冰箱上的成绩卡时，他说：“你是说，这是你的成绩卡？你简直是一个天才！”

我确信，桑德拉在她生活中的那段时间能拥有那种影响力的部分原因是因为她的榜样、督导和组织能力。她很看重教育，而家里每个人都知道这一点。她与这个儿子的关系非常好，这么多年来，她和他共同度过了许多时间，为他建立情感账户，做一些他喜欢的事情。而她也对她的时间进行了组织，以便她能以这种方式和他待在一起并帮助他。

这些教育时刻是家庭生活中最伟大的时刻——无与伦比的时刻，因为你知道你改变了另外一位家庭成员的生活。就是在这时，你的努力赋予家庭成员力量，为他们建立起了有效生活的内在能力和技能。

玛利亚（我们的女儿）：

我不会忘记，多年前当我十几岁时，我和妈妈的一段经历。爸爸出差了，因此轮到我陪伴着妈妈晚睡。我们煮着热巧克力，闲聊了一会儿，然后舒服地躺在妈妈的那张大床上观看重播的电视剧。

当时，她已经怀孕几个月了。我们正在看电视，她突然站了起来，冲向了盥洗室，在那里待了很长一段时间。过了一会儿，我听到她在盥洗室中平静的哭泣声，我意识到有点不对劲。我走进盥洗室，发现她穿着睡衣躺在血泊中。她流产了。

看到我进来，她便停止了哭泣，并真实地向我解释了所发生的一切。她向我保证，她很好。她还说，有时婴儿并不能按照他们应该发展的方式完全形成，但这就是最好的结果。我记得，听了她所说的，我才感到略为安心一些，我们一起打扫干净，然后又回到了床上。

由于现在我也是个妈妈，所以我时常感到非常吃惊的是，我的妈妈是如何能将撕心裂肺的情感压抑住，并将它转化成她还是少女的女儿的学习经历的。她更多关心的是我的感受，而不是她的，而且她也没有陷入悲伤中，即使这通常都是很自然的感情流露。她将这次有可能给我带来创伤的经历变成了积极的经历。

因此，树形图的第四层——树叶和果实——代表着你的教育职责。这也意味着，你明确地教给别人生活的主要法则。你教给赋予他们力量的原则，这样，他们就可以理解并遵循这些原则。他们开始信任这些原则，信任他们自己，因为他们是正直的。正直意味着他们的生活团结在一套平衡的原则周围，这套原则普遍、永恒和不证自明。当人们看到好的范例或榜样时，他们会感到一种被爱的感觉，并拥有美好的经历，然后他们将会愿意倾听别人所教的东西。他们将会按照他们所听到的那样生活，因此他们也变成了其他人看到和信任的范例、榜样，甚至是老师。这种事情发生的可能性非常大，而这种美好的循环又将再次开始。

这种教育创建了“意识能力”。这可分为四种情况，第一种是，人们可能意识不到自己没有能力——他们可能完全没有能力，甚至都不知道它的存在。第二种是，人们能意识到自己没有能力，但是在他们的内心当中，却没有任何愿望或规则去创造必需的变化来改变自己。第三种是，人们意识不到自己有能力，他们不知道自己的能力所在。他们生活在别人交给他们的积极生活方式之外，他们接受榜样的示范作用，却无法接受原则的领导，因为他们无法理解这些原则。第四种是，人们能意识到自己有能力，他们知道他们正在做的事情，也知道这些事情起作用的原因。因此，他们就能发挥榜样和组织的作用，并以此教育他人。正是处于最后这种情况的人能有效地将知识和技能一代代传下去。

你的教育职责——在你的孩子们中间创建有意识的能力——绝对是无法替代的。正像我们在习惯三所说的那样，如果你不教导他们，那么社会就会做这件事情，孩子们及其未来也因此被塑造。

现在，如果你已经完成了你自己的内部工作，那你就是这些基本生活规律的模范示例。如果你已经通过基本生活规律建立了信任的关系，如果你已经完成了组织的工作——有规律的家庭时间和一对一的时间，那么教育就会非常、非常简单了。

以原则为中心的家庭领导树

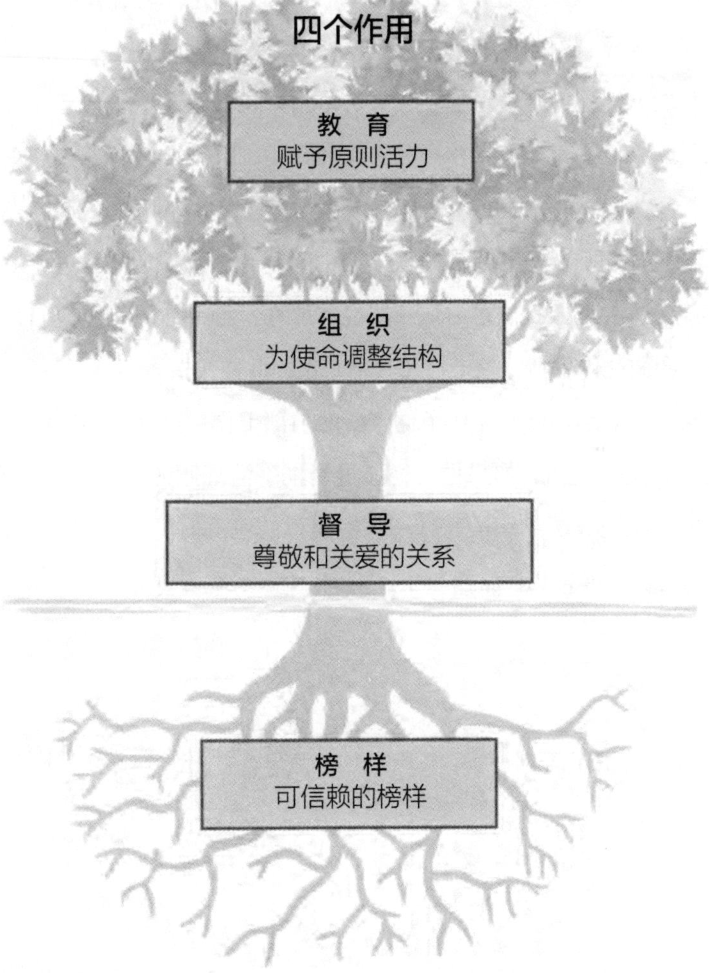

四个作用

教　育
赋予原则活力

组　织
为使命调整结构

督　导
尊敬和关爱的关系

榜　样
可信赖的榜样

你所教育的内容基本上来自你的家庭使命宣言，这也是你下定决心成为最重要角色的原则和价值。让我告诉你，不要理会那些告诉你“孩子大了能够自己选择价值观，你不应教育他们”的人（这句本身就是一种假设语气，代表了一种价值体系）。不存在无价值生存或无价值教育的东西。任何事都依赖价值观存在，因此，你必须决定你的价值观是什么，你希望以什么标准生活，以及你希望孩子们怎样生活，因为你对这些孩子有神圣的指挥权。你有权利将他们带入理智的环境中，让他们体会人类心灵和头脑中最深层的想法和最高尚的感觉，教他们如何辨认良心的隐约表露；你有义务教他们诚实可信——甚至在其他人做不到这些的时候。

你何时进行教育将成为你家庭成员的需求、你的家庭时间和一对一时间的一部分，而对于那些一直在寻求机会的家长来说，偶然出现的“教育时机”是显而易见的。

说到教育，我要提四条建议：

一、认识整体情况。当人感到恐惧时，以直觉进行教育（或者是说教）一般会使教育者和被教育者的恐惧感都增加。等到或创造一个新环境，使人感到安全并且头脑也处于愿意接受的状态，这时再进行教育往往会更好。不在情感交锋的时刻指责或纠正会表现出你的尊重和理解，并将这些无形中教授给你的孩子。换句话说，如果你不能用规则来进行价值观教育，你可以用行动来教。行动教育无疑比规则教育更有力，效果持续的时间更长。当然，如果能够将二者结合，效果会更好。

二、体会你自己的精神和态度。如果你生气或难过，那无法避免的情况是，你不顾语言逻辑或要教育的价值观就与孩子进行交流。其实这时你应该克制自己，或让自己走开，然后在你内心感到爱、尊重和安全后再去教孩子。一个值得称道的好办法是：如果你在交流和教育的过程中轻轻地碰一下或者握住儿子或女儿的手，你们双方都会感到舒服得多。你就会产生一种积极的影响力。一定要知道你不能在发怒的情况下去教孩子。

三、区分教育和提供帮助与支持的时间。当你的配偶或孩子感情上很疲劳，或者承受很大压力时，急于说教或应用什么成功定律就好比是教被淹的人学游泳。他需要的是一根绳子和一只援助的手，而不是一堂课。

四、记住在更大的意义上，我们一直都在教这教那，因为我们总是能向外辐射我们本身的影响。

永远都要记住，在树立榜样和进行督导的过程中，你不能不教育。你自己的性格和示范，你和孩子的关系，你在家庭关系中看重的东西都是孩子的第一和最具影响力的老师。他们对生活最重要的课程的认知程度（学习还是忽视）基本上掌握在你手中。

领导作用同四种需求与天赋的关系

在下面这个以原则为中心的家庭领导树中，你将看到四种家庭作用——榜样、督导、组织和教育。注意左栏是四种基本普遍需求——生存（身体）、爱（社会/情感）、学习（智力）和遗产（精神）的关系。记住，家庭的第五个需求是欢笑和快乐。注意右栏四种独特的人性天赋与四种需求的关系。

榜样作用在精神需求方面是最基本的，它影响良知的力量和去向。督导关乎社会/情感需求，它将自我意识表现在对他人的尊敬和理解、同情与协作上。组织关乎身体需求，它挖掘独立意志和社会意志，用以组织时间和生命——设立家庭使命宣言、每周家庭时间、一对一的时间。教育关乎智力需求，当我们被带入未来时，创造智力的头脑控制着生命的轮盘，而这个未来是我们的头脑中的想象力创造出来的。

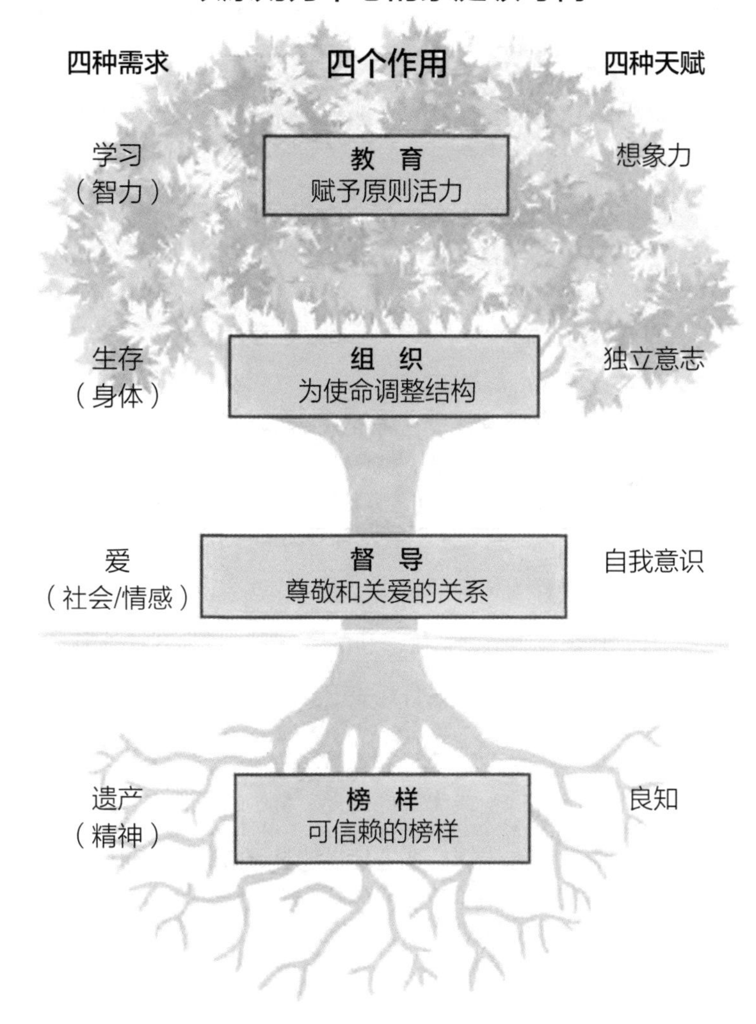

事实上，天赋在每个阶段都是在集体发挥作用，因此督导又涉及良知和自我意识，组织涉及良知和自我意识以及独立意志，教育涉及良知、自我意识、独立意志和想象力。

你是家庭领袖

在你看到家庭领导的四个作用，以及他们与四种基本人类需求和四种人性天赋的关系时，你将发现完美地发挥这些作用将为你的家庭创造怎样的改变。

发挥榜样作用：家庭成员看到你的示例并学着信任你。

进行督导：家庭成员感受到你无私的爱，开始珍惜自己。

发挥组织能力：家庭成员在他们的生活中体验秩序，并逐渐信任满足他们基本需求的结构。

教育家庭：家庭成员开始听你的话并按你说的做，他们经历结果并学着信任原则和他们自己。

在你做这些事时，你就在家里实践领导力和影响力。如果你以健康、以原则为中心、以榜样为标准的方式行事，你就会创造信任感。你通过督导创造信任，你通过组织创造统一和秩序，你通过教育赋予能力。

重要的是要意识到不管你在目标表上处在什么位置，你都要一直做这四件事。你可能要示范如何挣扎着生存、设立目标或者贡献。你可能要通过安抚人、有条件的爱或无条件的爱“奖励”成功。你家庭中的组织可能是一系列重复的无组织，或者你可能具有时间表、工作表、规则甚至是家庭使命宣言。在正式或非正式的情况下，你教育任何事情，从不尊重到诚实、正直和学会奉献。

关键是，不管愿不愿意，你就是家里的领袖，你可能以某种方式已经履行了这些职责，但真正的关键是你如何履行这些职责。你能以一种有助于你建立你所希望的家庭的方式履行这些职责吗？

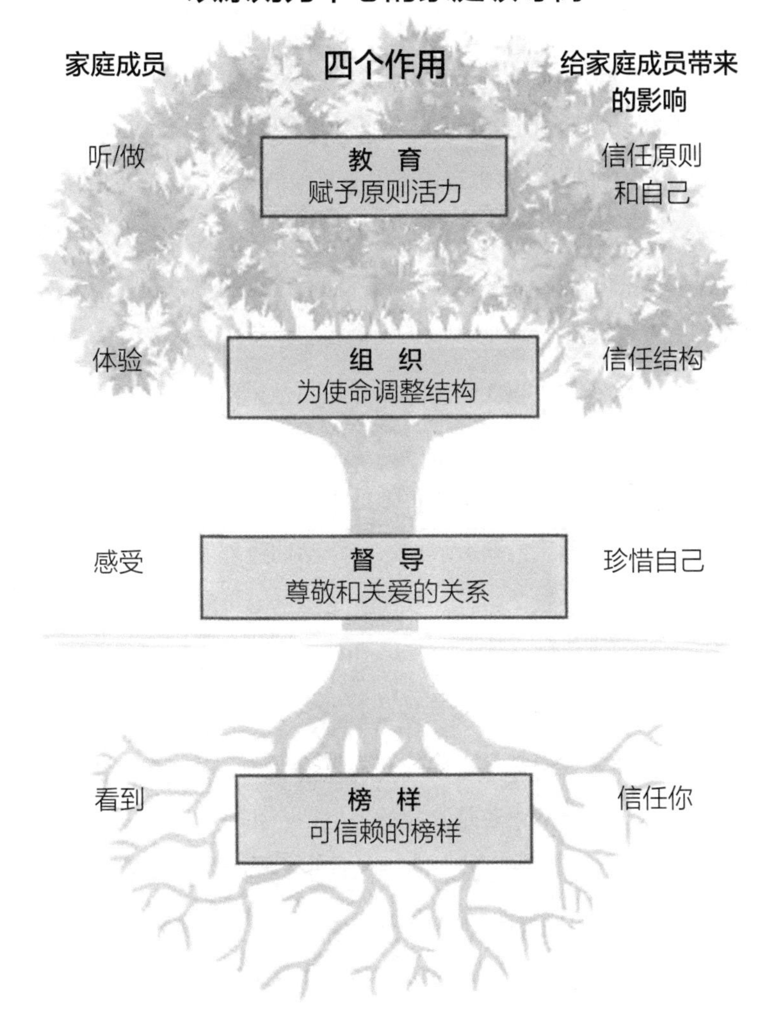

什么是“紧急的”，什么是“重要的”

许多年来，我都会问听众同一个问题：“如果你要做一件能使你的个人生活发生巨大良好转变的事情，你会做什么？”然后我问他们关于职业或工作的同样问题，人们很快就做出回答。在内心深处，他们已经知道他们需要什么。

然后我让他们考虑他们的答案，看看他们写下的需求是“紧急的”，还是“重要的”，或者两者兼顾。“紧急的”答案来自外部，来自环境压力和危机；“重要的”答案来自内部，来自他们自己深层的价值体系。

几乎无一例外，人们写下的能使他们的生活发生巨大的积极转变的东西都是重要的，而不是紧急的。当我们讨论这些事时，人们开始意识到他们之所以没有做这些事是因为它们不紧急。不幸的是，大多数人都只注意到紧急的东西。事实上，如果他们不被紧急而动，他们就会感到内疚，就会觉得似乎出了什么错。

但是，在生命旅程中，真正有效的人注重重要的东西，而不仅仅是紧急的事情。世界范围的研究表明，最成功的经理人都看重重要性，而效率较低的经理人注重紧迫性。有时，紧急的事也是重要的，但是，大部分时间不是。

显然，注重真正重要的东西要比注重仅仅紧急的事情要有效得多。这在所有的生命旅程中都是正确的——包括家庭。当然，父母必须要处理危机，不管是重要的，还是紧急的。但是，如果他们起先就选择花更多的时间处理重要的事情，而不是紧急的事，就减少了危机的发生。

想一想这本书中已经提到的一些重要的东西：设立情感账户；创立个人、婚姻和家庭使命宣言；每周有一次家庭时间；与家庭成员进行一对一的交流；建立家庭传统；共同劳作，共同学习，共同祈祷。这些事其实都不紧急，都不会像孩子吃多了药急着上医院，对刚刚提出离婚、感情上受到伤害的配偶进行安慰，或者设法和一个想辍学的孩子交流这样的事紧急。

但是，总的来看，选择花时间处理更重要的事情，我们就会减少家庭中出现紧急情况的数量和强度，许多问题在讨论和处理的过程中就得到了解决。关系摆在那里、结构摆在那里。人们能够讨论这些事，解决这些事，教育也就在进行中。重点是预防而不是事后解决，就像本杰明·富兰克林所说，“一盎司的预防抵得上一镑的救治”。

事实上，大部分家庭要么是被管过了头，要么是领导不足。但是，家庭里优秀的领导力越多，就越不需要管理，因为人们会自己管理自己。反之亦然：领导力越少，就越需要管理，因为没有共同的观点、共同的价值体系，你必须控制事和人，让他们不要出格。这需要外部管理，但是，这也会激起反抗，挫败人们的精神。就像一句俗语所说，“没有观点，人们就会毁灭”。

这时就需要七个习惯。它们让你在家庭中实施领导权，并进行管理——在办“重要事”的同时处理“紧急且重要”的事情，它们帮助你建立关系，它们帮助你向家庭教授控制所有生活的自然法则，同时，将这种法则具体为使命宣言和一些有用的结构。

无疑，现在的家庭生活是一个没有安全网保护的走钢丝表演。只有通过以原则为中心的领导，你才能在家庭文化中提供一张道德约束形式的网，同时建立思想体系和实践体系，来进行必要的“杂技”表演。

这七个习惯帮助你通过以原则为基础的方式履行你自然的家庭领导职责，而这些方式能够带来稳定、成功和有意义的生活。

三个常见错误

人们在考虑以原则为中心的家庭领导树时，通常会犯三个错误。

错误#1：认为履行任意一项职责就充足了

第一种错误是觉得履行任意一项职责就足够了。想当然地认为光做榜样就够了，如果你坚持，并在足够长的时间里树立良好的榜样，孩子终究会学习榜样。这些人认为没有督导、组织和教育的真正必要。

另一些人认为，进行督导或者展现爱就足够了，如果你建立了关系并不断交流爱，这将掩盖个人榜样中许多的小错误，并提供有序的结构，而教育是多余的，甚至会起副作用。爱被视作万灵丹，是任何问题的答案。

一些人确信，有正确的组织——包括计划和设立结构和体系，让关系和家庭生活发生好的变化——就足够了。他们的家庭可能组织得很好，但是缺乏领导。他们可能一直在前进，却朝着错误的方向。或者它们有良好的体系和对每个人的检查单，却没有灵魂、没有温暖、没有感觉。孩子可能会想尽快摆脱这种环境而且不想再回来——除非感到一种家庭责任或有一种强烈的愿望想做一些改变。

另一些人认为父母的作用就是通过说教的方式进行教育，坚持更清楚地解释最终会起作用。如果不起作用，至少能将责任传递给孩子。

一些人感觉树立榜样并相互联系——换句话说，进行示范和监督就是所有必要的。其他一些人认为发挥榜样、督导和教育的影响就够了，组织不重要，因为长期看来，真正起作用的就是关系、关系、关系。

这种分析还能继续，但都是在围绕这样的概念进行——我们不需要所有这四个职责，仅仅一两个就够了。但是，这是一个主要，也非常普遍的错误。每个职责都是必须的，没有其他三个是绝对不完善的。例如，你是个好人而且有良好的关系，但没有组织和教育，当你不在场，或者发生对你的关系起消极作用的事情时，就不会有结构和系统的加强。孩子不仅要看，要感觉，还要体验，要听——否则他们永远都不会明白掌控快乐与成功的生命法则的重要性。

错误#2：忽视顺序

第二个错误可能还要更普遍，那就是忽视顺序：认为你能在没有关系的情况下清楚地教育，或者你能在不成为可信的人的情况下建立良好的关系，或者认为口头教育就够了，因为口头教育包括的生活原则和法则无须简化成日常生活的模式、过程、结构和体系。

但是，就像树上的叶子从枝条上长出来，枝条从树枝上长出来，树枝从树干上长出来，树干由树根长成一样，这些领导职责中的每一个都以前面那一个为基础。换句话说，这里是存在顺序的——榜样、督导、组织、教育——这代表一种由内而外的过程。**就像树根将营养带到树的各个部分，你自己的榜样作用就为你的关系赋予生命，给你组织的能力和教育的机会。**当然你的榜样作用是树的其他每部分的基础，其他每个阶段都是这些部分的必需。高效的家庭领导者能意识到这个顺序，不论何时出了差错，利用这个顺序诊断问题的根源并采取必要的步骤解决问题。

在希腊哲学中，人的影响力来自气质、痛苦和理念。气质的基本意思是来自榜样的可信度，痛苦来自关系、感情同盟，人们之间的理解和互相尊重，理念处理逻辑——生活的逻辑，生活的教训。

因为有了七个习惯，顺序和统合综效就是重要的事情。如果感觉不到，看不到，人们就听不见。如果你不在乎，或者缺乏可信度，生活的逻辑就不会扎根。

错误#3：认为一次就够了

第三个错误是认为你履行了一次职责，就不用再做了——换句话说，将履行这些职责看作一次完成的事，而不是持续发展的过程。

发挥榜样、督导、组织和教育的作用是现在进行时，要不断进行，要天天进行。示范或者榜样一直都要有，包括我们出错时道歉的范例。我们必须不断在情感账户里储蓄，因为今天的饭管不了明天的饿，特别是在期望非常高的家庭关系中。因为环境在不断变化，永远都要由组织的职责去适应变化的现实，这样这些原则就得到了规范，能够适应环境。清晰的教育必须不停进行，因为人们总是不断从发展的一个阶段走向另一阶段。另外，因为环境、年龄和现实的改变，新的原则必须被教育和加强。

在我们的家庭中，我们发现每个孩子都代表他或她自己独特的挑战、世界和需求。每一个孩子都代表一个全新水平的保证、精力和观点。我们甚至感到我们最小的孩子——勾起了我们对过去抚养孩子的那段日子的回忆——有一种被溺爱的倾向。可能这来自我们被别人需要的需要，即便我们的使命宣言也关注独立和相互依赖。

即便在写这本书时，我都发现自己越来越感激飞机的比喻和不断改变、提高并应用我所教授的东西的机会。这有力地提醒我，我们需要不断坚持，忍受到最后，尊重掌控生活中所有的成长、发展和快乐的法则。另外，我喜欢意志坚强的人，就像是一只挣扎着要破茧而出的蝴蝶，猛烈地挥动翅膀，打破这个代表旧形式、旧结构的茧，以一种无畏的精神，用小刀似的翅膀划破剩余的茧。即使最终蝴蝶的翅膀永远不会发育完全，而蝴蝶也死了。

所以，我们永远也不要认为我们的工作完成了——不管是对我们的孩子、孙子，还是重孙来说。

一次，在佛罗里达，我同一群非常有钱的退休夫妇谈论三代同堂的家庭的重要性。他们承认，他们实际上区分了自己对已经长大成人的孩子和对孙子的责任感。家庭生活不是他们生活的重点，帮助孩子离开他们并各自独立生活的想法有时能让他们从“只会度假”的内疚感中摆脱。但是，当他们打开心扉，许多人都承认他们对这种区别，甚至是一种隐退感到难过，他们决定要以大量新的方式重新融入家庭。当然，帮助我们的孩子获得独立是重要的，但是，这种对儿孙区别对待的态度绝不能建立几代人之间的家庭支持体系，而这种体系是克服当今核心家庭的文化冲击所需要的。

家庭通常会处在两个极端中的一个。不是纠缠不清——即从感情上太过相互依赖（还可能是社会/情感方面、经济方面或智力方面）——或者，因为恐惧依赖，他们变得分道扬镳、太过独立，这事实上是一种对抗或依赖。有时，家庭培养独立的生活方式，家庭成员却在表面上相互依赖，实际上完完全全地只依赖对方。通常，你能够通过听人们的交谈来区分这样的依赖和真正的相互依赖，人们要么总是互相指责和埋怨、要么注重未来、机遇和责任。

只有当家庭成员通过获得个人的胜利并创造了真正的、平衡的独立，从而付出代价，他们才能真正处理相互依赖的问题。在我们三代同堂的家庭里，桑德拉和我总结的经验是，作为祖父母的责任次于作为父母的责任。换句话说，我们确定我们的主要工作就是监督我们的孩子和我们从前对他们所做的一切。这种清晰的价值观在我们处理同已婚的孩子和他们的家庭的关系时，为我们指明了方向，我们确信，祖父母绝对不能因为“退休”的思考方式，认为没有必要涉足家庭生活而对隔代孩子变得麻木不仁。当家庭处在十字路口，要在隔代家庭中建立一种观点时，**你从来都不会从家庭中“退休”**，永远都有必要为家庭提供不断的支持和肯定。

即便孩子已经远走高飞，父母也要意识到孩子自己作为父母需要被肯定，也要知道他们在做什么；他们要意识到孙子孙女需要有和祖父母相处的时间，既要有共同时间，也要有单独相处的时间。通过这种方式，他们成为了加强家庭教育的另一个来源，或者能够对家庭中暂时的不足进行补偿。

只要你的子嗣在不断成长，隔代人之间的爱与支持，以及你留下精神遗产的机会就会不断出现。无论你多老，就像调查所显示的，你永远都是对健康、快乐的孩子和孙子最重要的“那个人”—— 一个能为他们“疯狂”到极点、到无私的人，只有祖父母才能做到这一点。

桑德拉和我对我们的9个孩子中的每一个，以及他们的配偶和我们的27个（写作本书时）孙子都负有巨大的责任。我们希望能对我们更多的孙子、重孙和玄孙继续这种指引和责任，我们希望我们还有抚养玄孙的那一天，能够为他们提供些帮助。

第一道防线一定是家庭——不管是核心家庭、隔代家庭，还是大家庭。因此，我们什么时候也不能认为我们发挥榜样、督导、组织和教育作用的工作做完了。

配平调整片因素

从生存到有意义的过程有时看起来是动人心魄的，它可能看起来有许多东西要做。真实与理想之间的距离似乎很大，而你就一个人。一个人到底能做什么?

我想让变革者记住一个简单却有力的形象。

飞机和船上都有一个叫问题配平调整片的小平面，当配平调整片被移动时，它就能带动一个更大的具有舵的作用的平面，影响船只或飞机的方向。尽管让一艘邮轮转180度要花很长时间，飞机却能快速调头。但是，在两种情况下都要依赖配平调整片。

> 配平调整片是你在家庭中发挥作用的最形象比喻，一个小小的舵带动大舵，最终彻底改变了飞机的方向。

如果你是家长，你显然就是配平调整片，你具备选择和负责的能力。负责是连接观点与行动的齿轮。如果没有责任感，控制行动的就是环境，而不是观点。因此，其他每件事依赖的最初和最基本的要求就是对自己和家庭100%负责，也包括保证履行七个习惯。有趣的是，完全领导承诺（Total Leadership Commitment，TLC），也代表了“温情关爱”。

尽管家长扮演最重要的领导角色，我们还发现其他许多人——儿子、女儿、姑姨、叔舅、堂表兄弟姐妹、祖父母、养父母——在家里也能代表领导角色。他们在家庭文化中带来了最基本的改变和提高。许多人变成了真正的变革者。他们阻止了从一代人到另一代人的消极转变，他们超越了性别、规划、条件作用和环境压力，重新开始。

一个从前接受救济，经常受虐待的男子这样说：

在整个中学阶段，我都憧憬着大学。但是，妈妈说，“你上不了，你不聪明，你会像其他所有人那样靠救济生活”。这简直太令人丧气了。

后来，有个周末我和姐姐待在一起，她让我明白生活有比靠福利生存和领取食品救济更有意义的事情。她以她自己的生活方式向我证明这一点。

她结婚了，并且丈夫有一份不错的工作。如果她愿意她就做兼职——不过她并不是非要这样做。他们住在一个不错的社区。通过她，我才看到了世界。我和他们家一起去宿营，一起做许多事。通过她，我有了对美好生活的渴望。我想，这就是我想要的，这就是我希望自己能够拥有的生活。我不能靠福利生活。

在那些年里，她对我产生了深远的影响。因为她，我有勇气离开西部去上学，让我的生活更丰富。即便现在，我和姐姐每年还来回走动一次。我们聊很多，彼此鼓励，一起分享梦想、理想和生命中的目标。拥有并重新开始这段关系是我生命中真正了不起的一件事。

你能了解这些变革者——变化的因素——配平调整片的影响力量吗？即便是没有需要克服的消极的过去，仅仅是要建立一个积极的未来，发挥配平调整片作用的人也会做出许多不同的事情。

问题是，我们每个人都属于家庭，每个人都有力量和能力做出许多改变。就像作家玛丽安娜·威廉姆森（Marianne Williamson）所说：

我们最深层的恐惧不是我们无能，而是我们比实际更有能力。使我们恐慌的不是黑暗，而是光明。我们自问，聪明、美丽、天才惊人的我是谁？事实上，你不用成为谁。你是上帝的孩子。你的小把戏对这个世界无益。没有什么是比退后更聪明的做法，这样你周围的其他人就不会感觉到不安全。你在哪儿都能发光，像孩子那样。我们生来就是要显示上帝在我们心中的光芒。不只一些人身上有这种光芒，我们所有人身上都有。

这段话真实反映了人类自身条件和本性的成熟性——我们体内存在能改变自己历史并领导我们家庭的能力，存在能让我们家成为催化剂、成为社会领袖的能力。

放手

我永远都忘不了第一次系着安全带下降至山底的经历。悬崖可能有120英尺高。其他几个人训练如何下降的时候我一直在看，后来我就跟着做。我看到他们安全地被山脚等着的人接住，并听到山脚下人们的欢呼声。

但是，轮到我时，我所有的理智都跑到了九霄云外，我有一种强烈的恐惧感。我应该能安全降落到悬崖底部，我身上还系着一条安全带，以免我跌得鼻青脸肿。我脑子里想着其他人成功地完成了下降，我对整个环境都很了解，也感觉很安全。我甚至担任着督导职责——不是技术方面，而是在社会/情感和精神方面。40名学生都在看着我这个领袖和导师。但是，我害怕了，走下悬崖的第一步让一切都变成了真的，我心中那种心安理得瞬间变成了各种想法和绳子。虽然确实很害怕，但是我终于做到了——就像其他人一样。我安全地降至山脚，因为成功迎接挑战而感到兴奋。

我想不到一个更好的例子来描述书中一些人内心的矛盾心情。你也许也这样想：家庭使命宣言、每周家庭时间和固定的一对一培养感情的经历到目前为止可能都来自你的舒适区，这个区域让你在真正想做什么事的时候，却没有勇气去做。

我想对你说的就是“你能做得到”！你能做到这一步。就像常言所道，“将金钱放在你的左手，将勇气放在你右手，然后跳”。

我知道我们已经在这本书里提到了许多事。但是不要让这些事湮没了你！如果你刚刚开始秉承七个习惯，那你就坚持，我保证你的理解力将大大提高。你越是遵从这些习惯，你就越会发现这些习惯最伟大的力量不是某个习惯的力量，而是它们结合在一起，创造某种框架——或者某种心理地图的方式，你可以在任何情况下应用的方式。

想一想一个有用的精确地图怎样帮助你找到任何一个目的地。另一方面，一幅不准确的地图只会帮倒忙——它总是误导。想象你要在美国找一个地方，而你能用的却只有一幅欧洲地图。你可能会更努力地试，但你很快就会再度迷路。底线是，假设这幅地图是你拥有的唯一信息来源，你绝对不可能到达目的地。

在处理家庭事务时，至少有三个普遍的误导地图：

1.“来自别人的建议”的地图。用别人的生活来对照我们的经历是一种尝试。但是，想一想：你的眼镜适合别人吗？你的鞋子合别人的脚吗？可能有些时候适合，但在更多的情况下是不适合的。在一种情况下起作用的办法不一定适合其他情况。

2. 社会价值观地图。另一个包含理论的普遍地图是以社会价值观，而不是原则为基础的。但是，就像在习惯三中所讲的，社会价值观不一定等同于原则。比方说，如果你因为一个孩子的行为喜欢他或她，你可能会在短时间内控制这种行为。但是，孩子会学着通过好的行为赢得喜爱。长此以往这会起作用吗？这能说明“爱”真正是什么吗？

3. 确定性地图。所有范例中最微妙的一种地图是以确定性假设为基础的。实际情况是，我们是基因和环境的牺牲品。用这张地图生活的人一般都会说像下面这样的话：

“我就是这样。我对这件事无能为力。”

“我外公就是这样，我妈妈也是，我当然也是这样。”

“这种性格特点来自我父亲他们家那边。”

“他把我逼疯了。”

“这些孩子让我发疯！”

这种确定性地图让我们对自己深层的本性的理解出现偏颇，它否定了我们最基本的选择能力。

这些或其他地图是我们在家庭中处理和思考许多东西的根基。只要有这些地图，我们就很难在这些地图之外行动。

比方说，我有一次给一大群人演讲，我妈妈坐在观众席上。她坐在靠前的位置，我演讲时她很不高兴，因为前排的两个人一直在讲话。她想这对她儿子来说是有些无礼——甚至是侮辱的行为，她对这种粗鲁和不合适的举动感到气恼。

演讲结束后，她走向坐在前排的另一个人，和他很热烈地讨论这件事，并对那两人提出批评。那个人说："哦，是这样的！那位女士来自韩国，那位男士是她的翻译。"

我妈妈懊恼极了。突然，她从另一个角度了解了整件事，她对自己的批评态度感到不好意思和尴尬，她意识到她因为一张错误的地图错过了演讲的许多内容。

在整场演讲中，她本应该对前排的那两个人更友善，她甚至应该以积极的方式试着与他们交流。但是，只要她的"地图"说他们很粗鲁无礼，那么，任何能改变她的态度和行为的简单尝试都不能带来改变。只有当她获得一张正确的"地图"后，她才能对她自己和周围的环境进行改变。

关键在于我们都以我们的地图行事。如果我们要对我们的生活和家庭进行改变，仅仅关注态度和行为是不够的，我们必须改变这张地图。

由外而内的方式不会起作用，只有由内而外才管用。就像爱因斯坦所说的，"重大问题发生时，依我们当时的思想水平往往无法解决"，真正的关键是学习并应用一种新的思考方式—— 一幅新的、更准确的地图。

经历七个习惯的框架

在获得了希望和决心之后，我希望你在理解和解决你可能面对的任何家庭问题时，能真正完整地理解七个习惯地图或框架的用途和效力。关键不在于任何一个习惯或故事，无论这些故事多么动人，也不在于任何行为，不论这些行为对其他人多么管用，关键是学习和使用这种新的思考方式。

你很可能会问："一个简单的方式怎么能解决每种可以想象的情况呢——如何解决一个家庭成员不断增多的家庭、一对没有孩子的夫妇、单亲家庭、混合家庭、祖父母和长大成人的孙子组成的家庭所面临的挑战呢？"你也可能问："一种单一的方式能够在不同国家、不同文化中起作用吗？"

答案是：可以——只要它的基础是广泛的需求和众人遵守的原则。

七个习惯的框架建立在以完整为中心的方式上，以满足你我需求——身体/经济、社会/情感、智力和精神需求。这个框架简单却不简化。就像奥利弗·温德尔·霍姆斯（Oliver Wendell Holmes）所说："我不会简单化任何复杂的东西，但是，我却要为极复杂的东西争取简单化。"七个习惯的方法就是将极复杂的东西简单化，因为所有这些习惯都建立在广泛的原则之上，都是由内而外组建的，能够适应个人涉及的任何情况。它针对不论是紧急的还是长期的问题——不论是你感觉到的疼痛，还是内在的原因。七个习惯的方法不是什么繁重的学术理论，也不是简化的成功格式，这确实是家庭行为中的第三条道路。

为了解释如何应用这个框架，我将和你分享两位身处不同境地，但都成功解决问题的人的故事。在你阅读这些故事时，请注意故事中的人物开始使用这七个习惯的时刻——不论是理解还是解决他们的问题。

一位女士和我们分享她在婚姻中面临的问题：

我丈夫和我的婚姻总是不稳定，我们都是非常固执的人——知道我们确实想要什么，并会不惜一切代价去得到。

一年半前，我们打破了壁垒。三年前，杰弗告诉我他要读研究生——到地图另一端的宾夕法尼亚州去。我对之非常不高兴，因为我的事业蒸蒸日上，我们刚安了家，我们家人都住在附近，我对这种安居乐业的生活很满意。

我气坏了，对这件事极力反对了大约半年。最后，我决定，好吧，既然我嫁给了这个家伙，我想我会跟他去的。我愤怒地跟随他跋山涉水来到宾夕法尼亚州。在后来的两年里，我从经济上帮助他，但仅此而已。我对来到这里感到生气。我不是东部人，因此我花了一段时间才适应了宾夕法尼亚州。我在这里没有朋友家人，我必须从头开始。我不停地指责杰弗，因为他把我带到这里，我的生活才这么悲惨。

杰弗最终毕业时，我说："好吧，我都工作这么长时间了，该你找工作了。"他完成任务似的开始找工作，到处申请，参加面试。但是，事情也不如他所愿，他很难过。

我当时甚至没有考虑他的难过。我只是想让他在什么地方——不管什么地方——找个工作，把我从这个土里土气的大学城带出去。

他不断试着告诉我他的感受。他说："你知道吗？安古，我想做的就是开一家自己的公司。我不想为其他人工作。"

我说："你知道吗？我真的不在乎这些。因为你上学，我们欠着账。我们不平等。你必须工作，养活我们。我想再生几个孩子，我想安顿下来，我想在一个地方住一段时间，而这些你都做不到。"最后，我断定这是因为他长大后都不知道自己要做什么的原因。我真的很难过，最后回到西部我父母家去了。

随后我在西部参加了一个面试并通过了。我打电话给杰弗说："你找不到工作，但你猜猜我干什么了。我出去找了份工作，因为我想工作。"工作了大约三个月后，我接触了七个习惯。

杰弗终于决定找我谈谈我们的事。我们彼此怨恨。他住在宾夕法尼亚州，我住在犹他州。我们之前几乎不说话也没有个家，东西都放在仓库里，即便我们有个孩子。我们走到了危机时刻：我们要继续保持婚姻，还是各走各的路？

他到的那一天我们出去吃晚饭，我想我要再试一试。我要试着双赢，否则这件事会毁了我。我要试着进行创造性的合作，如果这是我能做的最后一件事。

我向杰弗解释了这些，他也同意试一试。接下来的四五个小时里，我们坐在饭店里讨论这些事。我们开始列一个单子，写下我们的婚姻到底想要什么。他惊讶地发现我想要的是稳定，我不介意他拥有一份普通的工作，因为普通的工作也能给我带来稳定感。

“如果我能给你稳定感，开创我们自己的事业，这你能接受吗？”他问。

我说：“当然。”

“如果我能实现这一点，你能找到你喜欢的工作，住在这个国家中你喜欢的地方，是不是很好呢？”

我还是说：“当然。”

他接着问：“你不喜欢工作吗？这是不是你一直让我找个工作的原因？”

我说：“不是的。我其实很喜欢工作，但是我不喜欢所有这些都是我的责任的这种感觉。”

我们来来回回，说清了所有问题。那晚，当我们走出饭店时，我们拿着一份写着我们共同的、被清楚定义的理想的单子。我们担心不写下来我们就不会按照它去执行。

去年9月，也就是这次晚餐的一周年，杰弗又拿出来这个单子，我们盘点发生了什么事。

他开了自己的公司，虽然还在创业阶段，但业绩也是蒸蒸日上。他有时一天工作20个小时，为了这家公司，我不得不向妈妈借钱。但是，公司已经达到盈亏平衡，我们已经还了很多债。

我开始更认真地考虑我自己的工作——以防杰弗刚开业的公司陷入困境。但是，我开始喜欢我的工作。我几次被提升，最后找到了真正喜欢的工作。

我们买了一套房子。事实上，我们发现我们完成了单子上写的所有事情。在我们的生活中，那时的我第一次感觉到稳定。我很高兴。这一切都开始于那一晚，我们坐下来决定练习习惯四、五和六的那一晚。

你注意到这位女士面对她的婚姻挑战所采取的积极主动的态度（习惯一，积极主动）了吗？即便如此，生活还是很难，所以她决定实践习惯四、五和六（双赢思维；知彼解己；统合综效）。她向丈夫解释了这个过程，并一起写下一张他们在婚姻中共同期望的东西的单子（习惯二：以终为始）。

注意他们如何开始从共同利益考虑问题（习惯四：双赢思维），然后转向互相理解（习惯五：知彼解己）。在他们你来我往的交谈中，他们变得更开放，他们越来越多地发现对方心里想的是什么。他们解决了问题，最终拿着写着他们共同期望的单子走出饭店（习惯二：以终为始）。后来，他们又拿出这张单子，评价他们的进步（习惯七：不断更新）。

你能看出这对夫妇如何运用七个习惯的框架，为他们的婚姻和生活带来了积极的改变吗？

让我们看看另一个例子。一位单身母亲如何经历了无能为力和失去丈夫的过程。

五年前，我丈夫汤姆出了一场车祸，他因此颈部以下都失去了知觉。

那一刻，我们所有的未来计划都停顿了。我们不再在乎将来了，甚至不知道是否还有将来，我们唯一在乎的就是汤姆能一天一天地活下去。

就在我们因为他好转而开始感到欣慰时，他又回到了医院，每半年就反复一次。并且他待在医院的时间不短，每次要在那里待上四到八个星期。在这些日子里，他取得的所有进步基本都会消失，他必须重新开始培养他过去已经掌握的一些小技能。

这就像每一分钟都坐着过山车，你知道你会倒过来，但不知道是什么时候，而且没什么可以扶的。我们知道这次事故会让汤姆的寿命缩短，但是没有人告诉我们什么时候是终点，可能是一个小时、一天、一年、十年。我们生活在没有时间的世界里，等待另一只靴子掉下来（比喻等待最终结束时刻的到来）。

就在这个时候，我换了工作。我原来工作的环境是如果你每周不工作60个小时，你就不是第一，你就不够努力、聪明、迅速。突然，我发现我处在习惯三（要事第一）的环境里。在这样的环境里，我被告知："你应该决定什么才是第一位，你不仅能决定什么是第一位的，你还能创造什么是最重要的。"

很明显，汤姆的生命有限，我意识到他的生活质量是我生命中真正优先的东西。突然，我将他放在了第一位。

于是，下班后，我就回到家和汤姆待在一起。有时我带他去一些地方，有时我们就坐在那里看电视。但是，我不必担心我是否在努力工作，或者足够聪明，足够迅速。过去，我跑回家，喂他吃饭，匆忙做完家务，还得准备第二天的工作。我和他共处的时间非常、非常有限。但是，我现在能把他放在我生活的首位，我实际上和他度过了许多难以想象的美好时光。我们谈论他的死亡，计划他的葬礼。我们谈论生活，互相分享，憧憬我们能将生活丰富到何种程度。我们在最后半年里达成了一种契约，它超越了我们以往生活获得的所有东西。

这段时间，我的家庭使命宣言包括这句话：“我要在一段时间为一个人的世界服务。”而在那美好的半年中，汤姆就是我要服务的人。汤姆清楚知道自己的任务：不管他将面对什么困难，他都要有尊严地面对，他将从他的经历中学到最宝贵的东西，并与其他人分享。他感觉到他生命意义的一部分就是给他的儿子们树立榜样，让他们知道生活让你承受的就是你能获取的。

汤姆的死对我们全家来说都是一种解脱。即使我的使命宣言继续带给我一种方向感，但我的处境还是很艰难。在我曾将生命中的每一时刻献给我的丈夫后，现在的我感到非常空虚。但是，突然到了要跟孩子们一起分享的时候，他们也在生活中面临压力。而这个使命宣言让我有时间和大家一起度过疗伤期。在接下来的几个月里，我决定要服务的那个“人”有时是我的孩子，有时则是我自己。

我发现，作为单亲妈妈，当我记起要以我的孩子为中心，当我记起我作为母亲的角色是一天中最重要的角色的时候，我毫不犹豫地就将我的孩子放在了我生活的第一位。这给了我一种之前从未从家庭中获得的东西。这让我有机会和我的孩子共度时光，让我确信当我们相依为命时，我能同他们分享帮助我走出黑暗时光的经历、价值观和原则。我不用做其他什么事就能做到这一点。我仍然能努力工作，我的工作不让我难受，因为我不停地在滋养我生命中最重要的关系并被其滋养着。

注意这位女士如何在她真正需要优先考虑某些问题时使用习惯三（要事第一）。注意她和丈夫如何开始交谈，并开始理解彼此最深层的思想和感受（习惯五：知彼解己）。注意他们如何通过使命宣言实践习惯二

（以终为始），这让他们在最困难的时刻有了很大的目标感。注意这位女士在丈夫死后，她的使命宣言如何继续给她力量。

注意她在处理和孩子的关系时的目标感和服务导向（习惯二：以终为始），以及她前摄性的决定——和他们共处必要长的时间（习惯三：要事第一）。注意新生的感觉（习惯七：不断更新）以及她和孩子在一起共同疗伤的宽慰。

即便是在斗争中，这位女士也成为了一个变革者——一个变换因素。她没有选择父母对待自己的方式，而是积极地选择给她的孩子留下爱。

即便这两种情况不同，你能理解七个习惯的框架是如何有效解决这两个问题的吗?

这个框架最大的威力不在于单个习惯自身，而是它们如何协作。在统合综效的过程中，它们创造了比各部分总和还要大的一个整体——一个有力的解决问题的框架。

将七个习惯的框架应用在你自己的情况中

现在请你想一个你正面对的家庭挑战，看你能否在你的情况中应用这个框架。我在下一页中列了一个表，这样会更清楚一些。我建议，如果你养成这种习惯，处理你的每一次家庭挑战，你的家庭将变得越来越有效，因为你进入并融入了掌控所有生活内容的原则。

当每一次的挑战将你带回这些根本的原则的时候，当你理解它们在每种情况下是如何起作用的时候，你将看到它们无尽的普遍本质，并真正理解它们——几乎是第一次。就像T. S. 艾略特（T. S. Eliot）所说："我们必不可停止探索，而一切探索的尽头，就是重回起点，并对起点有首次般的了解。"

你可能会发现最重要的一个益处（除了它起作用的事实本身）是，你拥有了一种能够与家庭内部发生的事情进行更有效的交流的语言。事实上，这是我从按这七个习惯办事的家庭中最经常听到的。

七个习惯的家庭工作表

将原则应用到挑战中

你是你生活中的专家。找出你正面临的任何一项挑战，应用七个习惯找出一个符合这些原则的办法。你可能会决定同另一位家庭成员或一位能帮助你的朋友一起进行这些练习。

情况：挑战是什么？什么时候发生的？在什么环境下发生的？

	问你自己的问题	你利用七个习惯应对挑战产生的想法
习惯一：积极主动	我能对我的行为负责吗？我如何利用暂停键根据原则行动，而不仅是做出反应？	
习惯二：以终为始	我心中的目标是什么？个人或家庭行动演讲能帮多少忙？	
习惯三：要事第一	我做的事是最重要的吗？我怎样做才能更好地集中？每周一次的家庭时间或一对一的时间怎么样？	
习惯四：双赢思维	我真的想让每个人赢吗？我能坦诚寻找每个人满意的第三条道路吗？	
习惯五：知彼解己	我能更热心地理解他人吗？在表达观点的时候，我如何展现勇气以及对别人的体谅？	

	问你自己的问题	你利用七个习惯应对挑战产生的想法
习惯六：统合综效	我怎么样才能与某个人进行创造性的交流，找到解决这个挑战的办法?	
习惯七：不断更新	我能怎样创造个人和家庭的新生，以便我们能将我们的最佳精力投入这次挑战?	

我认为接触七个习惯带给我们的最重要的一个东西就是我们在更高程度上有了共同语言。而过去我们的交流就是摔门走出去，或者愤怒地喊些什么。但是我们现在可以交谈。当我们感到生气和愤怒时我们就表明彼此的观点。当我们使用类似“统合综效”和“情感账户”等字眼时，我们的孩子就知道我们在谈论什么。而这确实很重要。

一位妻子说：

七个习惯使我们更谦虚、更可被教化。它们融入了我们每天所做的每件事。如果我对我丈夫说了什么不好的话，他就会提醒我这是提款，不是存款。这些词是我们交谈的一部分，因此我们就会感激。我们不会大吵大闹，也不会陷入冷战，因此伤害感情。这是处理没有敌意或不会轻易改变的大事情的方式，这种方式细腻、温柔。

一位新婚女士这样说：

培养出这七个习惯，就让我的家庭有一种确切的语言和框架。现在我能明白这些话，“是的，我们考虑的是双赢”“这是一个我们能够一起亲密地做出的积极选择”“是的，我们意见不一致，但是，我们确实想理解你相信和谈论的。这确实对我们很重要，但是，我确信我们将找到第三条道路——比我们各自在该问题上的观点都好的方式”。

无疑，七个习惯的框架将带给你们家庭一种新的语言和交流程度。它也会赋予你力量，使你成为一个变革者，在任何情况下推动改变的催化剂。

> 成为一个变革者或变革家庭可能更多地需要勇气。

将“勇气”变成一个动词

就像我们在前面所分享的经验表明的，成为一个变革者或变革家庭可能更多地需要勇气。勇气是所有品质中最出色的。想出你可以想象到的所有品质和美德——耐心、毅力、节制、谦逊、慈善、忠贞、可爱、睿智、正直。坚持这些品质，直到反抗力使你受挫，整个环境都让人沮丧。就在这一刻，勇气就开始发挥作用。在某种意义上，在这一刻之前你不需要勇气，因为你将被所处的环境驱动。

事实上，这是因为不利的环境将使你利用勇气。如果你周围的环境和人令人鼓舞——如果它们带给你勇气——你往往能被它们的影响力带动。但是，如果它们令人气馁——如果它们让你泄气——那你就要从自身寻求勇气。

如果你能想得起来，在习惯三中我们谈到，我们的社会在四五十年前对家庭多么具有激励作用。因此，成功的家庭生活不用从内部获得太多的责任和优先区分，因为这些事都是从外部注入的。但是，如今的环境如此令人失望，因此，今天变革者和变革家庭的标志就是内在勇气。在今天社会令人沮丧的大环境中，要想创造出令人鼓舞的、良好的家庭环境，需要极大的个人勇气和来自家庭内部的勇气。

但是，我们可以这样做。也许，我们应当将“勇气”变成一个动词，这样我们就能理解它存在于我们的力量中，我们能让它发挥作用。我们可以说："我有勇气自己克服困难，我有勇气自己开始统合综效，我有勇气自己设法首先去理解。"就像原谅和爱是动词一样，我们也可以把勇气变成一个动词。勇气是存在于我们能力中的东西，这种想法就是一种激励。这种想法让一颗心坚强，让一个人振奋。如果你将这种想法和你家庭能够做的结合起来，它就能赋予你力量，令你兴奋，令你信服并驱使你前进。

成为一个家庭最重要的一样东西是你们能够彼此鼓励。你们可以鼓励对方、相信对方、认可对方。你们能让对方确信你从不放弃，你们能看到可能性，然后，你们忠实地依赖这些可能性来行动，而不是什么特别的行为或环境。你们可以使对方的身心都更坚强，你们可以在家里编一个强大而可靠的营造鼓励性环境的安全网。这样，家庭成员就能开发内在的恢复力和能量，让他们处理外部令人气馁的反家庭环境。

"想起甜蜜的爱"

在我妈妈去世前不久，在前去参加一次演讲的途中，我在飞机上打开了她写给我的一封甜蜜的信。尽管我们每天都通电话，我大约每周看望她一次，她还是经常写这样的信。充满感情的私人信件是她表达意愿、欣赏和爱的特殊方式。

我记得我看她的信的时候，眼泪湿润了我的面庞。我为自己如此脆弱感到有点尴尬，觉得自己有点孩子气，有点不好意思。不过我同时感到了温暖、受宠、被人爱护。每个人都需要母爱和父爱。

母亲去世后，我们在她的墓碑上刻下莎士比亚著名的十四行诗中的一句："一想起你的爱使我那么富有……"

我希望你们慢慢地、仔细地读这首十四行诗。用你们的想象力理解每一句的丰富意义。

当我受尽命运和人们的白眼，

暗暗哀悼自己的身世飘零，

徒用呼吁去干扰聋聩的昊天，

顾盼着身影，诅咒自己的生辰，

愿我和另一个一样富于希望，

面貌相似，又和他一样广交游，

希求这人的渊博，那人的内行，

最欣赏的乐事觉得最不对头；

可是，当我正要这样看轻自己，

忽然想起了你，于是我的精神，

便像云雀破晓从阴霾的大地，

振翮上升，高唱着圣歌在天门，

一想起你的爱使我那么富有，

和帝王换位我也不屑于屈就。

我们所有人都可以成为孩子和孙子，都可以“想起甜蜜的爱”。有什么比这更重要、更了不起的吗?

就像许多为人父母的人一样，在我们的每个孩子降生时，桑德拉和我都分享那种超乎寻常的、美妙的心灵体验。

经过所有事，尽管我们在90%的时间里都走错了路，但是我绝对确信，我们最了不起的角色和最重要的工作就是为人父母。就像我的祖父史蒂芬·L. 理察兹（Stephen L. Richards）所说：“在男人一生所能追求的事业中，没有哪项事业能像被称作丈夫和父亲的这份工作更富责任感，更富机遇。一个男人，无论他做出多大成就，依我判断，如果没有亲人围绕在他的身边，他都不算成功。”

谦逊和勇气的统一

艾伯特·E. N. 格雷（Albert E. N. Gray）经过一生的研究，在一次题为《成功的普遍共性》演讲中展现了其深刻的洞察力。他说：“成功者能为失败者所不能为，纵使并非心甘情愿，但为了理想与目标，仍可以凭毅力克服心理障碍。”

作为你家庭中的领袖，你拥有坚定可敬的决心。而这种决心——目标感觉——将驱动你的勇气，在阅读这本书开头的一些东西时，请打消你的恐惧和不适。

事实上，谦逊和勇气可以被比喻为家庭的母亲和父亲。我们需要谦逊来意识到原则都在控制中。我们需要勇气在社会价值体系转向另一方的时候服从这些原则。而勇气和谦逊结合产生的孩子就是正直，或者是一个根据原则建立的生活。而孙子就是智慧和丰富的精神。

这就是让我们——作为个人和家庭——在走错路的时候还抱有希望，并能一次次回到正确路线上的东西。我们必须一直记住存在准确控制的“真北”原则，我们有将这些原则应用于我们所处的情况的选择能力，而我们的目标一定能实现。

即便家庭生活中存在固有的斗争，那也是因为没有人努力带来更多的奖励、更宝贵的东西和更深的满足感。以我所有的心力，我确信尽管家庭生活中存在挑战，但是它值得我们做出所有的努力、牺牲、奉献和长时间的忍耐。请时刻铭记，永远都存在希望的光亮。

我曾看过一个电视节目，两名罪犯单独表达了入狱如何使他们麻木；他们说到，他们不再关心任何人，也不会再被其他任何人的伤痛影响。

他们说自己如何变得自私透顶，他们如何封闭在自己的生活中，他们如何将人们视作“东西”，不管是帮助他们获得所希望的东西的人，还是阻止他们得到这些东西的人。

这两个人都得到机会，对他们的祖辈进行了深入了解。他们开始熟悉他们的父母、祖父母和曾祖父母是如何生活的——他们的奋斗、成功和失败。在采访中，他们都指出这对于他们的意义有多大。意识到他们的祖辈都曾面临挑战，并努力克服挑战，使两个罪犯的内心发生了变化。他们开始从不同的角度看其他人，他们每个人都开始思考，即便我犯了很糟糕的错误，我的生命也没有完结，我要像祖辈一样克服这些困难，我将为我的后辈留下一些他们能够理解的东西。不管我是否离开监狱，我都能做到。他们将知道我的历史和我的想法，他们能更好地理解我在这里过的生活。这两个人——穿着橙色的囚服坐在那里，他们眼中的强硬消失了——找到了道德心和希望。这来自对家庭的回归，发现祖先——他们的家庭的历史。

每个人都有家，每个人都可以问：“我的家庭遗产是什么？”每个人都能设法留下些东西。我个人认为，即便超越了我们自身的影响力和我们家庭的力量，我们也能引入更高形式的影响力：上帝的力量。如果我们坚信——决不要疏远儿子或女儿，而是要用我们的力量做任何事，接近他们，并不断给予忠贞的誓言——上帝可能就在他认为恰当的时间，以他的方式帮助我们。**我们从不知道人何时会被激发，从而深入自己的灵魂深处，并运用自己生命中最宝贵的天赋：最终回家的自由选择。**

上帝将保佑你努力创造美好的家庭文化，上帝将保佑你的家。就像我在前言所引用的：

人间大小事，有其潮汐，

把握潮汐，则万事无阻，

错过了一生的航程，

就困于浅滩与苦楚。

我们正漂浮在满潮的海上；

我们必须顺流前进，

否则将要一败涂地。

我一生中最珍惜的一些时间都是我走下飞机的时候，我会看到一家人在那里等一位远行的家庭成员回家。我会停下来，观看，用心感受。当这些亲人互相拥抱，眼里充满重逢时快乐和感激的泪水，证明他们珍贵的感受和真正的财富，我的眼睛就湿润了，我的内心就渴望回家。他们，还有我又一次肯定，生命就是回家。

与成年人和青少年探讨本章的内容

走向更高的目标

• 认识家庭生活的四个层面——生存、稳定、成功、有意义——讨论每个层面的主要特点。问家人：我们的家庭生活处在哪个层面？我们想达到什么目标？

• 讨论这句话："作为一个家庭做出奉献不仅能帮助那些从奉献中受益的家庭成员，也能在这个过程中巩固这个一直在奉献的家庭。"

• 将考虑问题（刹车上的脚）和考虑机遇（油门上的脚）两种思想放在一起考虑。问家人：我们怎样才能消除阻力，让动力驱使我们前行呢?

家庭领导

•复习以原则为中心的家庭领导树的内容。讨论四个领导职责（榜样、督导、组织、教育）及其主要特点。提出下面的问题：

— 诚信为何对榜样来说很重要?

— 建立信任为何是督导的一个重要部分?情感账户的概念是怎样帮助建立信任的?

— 计划和组织在家庭影响力和领导中发挥怎样重要的作用?什么是结盟的原则，在这里应该怎样应用?

— 教育在家庭中为什么重要?授权原则是怎样起作用的?

•讨论人们在考虑以原则为中心的家庭领导树时普遍存在的三个错误。

•复习惩罚和训导的差别。你可能要复习习惯四。问：以原则为中心的领导权怎样帮助我们在不惩罚的情况下进行训导?

•讨论配平调整片因素、放手、勇气和谦逊。谈论这些想法与家庭指导和儿童培养的关联。

•一起想:我们是在管理,还是在领导家庭?这两者有何区别?

•讨论这句话：“你意识到了吗，你是家里的领导！”这句话为什么有意义?

与儿童探讨本章的内容

“我们对其他人好，尽量帮助他们。”

讨论下面的情况

1.埃米让父亲帮她做作业，他很累，但是他笑了笑，还是帮她做作业。

2.亚当想玩玩具车，但是他的孪生弟弟在玩。妈妈问亚当：“你让弟弟再多玩一会儿好吗？”

问：如果家庭成员彼此友好，不自私，会产生什么结果？家庭成员会有什么感受？

• 将每个家人的名字都写在纸上，把纸条放进盒子里。让每个人抽一张纸条，每个人都不能让别人看见自己抽到的纸条写的是谁的名字。让每个人在未来的一周里对他抽到名字的人友好，并帮助他，注意他们的感受。

讲下面的故事

萨米站在窗边，望着窗外的倾盆大雨，听到外面传来呻吟声。他认真听，想透过窗户玻璃看是谁发出的声音，但雨太大，根本看不清楚。他急奔到前门，打开门发现台阶上有一只褐色的湿透了的小猫，正在“喵喵”地叫个不停。看到这个浑身湿透了的小东西，萨米心绪翻涌。他轻轻地抱起它，感觉它在颤抖。他紧紧将小猫搂在怀里，走进厨房。萨米的姐姐将一些碎布放进一个盒子里，她把小猫擦干，在盘子里倒了些奶。萨米坐在盒子旁边，将手放在小猫身上，让它暖和，小猫不抖了。萨米心里涌起一股暖流。“我真高兴我听到了小猫的叫声，”萨米说，“也许我们救了它的命。”

问家庭成员：萨米对小猫产生了什么感觉？答案也许包括：他感到难过，因为它湿透了，很冷。他想好心地帮助它，助人为乐让他感觉很好。

• 一起分享你或家人帮助别人，对他人友善的经历，说出你对这些事的感受。帮助孩子思考他们在家庭之外帮助人的办法，让他们一周都这么做，并在事后交流感受。

• 让年纪小的孩子参与你为邻居、朋友或社区进行的服务工作。由于你表现出的精神，你的孩子长大后将成为愿意与人分享、愿意奉献、确实关心别人冷暖的人。

高效能家庭的七个习惯

习惯一：积极主动

家庭和家庭成员对自己的选择负责，同时拥有选择的自由。选择是基于原则和价值观做出的，而不是依情绪或环境随性而定。他们开发并使用人类独特的四大天赋——自我意识、良知、想象力和独立意志，采用由内而外的方式不断进取。他们不当牺牲品，不做被动反应，也不怨天尤人。

习惯二：以终为始

家庭无论大小，都可以通过构想和目标规划勾勒家庭的未来。家庭不能心中无明确目标地过一天算一天，智力创造的最高形式就是婚姻或家庭使命宣言。

习惯三：要事第一

家庭围绕这个人、婚姻和家庭使命宣言中列明的最优先要事运转和行事。家庭有每周家庭时间和定期一对一亲情时间。家庭由目标驱动，而不是由日程表和周围的力量所驱动。

习惯四：双赢思维

家庭成员考虑的是互惠互利，鼓励支持和相互尊重。他们想的是相互依赖，是“我们”而不是“我”，他们寻求双赢的协议，不做自私的考虑（如只赢不输），也不希望当烈士（如只输不赢）。

习惯五：知彼解己

家庭成员力求抱着理解他人想法和感觉的意图先倾听，然后再尽量有效地表达自己的想法和感觉。通过相互理解，可以建立起深厚的信任和友爱的关系，会得到有益的反馈。他们不坚持得到反馈，也不强求先被理解。

习惯六：统合综效

家庭成员彰显个人和家庭的力量，互相尊重并重视各自的不同之处，团结的家庭比一盘散沙似的家庭拥有的力量要大得多。他们创造出共同解决问题和抓住一切机会的家庭文化，精心培养关爱、学习和奉献的家庭精神。他们不搞折中（即一加一等于二分之一），也不要仅仅是合作（即一加一等于二），他们谋求的是统合综效（一加一等于三或更多）。

习惯七：不断更新

如果个人和家庭定期检查生活的四个基本需要：身体需要、社会/情感需要、精神需要和智力需要，那家庭生活的效率将会提高。这样有助建立起促进和培养家庭审议精神的传统。

PEQ效能测试2.0

家庭中每位成员的效能都是可以测量的。

【PEQ效能测试2.0】是由富兰克林柯维公司基于“七个习惯”的实践进化而成。它在为你提供科学、精准的效能测评的同时，还会针对你的实际情况定制一份行动改进方案。

效能测试将通过提高家庭成员的个人效能，来帮助你运用七个习惯建立起牢固、互爱、富有强大能量的家庭关系，并最终让这些优良关系代代相传。

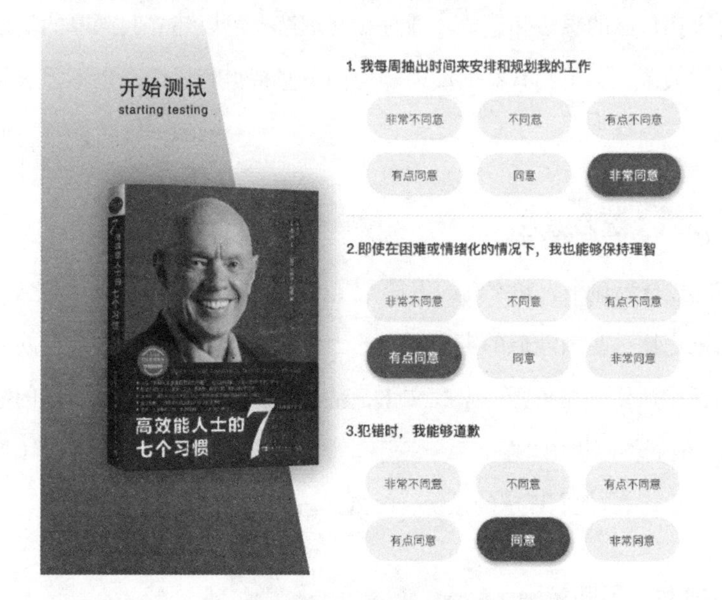

测试请登录

www.7hpeq.com

或扫描下方二维码

品牌故事

三十多年前，当史蒂芬·R. 柯维（Stephen R. Covey）和希鲁姆·W. 史密斯（Hyrum W. Smith）在各自领域开展研究以帮助个人和组织提升绩效时，他们都注意到一个核心问题——人的因素。专研领导力发展的柯维博士发现，志向远大的个人往往违背其渴望成功所依托的根本性原则，却期望改变环境、结果或合作伙伴，而非改变自我。专研生产力的希鲁姆先生发现，制订重要目标时，人们对实现目标所需的原则、专业知识、流程和工具所知甚少。

柯维博士和希鲁姆先生都意识到，解决问题的根源在于帮助人们改变行为模式。经过多年的测试、研究和经验积累，他们同时发现，持续性的行为变革不仅仅需要培训内容，还需要个人和组织采取全新的思维方式，掌握和实践更好的全新行为模式，直至习惯养成为止。柯维博士在其经典著作《高效能人士的七个习惯》中公布了其研究结果，该书现已成为世界上最具影响力的图书之一。在富兰克林规划系统（Franklin Planning System）的基础上，希鲁姆先生创建了一种基于结果的规划方法，该方法风靡全球，并从根本上改变了个人和组织增加生产力的方式。他们还分别创建了「柯维领导力中心」和「Franklin Quest公司」，旨在扩大其全球影响力。1997年，上述两个组织合并，由此诞生了如今的富兰克林柯维公司（FranklinCovey, NYSE: FC）。

如今，富兰克林柯维公司已成为全球值得信赖的领导力公司，帮助组织提升绩效的前沿领导者。富兰克林柯维与您合作，在影响组织持续成功的四个关键领域（领导力、个人效能、文化和业务成果）中实现大规模的行为改变。我们结合基于数十年研发的强大内容、专家顾问和讲师，以及支持和强化能够持续发生行为改变的创新技术来实现这一目标。我们独特的方法始于人类效能的永恒原则。通过与我们合作，您将为组织中每个地区、每个层级的员工提供他们所需的思维方式、技能和工具，辅导他们完成影响之旅——一次变革性的学习体验。我们提供达成突破性成果的公式——内容+人+技术——富兰克林柯维完美整合了这三个方面，帮助领导者和团队达到新的绩效水平并更好地协同工作，从而带来卓越的业务成果。

富兰克林柯维公司足迹遍布全球160多个国家，拥有超过2000名员工，超过10万个企业内部认证讲师，共同致力于同一个使命：帮助世界各地的员工和组织成就卓越。本着坚定不移的原则，基于业已验证的实践基础，我们为客户提供知识、工具、方法、培训和思维领导力。富兰克林柯维公司每年服务超过15000家客户，包括90%的财富100强公司、75%以上的财富500强公司，以及数千家中小型企业和诸多政府机构和教育机构。

富兰克林柯维公司的备受赞誉的知识体系和学习经验充分体现在一系列的培训咨询产品中，并且可以根据组织和个人的需求定制。富兰克林柯维公司拥有经验丰富的顾问和讲师团队，能够将我们的产品内容和服务定制化，以多元化的交付方式满足您的人才、文化及业务需求。

富兰克林柯维公司自1996年进入中国，目前在北京、上海、广州、深圳设有分公司。

www.franklincovey.com.cn

更多详细信息请联系我们：

北京 朝阳区光华路1号北京嘉里中心写字楼南楼24层2418&2430室
电话：(8610) 8529 6928 邮箱：marketingbj@franklincoveychina.cn

上海 黄浦区淮海中路381号上海中环广场28楼2825室
电话：(8621) 6391 5888 邮箱：marketingsh@franklincoveychina.cn

广州 天河区华夏路26号雅居乐中心31楼F08室
电话：(8620) 8558 1860 邮箱：marketinggz@franklincoveychina.cn

深圳 福田区福华三路与金田路交汇处鼎和大厦21层C02室
电话：(86755) 8337 3806 邮箱：marketingsz@franklincoveychina.cn

柯维公众号

柯维视频号

柯维+

富兰克林柯维中国数字化解决方案：

「柯维+」(Coveyplus）是富兰克林柯维中国公司从2020年开始投资开发的数字化内容和学习管理平台，面向企业客户，以音频、视频和文字的形式传播富兰克林柯维独家版权的原创精品内容，覆盖富兰克林柯维公司全系列产品内容。

「柯维+」数字化内容的交付轻盈便捷，让客户能够用有限的预算将知识普及到最大的范围，是一种借助数字技术创造的高性价比交付方式。

如果您有兴趣评估「柯维+」的适用性，请添加微信coveyplus，联系柯维数字化学习团队的专员以获得体验账号。

富兰克林柯维公司在中国提供的解决方案包括：

I. 领导力发展：

高效能人士的七个习惯®(标准版) The 7 Habits of Highly Effective People®	THE 7 HABITS of Highly Effective People® SIGNATURE EDITION 4.0	提高个体的生产力及影响力，培养更加高效且有责任感的成年人。
高效能人士的七个习惯®(基础版) The 7 Habits of Highly Effective People® Foundations	THE 7 HABITS of Highly Effective People® FOUNDATIONS	提高整体员工效能及个人成长以走向更加成熟和高绩效表现。
高效能经理的七个习惯® The 7 Habits® for Manager	THE 7 HABITS® FOR Managers ESSENTIAL SKILLS AND TOOLS FOR LEADING TEAMS	领导团队与他人一起实现可持续成果的基本技能和工具。
领导者实践七个习惯® The 7 Habits® Leader Implementation	THE 7 HABITS® Leader Implementation COACHING YOUR TEAM TO HIGHER PERFORMANCE	基于七个习惯的理论工具辅导团队成员实现高绩效表现。
卓越领导4大天职™ The 4 Essential Roles of Leadership™	The 4 Essential Roles of LEADERSHIP™	卓越的领导者有意识地领导自己和团队与这些角色保持一致。
领导团队6关键™ The 6 Critical Practices for Leading a Team™	THE 6 CRIRICAL PRACTICES FOR LEADING A TEAM™	提供有效领导他人的关键角色所需的思维方式、技能和工具。
乘法领导者® Multipliers®	LIZ WISEMAN'S MULTIPLIERS® HOW THE BEST LEADERS IGNITE EVERYONE'S INTELLIGENCE	卓越的领导者需要激发每一个人的智慧以取得优秀的绩效结果。
无意识偏见™ Unconscious Bias™	UNCONSCIOUS BIAS™	帮助领导者和团队成员解决无意识偏见从而提高组织的绩效。
找到原因™：成功创新的关键 Find Out Why™: The Key to Successful Innovation	Find Out WHY™ THE KEY TO SUCCESSFUL INNOVATION	深入了解客户所期望的体验，利用这些知识来推动成功的创新。
变革管理™ Change Management™	CHANGE How to Turn Uncertainty Into Opportunity™	学习可预测的变化模式并驾驭它以便有意识地确定如何前进。

培养商业敏感度™ Building Business Acumen™	Building Business Acumen™	提升员工专业化，看到组织运作方式和他们如何影响最终盈利。

II. 战略共识落地：

高效执行四原则® The 4 Disciplines of Execution®		为组织和领导者提供创建高绩效文化及战略目标落地的系统。

III. 个人效能精进：

激发个人效能的五个选择® The 5 Choices to Extraordinary Productivity®	THE 5 CHOICES® to extraordinary productivity	将原则与神经科学相结合，更好地管理决策力、专注力和精力。
项目管理精华™ Project Management Essentials for the Unofficial Project Manager™	PROJECT MANAGEMENT ESSENTIALS™ For the Unofficial Project Manager	项目管理协会与富兰克林柯维联合研发以成功完成每类项目。
高级商务演示® Presentation Advantage®	Presentation Advantage® TOOLS FOR HIGHLY EFFECTIVE COMMUNICATION	学习科学演讲技能以便在知识时代更好地影响和说服他人。
高级商务写作® Writing Advantage®	Writing Advantage® TOOLS FOR HIGHLY EFFECTIVE COMMUNICATION	专业技能提高生产力，促进解决问题，减少沟通失败，建立信誉。
高级商务会议® Meeting Advantage®	Meeting Advantage® TOOLS FOR HIGHLY EFFECTIVE COMMUNICATION	高效会议促使参与者投入、负责并有助于提高人际技能和产能。

IV. 信任：

信任的速度™（经理版） Leading at the Speed of Trust™	Leading at the SPEED OF TRUST™	引领团队充满活力和参与度，更有效地协作以取得可持续成果。
信任的速度®（基础版） Speed of Trust®: Foundations	SPEED OF TRUST. FOUNDATIONS	建立信任是一项可学习的技能以提升沟通，创造力和参与度。

V. 顾问式销售：

帮助客户成功® Helping Clients Succeed®	HELPING CLIENTS SUCCEED®	运用世界顶级的思维方式和技能来完成更多的有效销售。

VI. 客户忠诚度：

引领客户忠诚度™ Leading Customer Loyalty™	LEADING CUSTOMER LOYALTY™	学习如何自下而上地引领员工和客户成为组织的衷心推动者。

《信任的速度》

书号：9787500682875

定价：59.00元

《项目管理精华》

书号：9787515341132

定价：33.00元

《信任和激励》

书号：9787515368825

定价：59.90元

《人生算法》

书号：9787515346588

定价：49.00元

《领导团队6关键》

书号：9787515365916

定价：59.90元

《无意识偏见》

书号：9787515365800

定价：59.90元

《从管理混乱到领导成功》

书号：9787515360386

定价：69.00元

《富兰克林柯维销售法》

书号：9787515366388

定价：49.00元

《实践7个习惯》

书号：9787500655404

定价：59.00元

《生命中最重要的》

书号：9787500654032
定价：59.00元

《释放天赋》

书号：9787515350653
定价：69.00元

《管理精要》

书号：9787515306063
定价：39.00元

《执行精要》

书号：9787515306605
定价：49.90元

《领导力精要》

书号：9787515306704
定价：39.00元

《杰出青少年的7个习惯》（精英版）

书号：9787515342672
定价：39.00元

《杰出青少年的7个习惯》（成长版）

书号：9787515335155
定价：29.00元

《杰出青少年的6个决定》（领袖版）

书号：9787515342658
定价：49.90元

《7个习惯教出优秀学生》（第2版）

书号：9787515342573
定价：39.90元

《如何让员工成为企业的竞争优势》

书号：9787515333519
定价：39.00元

《如何管理时间》

书号：9787515344485
定价：29.80元

《如何管理自己》

书号：9787515342795
定价：29.80元

《激发个人效能的五个选择》

书号：9787515332222
定价：29.00元

《高效能人士的时间和个人管理法则》

书号：9787515319452
定价：49.00元

《释放潜能》

书号：9787515332895
定价：39.00元

《公司在下一盘很大的棋，机会留给靠谱的人》

书号：9787515334790
定价：29.80元

《柯维的智慧》

书号：9787515316871
定价：79.00元

《高效能人士的七个习惯·每周挑战并激励自己的52张卡片：30周年纪念卡片》

书号：9787515367064
定价：299.00元